아이스크림 더 실전

차례

왜, 더 실전 일까요?

AI 데이터로 구성한 교재입니다.

『**더 실전**』은 누적 체험자 수 130만 명의 선택을 받은
아이스크림 홈런의 **학습 데이터를 기반**으로 만들었습니다.
AI가 추천한 문제들을 난이도별로 배열한 **단원 평가를 총 4회 구성**하여
실전 시험에 충분히 대비할 수 있도록 하였습니다.
또한 AI를 활용하여 정답률 낮은 문제를 선별하였으며 **'틀린 유형 다시 보기'**를 통해
정답률 낮은 문제를 이해하는 기초를 제공하고 반복하여 복습할 수 있도록 하여
빈틈없이 **실전을 준비**할 수 있도록 하였습니다.

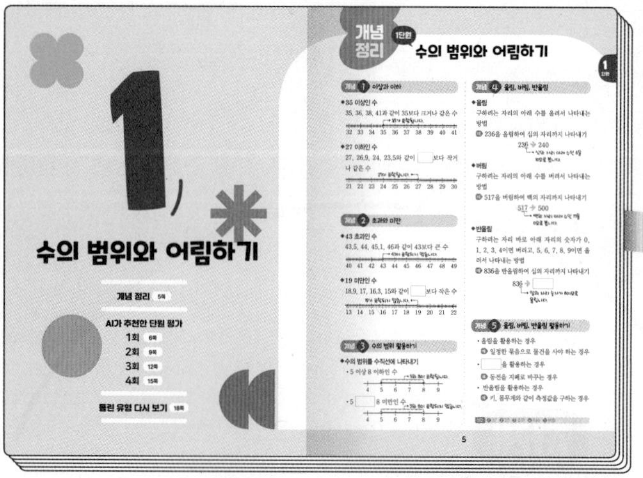

개념을 먼저 정리해요.

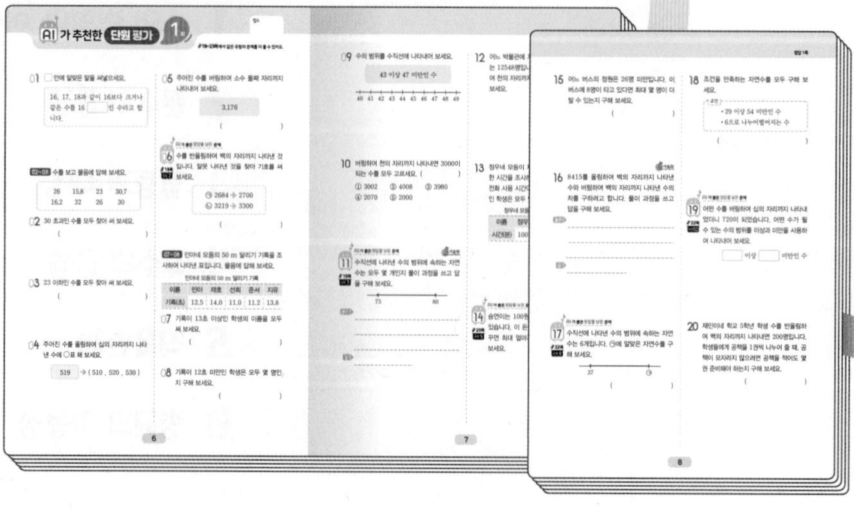

단원 평가 1회 ~ 4회로 실전 감각을 길러요.

더 실전은 아래와 같은 상황에 더 필요하고 유용한 교재입니다.

☑ 내 실력을 알고 싶을 때

☑ 단원 평가에 대비할 때

☑ 학기를 마무리하는 시험에 대비할 때

☑ 시험에서 자주 틀리는 문제를 대비하고 싶을 때

『더 실전』이 적합합니다.

틀린 유형 다시 보기로 집중 학습을 해요.

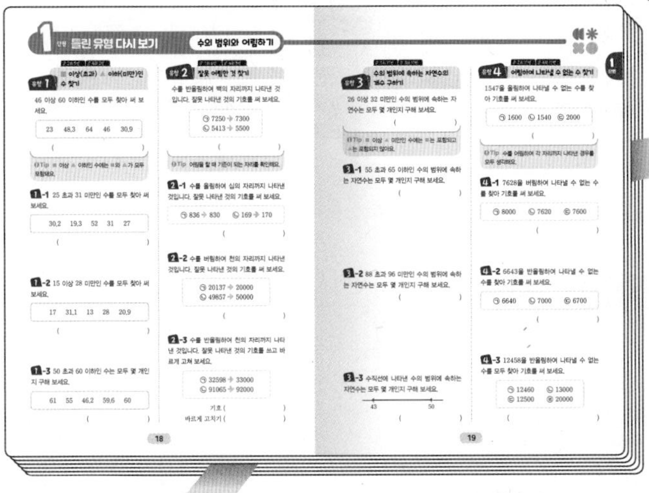

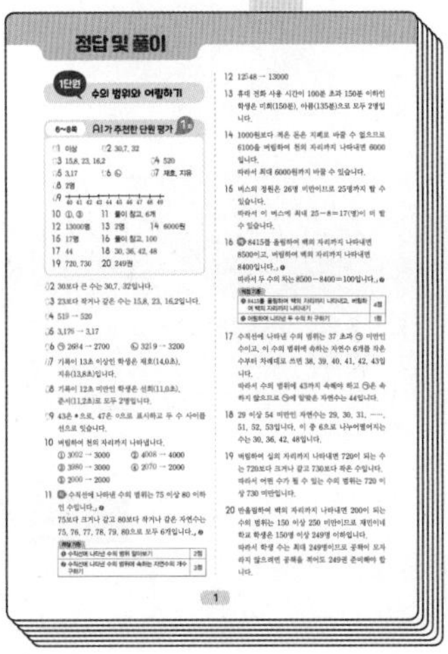

정답 및 풀이로 확인하고 점검해요.

1. 수의 범위와 어림하기

개념정리 1단원 수의 범위와 어림하기

1 단원

개념 1 이상과 이하

◆35 이상인 수

35, 36, 38, 41과 같이 35보다 크거나 같은 수

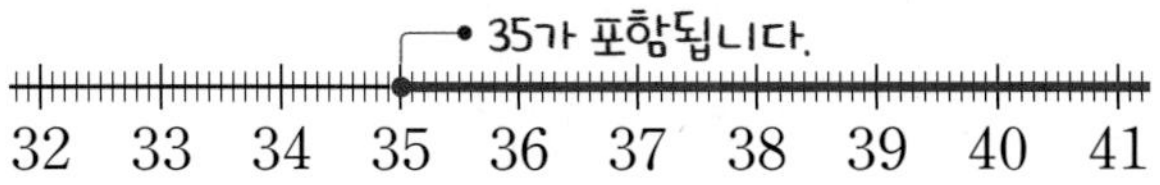

◆27 이하인 수

27, 26.9, 24, 23.5와 같이 □보다 작거나 같은 수

개념 2 초과와 미만

◆43 초과인 수

43.5, 44, 45.1, 46과 같이 43보다 큰 수

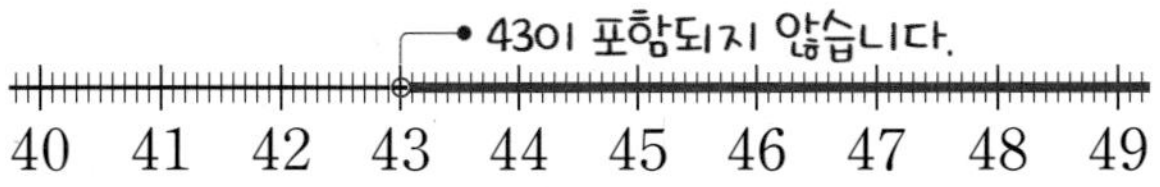

◆19 미만인 수

18.9, 17, 16.3, 15와 같이 □보다 작은 수

개념 3 수의 범위 활용하기

◆수의 범위를 수직선에 나타내기

- 5 이상 8 이하인 수

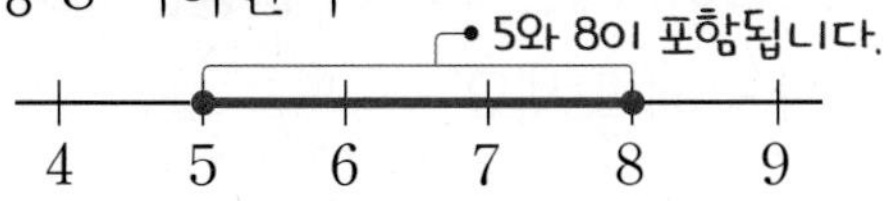

- 5 □ 8 미만인 수

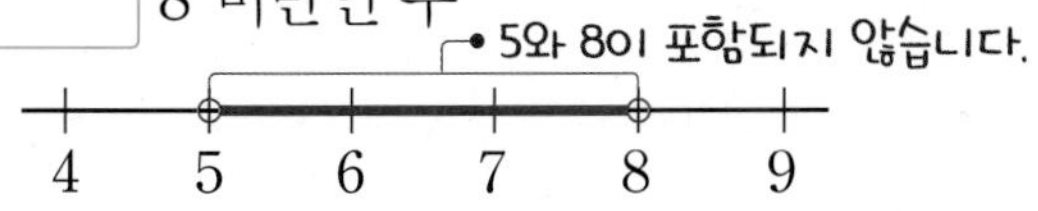

개념 4 올림, 버림, 반올림

◆올림

구하려는 자리의 아래 수를 올려서 나타내는 방법

예 236을 올림하여 십의 자리까지 나타내기

236 → 240

십의 자리 아래 수인 6을 10으로 봅니다.

◆버림

구하려는 자리의 아래 수를 버려서 나타내는 방법

예 517을 버림하여 백의 자리까지 나타내기

517 → 500

백의 자리 아래 수인 17을 0으로 봅니다.

◆반올림

구하려는 자리 바로 아래 자리의 숫자가 0, 1, 2, 3, 4이면 버리고, 5, 6, 7, 8, 9이면 올려서 나타내는 방법

예 836을 반올림하여 십의 자리까지 나타내기

836 → □

일의 자리 숫자가 6이므로 올립니다.

개념 5 올림, 버림, 반올림 활용하기

- 올림을 활용하는 경우
  - 예 일정한 묶음으로 물건을 사야 하는 경우
- □을 활용하는 경우
  - 예 동전을 지폐로 바꾸는 경우
- 반올림을 활용하는 경우
  - 예 키, 몸무게와 같이 측정값을 구하는 경우

정답 ❶ 27 ❷ 19 ❸ 초과 ❹ 840 ❺ 버림

점수

18~23쪽에서 같은 유형의 문제를 더 풀 수 있어요.

01 □ 안에 알맞은 말을 써넣으세요.

16, 17, 18과 같이 16보다 크거나 같은 수를 16 □인 수라고 합니다.

02~03 수를 보고 물음에 답해 보세요.

26	15.8	23	30.7
16.2	32	26	30

02 30 초과인 수를 모두 찾아 써 보세요.

(　　　　　　　　　　)

03 23 이하인 수를 모두 찾아 써 보세요.

(　　　　　　　　　　)

04 주어진 수를 올림하여 십의 자리까지 나타낸 수에 ○표 해 보세요.

519 → (510 , 520 , 530)

05 주어진 수를 버림하여 소수 둘째 자리까지 나타내어 보세요.

3.176

(　　　　　　　　　　)

AI가 뽑은 정답률 낮은 문제

06 수를 반올림하여 백의 자리까지 나타낸 것입니다. 잘못 나타낸 것을 찾아 기호를 써 보세요.

18쪽 유형 2

㉠ 2684 → 2700
㉡ 3219 → 3300

(　　　　　　　　　　)

07~08 민아네 모둠의 50 m 달리기 기록을 조사하여 나타낸 표입니다. 물음에 답해 보세요.

민아네 모둠의 50 m 달리기 기록

이름	민아	재호	선희	준서	지유
기록(초)	12.5	14.0	11.0	11.2	13.8

07 기록이 13초 이상인 학생의 이름을 모두 써 보세요.

(　　　　　　　　　　)

08 기록이 12초 미만인 학생은 모두 몇 명인지 구해 보세요.

(　　　　　　　　　　)

09 수의 범위를 수직선에 나타내어 보세요.

43 이상 47 미만인 수

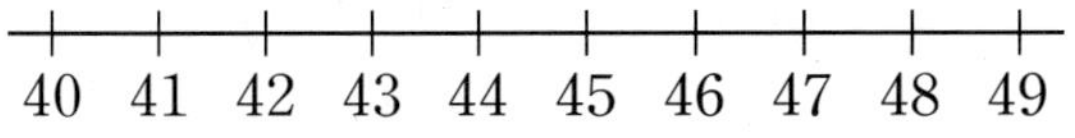

10 버림하여 천의 자리까지 나타내면 3000이 되는 수를 모두 고르세요. (　　　　　　)

① 3002　② 4008　③ 3980
④ 2070　⑤ 2000

AI가 뽑은 정답률 낮은 문제　서술형

11 수직선에 나타낸 수의 범위에 속하는 자연수는 모두 몇 개인지 풀이 과정을 쓰고 답을 구해 보세요.

19쪽 유형 3

풀이

답

12 어느 박물관에 지난달에 입장한 관람객 수는 12548명입니다. 관람객 수를 반올림하여 천의 자리까지 나타내면 몇 명인지 구해 보세요.

(　　　　　　)

13 정우네 모둠이 지난주에 휴대 전화를 사용한 시간을 조사하여 나타낸 표입니다. 휴대 전화 사용 시간이 100분 초과 150분 이하인 학생은 모두 몇 명인지 구해 보세요.

정우네 모둠의 휴대 전화 사용 시간

이름	정우	미희	세준	아름	태주
시간(분)	100	150	205	135	160

(　　　　　　)

AI가 뽑은 정답률 낮은 문제

14 승연이는 100원짜리 동전으로 6100원이 있습니다. 이 돈을 1000원짜리 지폐로 바꾸면 최대 얼마까지 바꿀 수 있는지 구해 보세요.

20쪽 유형 5

(　　　　　　)

15 어느 버스의 정원은 26명 미만입니다. 이 버스에 8명이 타고 있다면 최대 몇 명이 더 탈 수 있는지 구해 보세요.

(   )

서술형

16 8415를 올림하여 백의 자리까지 나타낸 수와 버림하여 백의 자리까지 나타낸 수의 차를 구하려고 합니다. 풀이 과정을 쓰고 답을 구해 보세요.

풀이

답

AI가 뽑은 정답률 낮은 문제

17 수직선에 나타낸 수의 범위에 속하는 자연수는 6개입니다. ㉠에 알맞은 자연수를 구해 보세요.

22쪽 유형 9

(   )

18 조건을 만족하는 자연수를 모두 구해 보세요.

조건
- 29 이상 54 미만인 수
- 6으로 나누어떨어지는 수

(   )

AI가 뽑은 정답률 낮은 문제

19 어떤 수를 버림하여 십의 자리까지 나타내었더니 720이 되었습니다. 어떤 수가 될 수 있는 수의 범위를 이상과 미만을 사용하여 나타내어 보세요.

22쪽 유형10

☐ 이상 ☐ 미만인 수

20 재민이네 학교 5학년 학생 수를 반올림하여 백의 자리까지 나타내면 200명입니다. 학생들에게 공책을 1권씩 나누어 줄 때, 공책이 모자라지 않으려면 공책을 적어도 몇 권 준비해야 하는지 구해 보세요.

(   )

AI가 추천한 단원 평가 2회

점수

18~23쪽에서 같은 유형의 문제를 더 풀 수 있어요.

01 20 이하인 수를 모두 찾아 ○표 해 보세요.

31　　14　　25　　20　　28

02 46 초과인 수를 모두 고르세요. (　　　　)

① 50　　② 46　　③ 42
④ 39　　⑤ 63

03 주어진 수를 버림하여 십의 자리까지 나타내어 보세요.

2219

(　　　　)

04 주어진 수를 반올림하여 소수 첫째 자리까지 나타내어 보세요.

73.539

(　　　　)

AI가 뽑은 정답률 낮은 문제

05 18쪽 유형 1

38 이상 45 미만인 수를 모두 찾아 써 보세요.

40.6　　51　　38　　45　　49.3

(　　　　)

06 수직선에 나타낸 수의 범위를 보고 □ 안에 알맞은 말을 써넣으세요.

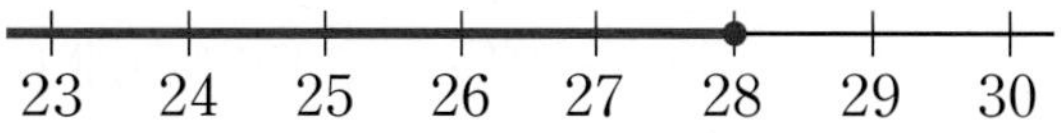

28 □인 수

07 648을 올림하여 백의 자리까지 나타낸 수를 찾아 기호를 써 보세요.

㉠ 600　　㉡ 650　　㉢ 700

(　　　　)

08 50 미만인 수를 잘못 나타낸 사람의 이름을 써 보세요.

• 유리: 50　48　46.3　45
• 태준: 49.9　47　43　40

(　　　　)

09 33을 포함하는 수의 범위를 모두 찾아 기호를 써 보세요.

㉠ 33 이상인 수 ㉡ 33 초과인 수
㉢ 33 이하인 수 ㉣ 33 미만인 수

( )

서술형

10 수화물의 무게가 10 kg 초과일 때 추가 요금을 더 내야 하는 항공사가 있습니다. 추가 요금을 내야 하는 수화물은 모두 몇 개인지 풀이 과정을 쓰고 답을 구해 보세요.

수화물의 무게

수화물	가	나	다	라	마
무게(kg)	11	10	9	12	8

풀이

답

AI가 뽑은 정답률 낮은 문제

11 519를 버림하여 나타낼 수 없는 수를 찾아 기호를 써 보세요.

19쪽 유형 4

㉠ 500 ㉡ 510 ㉢ 520

( )

12 어림하여 나타낸 수의 크기를 비교하여 ○ 안에 >, =, <를 알맞게 써넣으세요.

1548을 올림하여 백의 자리까지 나타낸 수 ○ 1548을 반올림하여 백의 자리까지 나타낸 수

13 어느 놀이공원의 이용 요금입니다. 12살인 승우와 43살인 승우 아빠의 이용 요금은 모두 얼마인지 구해 보세요.

놀이공원의 이용 요금

구분	나이	이용 요금
어른	19살 이상	12000원
청소년	13살 이상 19살 미만	10000원
어린이	3살 이상 13살 미만	8000원

( )

AI가 뽑은 정답률 낮은 문제

14 쿠키 88개를 접시에 모두 담으려고 합니다. 접시 한 개에 쿠키를 10개씩 담는다면 접시는 최소 몇 개가 필요한지 구해 보세요.

20쪽 유형 5

( )

15 □ 안에 들어갈 수 있는 일의 자리 숫자를 모두 구해 보세요.

13□을/를 반올림하여 십의 자리까지 나타내면 130입니다.

(　　　　　　　　　　)

16 □ 안에 알맞은 자연수를 써넣으세요.

78 이상 86 미만인 자연수는 □ 초과 □ 이하인 자연수와 같습니다.

서술형

17 한 변의 길이가 17 cm인 정사각형의 둘레는 몇 cm인지 반올림하여 십의 자리까지 나타내려고 합니다. 풀이 과정을 쓰고 답을 구해 보세요.

풀이

답

AI가 뽑은 정답률 낮은 문제

18 수 카드 4장을 한 번씩만 사용하여 만들 수 있는 가장 작은 네 자리 수를 올림하여 백의 자리까지 나타내어 보세요.

21쪽 유형 8

5　9　6　0

(　　　　　　　　　　)

19 어떤 자연수에 9를 곱한 수를 버림하여 십의 자리까지 나타내면 250입니다. 어떤 자연수를 구해 보세요.

(　　　　　　　　　　)

AI가 뽑은 정답률 낮은 문제

20 농장에서 수확한 오이를 한 상자에 30개씩 담으려고 합니다. 오이를 모두 담으려면 상자는 적어도 25개가 필요합니다. 수확한 오이의 수의 범위를 이상과 이하를 사용하여 나타내어 보세요.

23쪽 유형 12

□개 이상 □개 이하

AI가 추천한 단원 평가 3회

점수

18~23쪽에서 같은 유형의 문제를 더 풀 수 있어요.

01 알맞은 말에 ○표 해 보세요.

> 21, 23.5, 27, 29와 같이 20보다 큰 수를 20 (이상 , 초과)인 수라고 합니다.

02 50 미만인 수가 아닌 것을 모두 찾아 써 보세요.

> 41　50　39.8　46　52

(　　　　　　　　)

03 주어진 수를 올림하여 소수 둘째 자리까지 나타내어 보세요.

> 4.071

(　　　　　　　　)

04 주어진 수를 올림, 버림, 반올림하여 백의 자리까지 나타내어 보세요.

수	올림	버림	반올림
3148			

05 40 이상인 수를 수직선에 바르게 나타낸 것을 찾아 기호를 써 보세요.

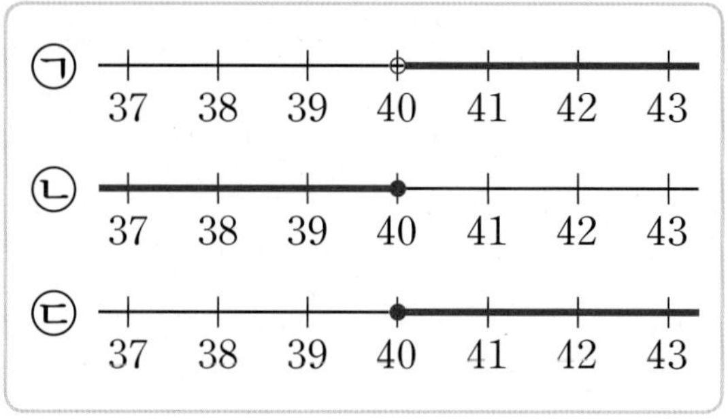

(　　　　　　　　)

06 버림하여 천의 자리까지 나타낸 수가 다른 하나를 찾아 써 보세요.

> 6107　7005　6783

(　　　　　　　　)

07 지우개의 길이는 몇 cm인지 반올림하여 일의 자리까지 나타내어 보세요.

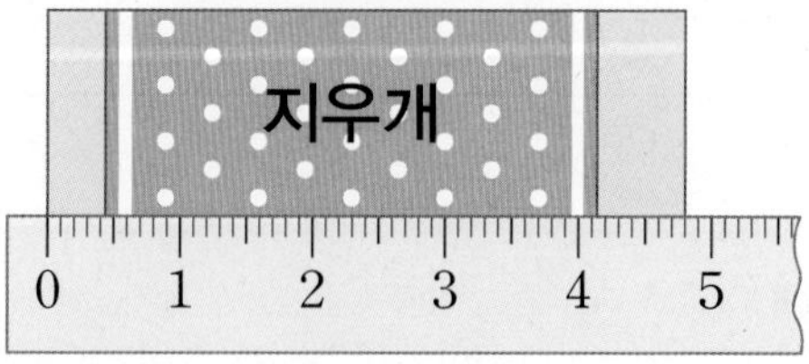

(　　　　　　　　)

서술형

1 단원

08~09 재우네 모둠이 1분 동안 팔 굽혀 펴기를 한 횟수를 조사하여 나타낸 표입니다. 물음에 답해 보세요.

재우네 모둠의 팔 굽혀 펴기 횟수

이름	재우	선아	효준	미래	승효
횟수(회)	10	16	8	15	22

08 팔 굽혀 펴기 횟수가 10회 이상 16회 미만인 학생의 이름을 모두 써 보세요.

( )

09 팔 굽혀 펴기 횟수가 20회 초과인 학생을 반 대표로 뽑으려고 합니다. 반 대표로 뽑아야 하는 학생의 이름을 써 보세요.

( )

10 9177을 어림했더니 9200이 되었습니다. 어림한 방법이 될 수 있는 것을 모두 찾아 써 보세요.

올림 버림 반올림

( )

AI가 뽑은 정답률 낮은 문제

11 18 초과 24 이하인 수의 범위에 속하는 자연수는 모두 몇 개인지 구해 보세요.

19쪽 유형 3

( )

12 84501을 반올림하여 각각 주어진 자리까지 나타낼 때, 가장 큰 수를 찾아 기호를 쓰려고 합니다. 풀이 과정을 쓰고 답을 구해 보세요.

㉠ 십의 자리 ㉡ 백의 자리
㉢ 천의 자리 ㉣ 만의 자리

풀이

답

13 색 테이프 10 cm로 리본을 1개 만들 수 있습니다. 색 테이프 184 cm로 만들 수 있는 리본은 최대 몇 개인지 구해 보세요.

( )

14 주어진 수의 범위를 나타내려고 합니다. □ 안에 이상, 이하, 초과, 미만 중에서 알맞은 말을 써넣으세요.

54 55 56 57 58

→ 54 □ 59 □ 인 자연수

AI가 뽑은 정답률 낮은 문제

15 수의 범위에 공통으로 포함되는 자연수는 모두 몇 개인지 구해 보세요.

20쪽 유형 6

- 28 초과 35 이하인 수
- 25 이상 33 미만인 수

( )

서술형

16 주아네 학교에는 남학생이 295명, 여학생이 277명 있습니다. 주아네 학교 전체 학생은 몇 명인지 올림하여 십의 자리까지 나타내려고 합니다. 풀이 과정을 쓰고 답을 구해 보세요.

풀이

답

AI가 뽑은 정답률 낮은 문제

17 버림하여 백의 자리까지 나타내면 1700이 되는 자연수 중에서 가장 큰 수와 가장 작은 수를 각각 구해 보세요.

21쪽 유형 7

가장 큰 수 ( )

가장 작은 수 ( )

AI가 뽑은 정답률 낮은 문제

18 수직선에 나타낸 수의 범위에 속하는 자연수는 5개입니다. ㉠에 알맞은 자연수를 구해 보세요.

22쪽 유형 9

( )

19 10보다 작은 소수 한 자리 수 중에서 일의 자리 숫자가 4 이상 6 미만이고, 소수 첫째 자리 숫자가 6 초과 9 미만인 수는 모두 몇 개인지 구해 보세요.

( )

AI가 뽑은 정답률 낮은 문제

20 **조건**을 만족하는 자연수를 모두 구해 보세요.

23쪽 유형 11

조건
- 올림하여 십의 자리까지 나타내면 460입니다.
- 반올림하여 십의 자리까지 나타내면 460입니다.

( )

18~23쪽에서 같은 유형의 문제를 더 풀 수 있어요.

01~02 수를 보고 물음에 답해 보세요.

50	47.1	26	39	55.4
30.7	42	61	48.5	41

01 50 이상인 수를 모두 찾아 써 보세요.

( )

AI가 뽑은 정답률 낮은 문제

02 35 초과 42 미만인 수를 모두 찾아 써 보세요.

18쪽 유형 1

( )

03 8621을 반올림하여 주어진 자리까지 나타내어 보세요.

백의 자리	천의 자리

04 왼쪽 수를 올림하여 백의 자리까지 나타낸 수를 오른쪽에서 찾아 선으로 이어 보세요.

5419	5400
5528	5500
	5600

AI가 뽑은 정답률 낮은 문제

05 서준이와 주희가 수를 버림하여 천의 자리까지 나타낸 것입니다. 잘못 나타낸 사람의 이름을 써 보세요.

18쪽 유형 2

- 서준: 2387 → 2000
- 주희: 4950 → 5000

( )

06 수직선에 나타낸 수의 범위에 속하지 않는 수를 모두 고르세요. ( )

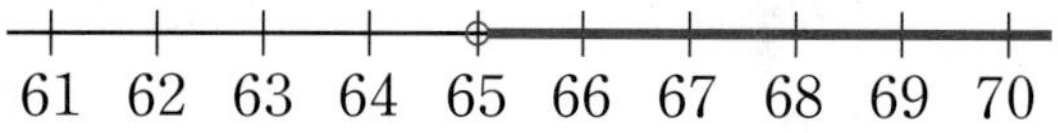

① 64 ② 65 ③ 66
④ 69 ⑤ 70

07 반올림하여 소수 첫째 자리까지 나타내면 3.2가 되는 수를 찾아 기호를 써 보세요.

㉠ 3.14 ㉡ 3.27 ㉢ 3.19

( )

08 수의 범위를 수직선에 나타내어 보세요.

27 초과 31 이하인 수

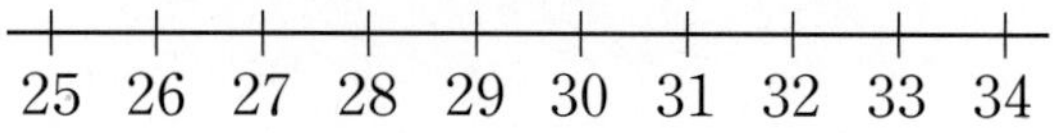

09~10 현우네 초등학교 남자 태권도 선수들의 몸무게를 조사하여 나타낸 표입니다. 물음에 답해 보세요.

태권도 선수들의 몸무게

이름	현우	태준	민수	명호	도형
몸무게 (kg)	34.0	31.7	33.5	35.6	36.0

초등학교 남자 태권도 체급별 몸무게

체급	몸무게(kg)
핀급	32 이하
플라이급	32 초과 34 이하
밴텀급	34 초과 36 이하
페더급	36 초과 39 이하
라이트급	39 초과 42 이하

09 현우와 같은 체급에 속한 학생의 이름을 써 보세요.

(　　　　　　　　　)

10 밴텀급에 속하는 학생은 모두 몇 명인지 구해 보세요.

(　　　　　　　　　)

AI가 뽑은 정답률 낮은 문제

11 6653을 올림하여 나타낼 수 없는 수를 찾아 기호를 써 보세요.

19쪽 유형 4

㉠ 6600　㉡ 6660　㉢ 7000

(　　　　　　　　　)

12 공원에 있는 나무의 키는 369 cm입니다. 이 나무의 키를 반올림하여 나타내면 몇백 cm인지 구해 보세요.

(　　　　　　　　　)

서술형

13 16 초과 22 미만인 자연수를 모두 더하면 얼마인지 풀이 과정을 쓰고 답을 구해 보세요.

풀이

답

14 수의 범위에 속하는 자연수가 가장 많은 것을 찾아 기호를 써 보세요.

㉠ 36 이상 40 이하인 수
㉡ 37 초과 41 미만인 수
㉢ 36 이상 40 미만인 수

(　　　　　　　　　)

15 주어진 수를 버림하여 백의 자리까지 나타내면 6200입니다. □ 안에 알맞은 수를 써넣으세요.

□□98

AI가 뽑은 정답률 낮은 문제

16 올림하여 천의 자리까지 나타내면 23000이 되는 자연수 중에서 가장 작은 수를 구해 보세요.

21쪽 유형 7

( )

AI가 뽑은 정답률 낮은 문제 서술형

17 수 카드 4장을 한 번씩만 사용하여 만들 수 있는 가장 큰 네 자리 수를 반올림하여 백의 자리까지 나타내려고 합니다. 풀이 과정을 쓰고 답을 구해 보세요.

21쪽 유형 8

2 1 8 4

풀이

답

18 56 초과 64 이하인 자연수 중에서 버림하여 십의 자리까지 나타내면 50이 되는 수를 모두 구해 보세요.

( )

19 예림이네 반 학생들에게 도화지 98장을 나누어 주려고 합니다. 문구점에서 도화지를 10장씩 묶음으로 팔고, 10장에 600원이라고 합니다. 문구점에서 도화지를 산다면 최소 얼마가 필요한지 구해 보세요.

( )

AI가 뽑은 정답률 낮은 문제

20 해찬이네 학교 5학년 학생들이 놀이기구를 타려면 20인승 놀이기구를 적어도 7번 운행해야 합니다. 해찬이네 학교 5학년 학생 수의 범위를 이상과 이하를 사용하여 나타내어 보세요.

23쪽 유형 12

□명 이상 □명 이하

2회 5번 4회 2번

유형 1 ■ 이상(초과) ▲ 이하(미만)인 수 찾기

46 이상 60 이하인 수를 모두 찾아 써 보세요.

23	48.3	64	46	30.9

( )

Tip ■ 이상 ▲ 이하인 수에는 ■와 ▲가 모두 포함돼요.

1-1 25 초과 31 미만인 수를 모두 찾아 써 보세요.

30.2	19.3	52	31	27

( )

1-2 15 이상 28 미만인 수를 모두 찾아 써 보세요.

17	31.1	13	28	20.9

( )

1-3 50 초과 60 이하인 수는 모두 몇 개인지 구해 보세요.

61	55	46.2	59.6	60

( )

1회 6번 4회 5번

유형 2 잘못 어림한 것 찾기

수를 반올림하여 백의 자리까지 나타낸 것입니다. 잘못 나타낸 것의 기호를 써 보세요.

㉠ 7250 → 7300
㉡ 5413 → 5500

( )

Tip 어림을 할 때 기준이 되는 자리를 확인해요.

2-1 수를 올림하여 십의 자리까지 나타낸 것입니다. 잘못 나타낸 것의 기호를 써 보세요.

㉠ 836 → 830 ㉡ 169 → 170

( )

2-2 수를 버림하여 천의 자리까지 나타낸 것입니다. 잘못 나타낸 것의 기호를 써 보세요.

㉠ 20137 → 20000
㉡ 49857 → 50000

( )

2-3 수를 반올림하여 천의 자리까지 나타낸 것입니다. 잘못 나타낸 것의 기호를 쓰고 바르게 고쳐 보세요.

㉠ 32598 → 33000
㉡ 91065 → 92000

기호 ( )
바르게 고치기 ( )

🔗 1회 11번 🔗 3회 11번

유형 3 수의 범위에 속하는 자연수의 개수 구하기

26 이상 32 미만인 수의 범위에 속하는 자연수는 모두 몇 개인지 구해 보세요.

( )

Tip ■ 이상 ▲ 미만인 수에는 ■는 포함되고 ▲는 포함되지 않아요.

3-1 55 초과 65 이하인 수의 범위에 속하는 자연수는 모두 몇 개인지 구해 보세요.

( )

3-2 88 초과 96 미만인 수의 범위에 속하는 자연수는 모두 몇 개인지 구해 보세요.

( )

3-3 수직선에 나타낸 수의 범위에 속하는 자연수는 모두 몇 개인지 구해 보세요.

( )

🔗 2회 11번 🔗 4회 11번

유형 4 어림하여 나타낼 수 없는 수 찾기

1547을 올림하여 나타낼 수 없는 수를 찾아 기호를 써 보세요.

㉠ 1600 ㉡ 1540 ㉢ 2000

( )

Tip 수를 어림하여 각 자리까지 나타낸 경우를 모두 생각해요.

4-1 7628을 버림하여 나타낼 수 없는 수를 찾아 기호를 써 보세요.

㉠ 8000 ㉡ 7620 ㉢ 7600

( )

4-2 6643을 반올림하여 나타낼 수 없는 수를 찾아 기호를 써 보세요.

㉠ 6640 ㉡ 7000 ㉢ 6700

( )

4-3 12458을 반올림하여 나타낼 수 없는 수를 모두 찾아 기호를 써 보세요.

㉠ 12460 ㉡ 13000
㉢ 12500 ㉣ 20000

( )

1회 14번 2회 14번

유형 5 어림의 활용 문제 해결하기

케이블카 한 대에 학생이 10명씩 탈 수 있습니다. 학생 96명이 모두 케이블카에 타려면 케이블카는 최소 몇 대가 필요한지 구해 보세요.

( )

Tip 올림, 버림, 반올림 중에서 어떤 방법으로 어림해야 하는지 생각해요.

5-1 주아는 문구점에서 5500원짜리 스케치북을 한 권 샀습니다. 1000원짜리 지폐로만 스케치북값을 낸다면 최소 얼마를 내야 하는지 구해 보세요.

( )

5-2 건우는 100원짜리 동전으로 4800원이 있습니다. 이 돈을 1000원짜리 지폐로 바꾸면 최대 얼마까지 바꿀 수 있는지 구해 보세요.

( )

5-3 공장에서 포도 맛 사탕 263개, 딸기 맛 사탕 342개를 만들었습니다. 이 사탕을 한 봉지에 10개씩 담아서 판다면 최대 몇 봉지까지 팔 수 있는지 구해 보세요.

( )

3회 15번

유형 6 공통으로 포함되는 자연수 구하기

수의 범위에 공통으로 포함되는 자연수를 모두 구해 보세요.

- 10 초과 16 이하인 수
- 8 이상 14 미만인 수

( )

Tip 각 범위에 포함되는 수를 각각 구한 다음 공통으로 포함되는 자연수를 찾아요.

6-1 수의 범위에 공통으로 포함되는 자연수를 모두 구해 보세요.

- 23 이상 29 미만인 수
- 26 초과 31 이하인 수

( )

6-2 수의 범위에 공통으로 포함되는 자연수를 모두 구해 보세요.

- 55 이상 61 미만인 수
- 58 초과 63 이하인 수

( )

6-3 수의 범위에 공통으로 포함되는 자연수는 모두 몇 개인지 구해 보세요.

- 65 이상 72 이하인 수
- 67 초과 75 미만인 수

( )

3회 17번 4회 16번

유형 7 어림하여 ■가 될 수 있는 가장 큰(작은) 수 구하기

버림하여 백의 자리까지 나타내면 52000이 되는 자연수 중에서 가장 큰 수를 구해 보세요.

( )

Tip 버림하여 백의 자리까지 나타낼 때 십의 자리와 일의 자리에 0이 아닌 수가 있으면 모두 버려요.

7-1 올림하여 천의 자리까지 나타내면 140000이 되는 자연수 중에서 가장 작은 수를 구해 보세요.

( )

7-2 반올림하여 십의 자리까지 나타내면 7630이 되는 자연수 중에서 가장 큰 수를 구해 보세요.

( )

7-3 버림하여 십의 자리까지 나타내면 3380이 되는 자연수 중에서 가장 큰 수와 가장 작은 수를 각각 구해 보세요.

가장 큰 수 ( )

가장 작은 수 ( )

2회 18번 4회 17번

유형 8 수 카드로 만든 수 어림하기

수 카드 4장을 한 번씩만 사용하여 만들 수 있는 가장 큰 네 자리 수를 올림하여 백의 자리까지 나타내어 보세요.

8 4 1 3

( )

Tip 먼저 높은 자리부터 큰 수를 차례대로 놓아 가장 큰 수를 만들어요.

8-1 수 카드 4장을 한 번씩만 사용하여 만들 수 있는 가장 작은 네 자리 수를 버림하여 십의 자리까지 나타내어 보세요.

2 7 6 5

( )

8-2 수 카드 4장을 한 번씩만 사용하여 만들 수 있는 가장 큰 네 자리 수를 반올림하여 백의 자리까지 나타내어 보세요.

3 5 9 1

( )

8-3 수 카드 5장을 한 번씩만 사용하여 만들 수 있는 가장 작은 다섯 자리 수를 반올림하여 천의 자리까지 나타내어 보세요.

0 2 6 5 8

( )

1회 17번 3회 18번

유형 9 속하는 자연수의 개수를 이용하여 수의 범위 구하기

수직선에 나타낸 수의 범위에 속하는 자연수는 4개입니다. ㉠에 알맞은 자연수를 구해 보세요.

( )

Tip 먼저 수직선에 나타낸 수의 범위에 속하는 자연수 4개를 작은 수부터 차례대로 구해요.

9-1 수직선에 나타낸 수의 범위에 속하는 자연수는 6개입니다. ㉠에 알맞은 자연수를 구해 보세요.

( )

9-2 수직선에 나타낸 수의 범위에 속하는 자연수는 5개입니다. ㉠에 알맞은 자연수를 구해 보세요.

( )

9-3 수직선에 나타낸 수의 범위에 속하는 자연수는 7개입니다. ㉠에 알맞은 자연수를 구해 보세요.

( )

1회 19번

유형 10 어림하기 전 수의 범위 구하기

어떤 수를 반올림하여 십의 자리까지 나타내었더니 2500이 되었습니다. 어떤 수가 될 수 있는 수의 범위를 이상과 미만을 사용하여 나타내어 보세요.

☐ 이상 ☐ 미만인 수

Tip 반올림하여 십의 자리까지 나타낼 때 일의 자리 숫자가 0, 1, 2, 3, 4이면 버리고, 5, 6, 7, 8, 9이면 올려요.

10-1 어떤 수를 버림하여 백의 자리까지 나타내었더니 7000이 되었습니다. 어떤 수가 될 수 있는 수의 범위를 이상과 미만을 사용하여 나타내어 보세요.

☐ 이상 ☐ 미만인 수

10-2 어떤 수를 올림하여 십의 자리까지 나타내었더니 8100이 되었습니다. 어떤 수가 될 수 있는 수의 범위를 초과와 이하를 사용하여 나타내어 보세요.

☐ 초과 ☐ 이하인 수

10-3 어떤 수를 반올림하여 백의 자리까지 나타내었더니 1600이 되었습니다. 어떤 수가 될 수 있는 수의 범위를 이상과 미만을 사용하여 수직선에 나타내어 보세요.

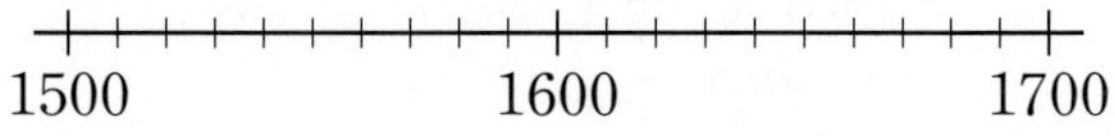

3회 20번

유형 11 조건을 만족하는 수 구하기

조건을 만족하는 자연수를 모두 구해 보세요.

조건
- 올림하여 십의 자리까지 나타내면 320입니다.
- 반올림하여 십의 자리까지 나타내면 320입니다.

(　　　　　　　　　　)

Tip 각 조건을 만족하는 수를 구한 다음 공통으로 포함되는 자연수를 구해요.

11-1 **조건**을 만족하는 자연수를 모두 구해 보세요.

조건
- 버림하여 백의 자리까지 나타내면 500입니다.
- 반올림하여 십의 자리까지 나타내면 500입니다.

(　　　　　　　　　　)

11-2 **조건**을 만족하는 자연수는 모두 몇 개인지 구해 보세요.

조건
- 올림하여 십의 자리까지 나타내면 440입니다.
- 버림하여 십의 자리까지 나타내면 430입니다.

(　　　　　)

2회 20번 4회 20번

유형 12 상황에 맞는 수의 범위 구하기

미주네 학교 5학년 학생들이 식물원에 가려고 합니다. 버스 한 대에는 25명씩 탈 수 있고 모든 학생이 타려면 버스는 적어도 5대 필요합니다. 미주네 학교 5학년 학생 수의 범위를 이상과 이하를 사용하여 나타내어 보세요.

[　　]명 이상 [　　]명 이하

Tip 미주네 학교 학생 수가 가장 많은 경우와 가장 적은 경우를 각각 구해요.

12-1 과수원에서 수확한 참외를 한 상자에 20개씩 담으려고 합니다. 참외를 모두 담으려면 상자는 적어도 45개가 필요합니다. 수확한 참외의 수의 범위를 이상과 이하를 사용하여 나타내어 보세요.

[　　]개 이상 [　　]개 이하

12-2 연후네 학교 학생들이 강당에 있는 긴 의자에 모두 앉으려면 8명씩 앉을 수 있는 긴 의자가 적어도 36개 필요합니다. 연후네 학교 학생 수의 범위를 이상과 미만을 사용하여 나타내어 보세요.

[　　]명 이상 [　　]명 미만

2

분수의 곱셈

개념 정리 2단원 분수의 곱셈

개념 1 (분수)×(자연수)

◆ $\frac{5}{8}\times 4$의 계산

방법 1 • 분자와 자연수를 곱한 후 약분하기

$$\frac{5}{8}\times 4=\frac{5\times 4}{8}=\frac{\overset{5}{\cancel{20}}}{\underset{2}{\cancel{8}}}=\frac{5}{2}=2\frac{1}{2}$$

방법 2 • 분모와 자연수를 약분하기

$$\frac{5}{\underset{2}{\cancel{8}}}\times \overset{1}{\cancel{4}}=\frac{5}{2}=2\frac{1}{2}$$

◆ $1\frac{1}{3}\times 2$의 계산

방법 1 • 대분수를 가분수로 나타낸 후 계산하기

$$1\frac{1}{3}\times 2=\frac{4}{3}\times 2=\frac{4\times 2}{3}=\frac{8}{3}=2\frac{2}{3}$$

방법 2 • 대분수를 자연수와 진분수의 합으로 보고 계산하기

$$1\frac{1}{3}\times 2=(1\times 2)+\left(\frac{1}{3}\times 2\right)$$

$$=2+\frac{\square}{3}=2\frac{2}{3}$$

개념 2 (자연수)×(분수)

◆ $3\times\frac{5}{9}$의 계산

방법 1 $3\times\frac{5}{9}=\frac{3\times 5}{9}=\frac{\overset{5}{\cancel{15}}}{\underset{3}{\cancel{9}}}=\frac{\square}{3}=1\frac{2}{3}$

방법 2 $\overset{1}{\cancel{3}}\times\frac{5}{\underset{3}{\cancel{9}}}=\frac{5}{3}=1\frac{2}{3}$

◆ $3\times 1\frac{1}{2}$의 계산

방법 1 $3\times 1\frac{1}{2}=3\times\frac{3}{2}=\frac{3\times 3}{2}=\frac{9}{2}=4\frac{1}{2}$

방법 2 $3\times 1\frac{1}{2}=(3\times 1)+\left(3\times\frac{1}{2}\right)$

$$=3+\frac{3}{2}=3+1\frac{1}{2}=4\frac{1}{2}$$

개념 3 진분수의 곱셈

◆ $\frac{1}{3}\times\frac{1}{5}$의 계산

• 분자 1은 그대로 쓰고 분모끼리 곱하기

$$\frac{1}{3}\times\frac{1}{5}=\frac{1}{3\times 5}=\frac{1}{15}$$

◆ $\frac{2}{7}\times\frac{3}{4}$의 계산

• 분자는 분자끼리, 분모는 분모끼리 곱하기

방법 1 $\frac{2}{7}\times\frac{3}{4}=\frac{2\times 3}{7\times 4}=\frac{\overset{3}{\cancel{6}}}{\underset{14}{\cancel{28}}}=\frac{3}{14}$

방법 2 $\frac{\overset{1}{\cancel{2}}}{7}\times\frac{3}{\underset{2}{\cancel{4}}}=\frac{\square}{14}$

참고

세 분수의 곱셈도 분자는 분자끼리, 분모는 분모끼리 곱해요.

$$\frac{1}{3}\times\frac{4}{5}\times\frac{2}{7}=\frac{1\times 4\times 2}{3\times 5\times 7}=\frac{8}{105}$$

개념 4 대분수의 곱셈

◆ $1\frac{1}{9}\times 1\frac{2}{5}$의 계산

방법 1 $1\frac{1}{9}\times 1\frac{2}{5}=\frac{\overset{2}{\cancel{10}}}{9}\times\frac{7}{\underset{1}{\cancel{5}}}=\frac{14}{9}=1\frac{\square}{9}$

방법 2 $1\frac{1}{9}\times 1\frac{2}{5}=\left(1\frac{1}{9}\times 1\right)+\left(1\frac{1}{9}\times\frac{2}{5}\right)$

$$=1\frac{1}{9}+\left(\frac{\overset{2}{\cancel{10}}}{9}\times\frac{2}{\underset{1}{\cancel{5}}}\right)$$

$$=1\frac{1}{9}+\frac{4}{9}=1\frac{5}{9}$$

정답 ❶ 2 ❷ 5 ❸ 3 ❹ 5

01 그림을 보고 □ 안에 알맞은 수를 써넣으세요.

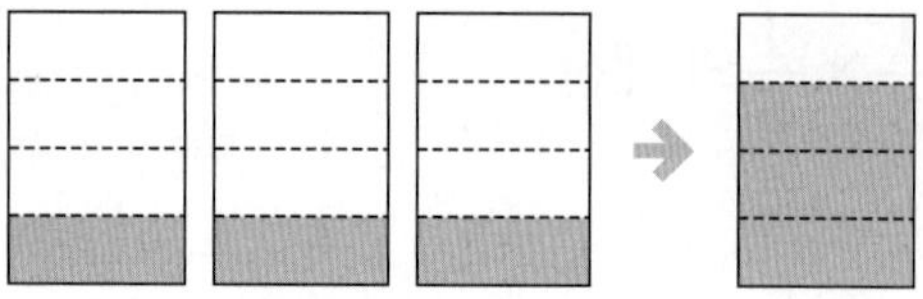

$\frac{1}{4}\times 3=\frac{\square}{4}$

02~03 □ 안에 알맞은 수를 써넣으세요.

02 $\frac{4}{7}\times 2=\frac{4\times\square}{7}=\frac{\square}{7}=\square\frac{\square}{7}$

03 $2\frac{1}{3}\times 1\frac{2}{5}=\frac{\square}{3}\times\frac{\square}{5}$

$=\frac{\square}{15}=\square\frac{\square}{15}$

04 계산해 보세요.

$\frac{5}{8}\times\frac{6}{7}$

05 빈칸에 알맞은 수를 써넣으세요.

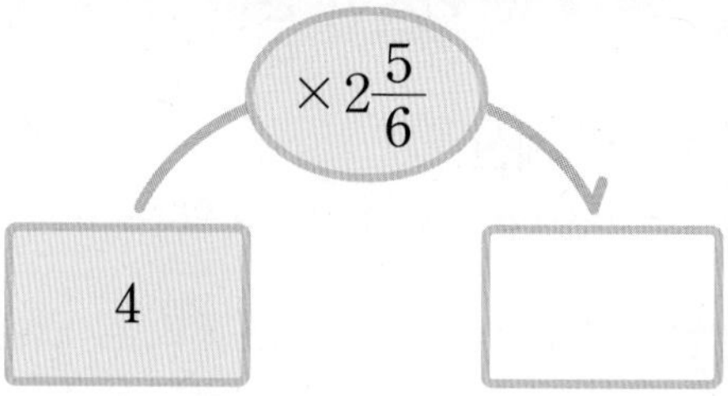

06 세 분수의 곱을 구해 보세요.

$\frac{2}{9}$ $\frac{3}{5}$ $\frac{7}{8}$

(　　　　　　　)

AI가 뽑은 정답률 낮은 문제

07 잘못 계산한 곳을 찾아 바르게 계산해 보세요.

38쪽 유형 1

$1\frac{5}{\cancel{6}_{3}}\times\cancel{8}^{4}=\frac{8}{3}\times 4=\frac{32}{3}=10\frac{2}{3}$

→ $1\frac{5}{6}\times 8$ ____________

08 ○ 안에 >, =, <를 알맞게 써넣으세요.

$2\frac{3}{4}\times 6\frac{2}{3}$ ○ 15

09 계산 결과가 $4\frac{1}{3}$인 것을 찾아 기호를 써 보세요.

㉠ $1\frac{4}{9}\times3$ ㉡ $2\times2\frac{5}{6}$

( )

10 8과 다음이 나타내는 수의 곱을 구해 보세요.

$\frac{1}{12}$이 7개인 수

( )

서술형

11 가장 큰 수와 가장 작은 수의 곱을 구하려고 합니다. 풀이 과정을 쓰고 답을 구해 보세요.

$3\frac{3}{8}$ $\frac{4}{9}$ $1\frac{4}{5}$

풀이

답

12 양파가 한 봉지에 $\frac{7}{10}$ kg씩 들어 있습니다. 6봉지에 들어 있는 양파는 모두 몇 kg인지 구해 보세요.

( )

13 연아는 피자 한 판의 $\frac{3}{8}$을 먹었고, 지후는 연아가 먹은 양의 $\frac{2}{3}$를 먹었습니다. 지후가 먹은 피자는 전체의 몇 분의 몇인지 구해 보세요.

( )

AI가 뽑은 정답률 낮은 문제

14 직사각형의 넓이는 몇 cm^2인지 구해 보세요.

39쪽 유형4

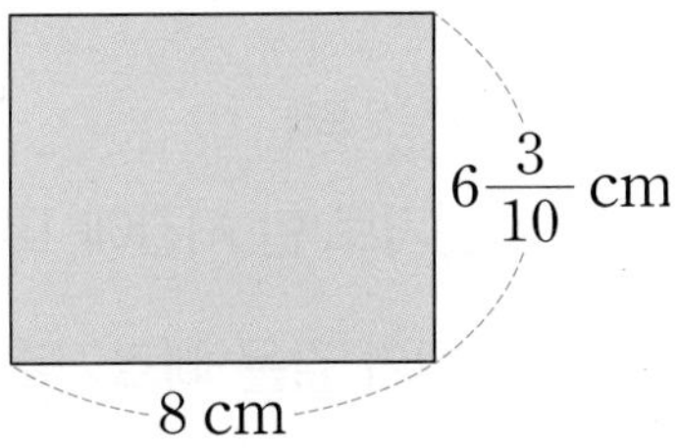

( )

AI가 뽑은 정답률 낮은 문제

15 재훈이가 산 구슬 전체의 $\frac{1}{8}$은 빨간색이고, 나머지의 $\frac{2}{7}$는 파란색입니다. 파란색 구슬은 전체의 몇 분의 몇인지 구해 보세요.

40쪽 유형 5

(　　　　　　　　)

서술형

16 미혜는 물을 매일 $1\frac{5}{8}$ L씩 4일 동안 마셨고, 성우는 물을 매일 $2\frac{1}{3}$ L씩 3일 동안 마셨습니다. 물을 더 많이 마신 사람은 누구인지 풀이 과정을 쓰고 답을 구해 보세요.

풀이

답

AI가 뽑은 정답률 낮은 문제

17 세희는 자전거로 한 시간에 $10\frac{2}{3}$ km를 달립니다. 세희가 같은 빠르기로 1시간 50분 동안 달린 거리는 몇 km인지 구해 보세요.

41쪽 유형 7

(　　　　　　　　)

18 □ 안에 들어갈 수 있는 자연수 중에서 1보다 큰 수를 모두 구해 보세요.

$$\frac{1}{7}\times\frac{1}{\square}>\frac{1}{27}$$

(　　　　　　　　)

AI가 뽑은 정답률 낮은 문제

19 떨어뜨린 높이의 $\frac{3}{5}$만큼 튀어 오르는 공이 있습니다. 이 공을 150 cm 높이에서 떨어뜨렸을 때 공이 두 번째로 튀어 오른 높이는 몇 cm인지 구해 보세요.

43쪽 유형 11

(　　　　　　　　)

20 미주네 학교 5학년 학생 수의 $\frac{5}{9}$는 남학생이고 그중 $\frac{2}{5}$는 축구, 나머지는 야구를 좋아합니다. 미주네 학교 5학년 학생이 180명일 때 그중 야구를 좋아하는 남학생은 몇 명인지 구해 보세요.

(　　　　　　　　)

AI가 추천한 단원 평가 2회

38~43쪽에서 같은 유형의 문제를 더 풀 수 있어요.

01~02 $4\times2\frac{1}{5}$을 두 가지 방법으로 계산하려고 합니다. □ 안에 알맞은 수를 써넣으세요.

01 $4\times2\frac{1}{5}=4\times\frac{\square}{5}=\frac{\square}{5}$

$=\square\frac{\square}{5}$

02 $4\times2\frac{1}{5}=(4\times2)+\left(4\times\frac{\square}{5}\right)$

$=8+\frac{\square}{5}=\square\frac{\square}{5}$

03 **보기**와 같은 방법으로 계산해 보세요.

보기

$$\frac{3}{4}\times\frac{2}{11}=\frac{3\times2}{4\times11}=\frac{\overset{3}{\cancel{6}}}{\underset{22}{\cancel{44}}}=\frac{3}{22}$$

$\frac{7}{10}\times\frac{5}{8}$ ______________________

04 계산해 보세요.

$1\frac{2}{7}\times1\frac{1}{6}$

05 두 수의 곱을 구해 보세요.

| 8 | $\frac{9}{20}$ |

(　　　　　　　　　　)

06 계산 결과가 다른 하나를 찾아 기호를 써 보세요.

㉠ $\frac{4}{9}\times2$　㉡ $\frac{4}{9}+\frac{4}{9}$　㉢ $\frac{4}{9\times2}$

(　　　　　　　　　　)

07 빈칸에 알맞은 수를 써넣으세요.

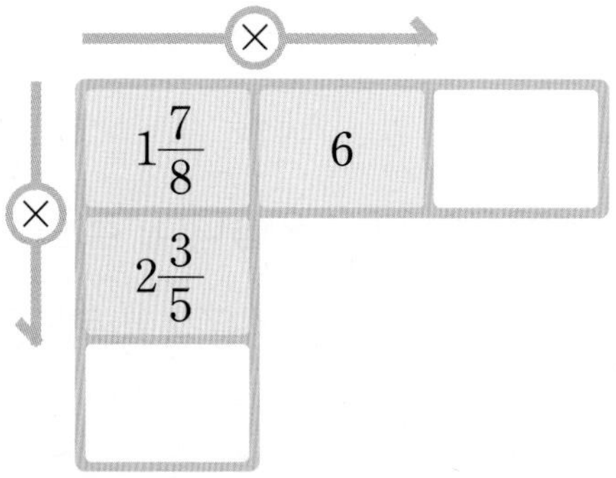

AI가 뽑은 정답률 낮은 문제

08 □ 안에 알맞은 수를 써넣으세요.

38쪽 유형 2

1 m의 $\frac{1}{5}$은 □ cm입니다.

AI가 뽑은 정답률 낮은 문제

09 계산 결과의 크기를 비교하여 ○ 안에 >, =, <를 알맞게 써넣으세요.

39쪽 유형 3

$\frac{7}{15}\times 10$ ○ $\frac{7}{15}\times\frac{3}{5}$

10 잘못 계산한 것에 ○표 해 보세요.

$\frac{3}{5}\times\frac{4}{9}\times\frac{1}{2}=\frac{2}{15}$ (　　　)

$\frac{5}{9}\times\frac{1}{4}\times\frac{3}{10}=\frac{5}{24}$ (　　　)

11 바둑돌이 60개 있습니다. 검은색 바둑돌이 전체의 $\frac{3}{5}$일 때, 검은색 바둑돌은 몇 개인지 구해 보세요.

(　　　　　　　　)

12 은정이는 매일 $3\frac{5}{6}$ km씩 달립니다. 은정이가 5일 동안 달린 거리는 몇 km인지 구해 보세요.

(　　　　　　　　)

13 종이테이프를 6등분한 것입니다. 색칠한 부분의 길이는 몇 m인지 구해 보세요.

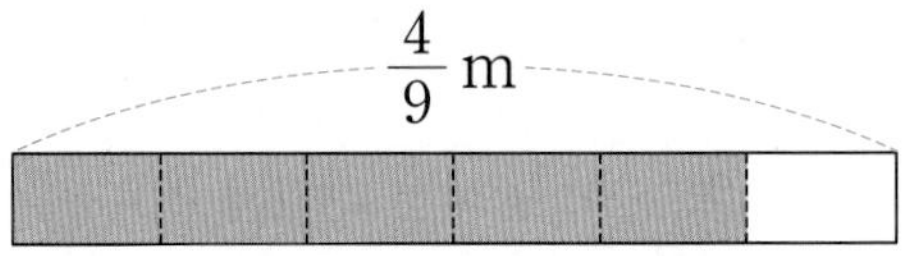

(　　　　　　　　)

서술형

14 ㉠과 ㉡의 계산 결과의 합을 구하려고 합니다. 풀이 과정을 쓰고 답을 구해 보세요.

㉠ $8\times 3\frac{1}{4}$　　㉡ $\frac{5}{8}\times 6$

풀이

답

서술형

15 승희의 나이는 12살이고 언니의 나이는 승희 나이의 $1\frac{1}{4}$배입니다. 승희와 승희 언니 나이의 합은 몇 살인지 풀이 과정을 쓰고 답을 구해 보세요.

풀이

답

16 어느 미술관의 입장료는 9000원입니다. 할인 기간에는 입장료 금액의 $\frac{5}{6}$만큼만 내면 된다고 합니다. 할인 기간에 2명이 입장하려면 얼마를 내야 하는지 구해 보세요.

(　　　　　　)

17 한 변의 길이가 $5\frac{1}{4}$ cm인 정사각형 모양의 타일 32장을 겹치지 않게 이어 붙였습니다. 타일을 이어 붙인 부분의 넓이는 몇 cm^2인지 구해 보세요.

(　　　　　　)

AI가 뽑은 정답률 낮은 문제

18 41쪽 유형 8

수 카드 3장을 한 번씩만 사용하여 대분수를 만들려고 합니다. 만들 수 있는 가장 큰 대분수와 가장 작은 대분수의 곱을 구해 보세요.

1　5　6

(　　　　　　)

AI가 뽑은 정답률 낮은 문제

19 42쪽 유형 9

어떤 수에 $\frac{3}{10}$을 곱해야 할 것을 잘못하여 더했더니 $\frac{4}{5}$가 되었습니다. 바르게 계산한 값을 구해 보세요.

(　　　　　　)

AI가 뽑은 정답률 낮은 문제

20 43쪽 유형 12

하루에 $1\frac{5}{6}$분씩 늦어지는 시계가 있습니다. 이 시계를 오늘 오전 8시에 정확하게 맞추어 놓았습니다. 10일 후 오전 8시에 이 시계가 가리키는 시각은 오전 몇 시 몇 분 몇 초인지 구해 보세요.

(　　　　　　)

38~43쪽에서 같은 유형의 문제를 더 풀 수 있어요.

01 그림을 보고 □ 안에 알맞은 수를 써넣으세요.

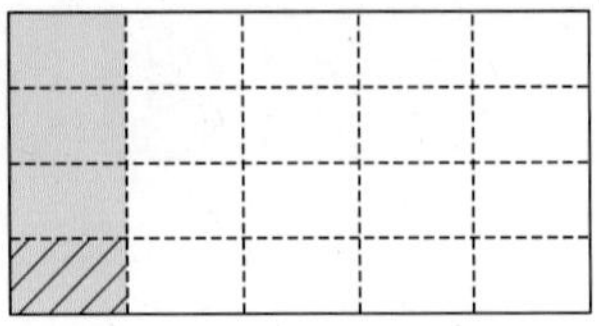

$$\frac{1}{5} \times \frac{1}{4} = \frac{1}{\square}$$

02 □ 안에 알맞은 수를 써넣으세요.

$$10 \times \frac{3}{8} = \frac{\overset{5}{\cancel{10}} \times \square}{\underset{4}{\cancel{8}}} = \frac{\square}{4} = \square\frac{\square}{4}$$

03~04 계산해 보세요.

03 $3\frac{3}{4} \times 6$

04 $2\frac{5}{8} \times 1\frac{7}{9}$

05 다음이 나타내는 수는 얼마인지 구해 보세요.

9의 $1\frac{5}{6}$배

(　　　　　　　)

06 계산 결과가 같은 것끼리 선으로 이어 보세요.

$\frac{5}{6} \times 4$	$\frac{5}{6} \times \frac{1}{4}$
$6 \times \frac{4}{5}$	$\frac{6 \times 4}{5}$
$\frac{1}{4} \times \frac{5}{6}$	$\frac{5 \times 4}{6}$

07 빈칸에 알맞은 수를 써넣으세요.

$\frac{5}{7}$ → $\times \frac{4}{5}$ → $\times \frac{1}{3}$ → □

08 계산 결과가 자연수가 아닌 것을 찾아 기호를 써 보세요.

㉠ $2\frac{2}{3} \times 1\frac{1}{2}$　　㉡ $1\frac{3}{10} \times 1\frac{2}{3}$

(　　　　　　　)

AI가 뽑은 정답률 낮은 문제

09 ㉠에 알맞은 수를 구해 보세요.

38쪽 유형 2

1 L의 $\frac{3}{8}$은 ㉠ mL입니다.

(　　　　　　　　)

AI가 뽑은 정답률 낮은 문제

10 계산 결과가 6보다 큰 것은 어느 것인가요? (　　　)

39쪽 유형 3

① 6×1　② $6\times\frac{1}{5}$　③ $6\times\frac{2}{3}$

④ $6\times\frac{7}{12}$　⑤ $6\times1\frac{3}{4}$

11 민정이는 한 병에 들이가 $\frac{3}{10}$ L인 음료수를 15병 샀습니다. 민정이가 산 음료수는 모두 몇 L인지 구해 보세요.

(　　　　　　　　)

12 사과가 한 봉지에는 $1\frac{1}{6}$ kg 들어 있고, 한 상자에는 한 봉지의 $8\frac{2}{7}$배만큼 들어 있습니다. 한 상자에 들어 있는 사과는 몇 kg인지 구해 보세요.

(　　　　　　　　)

서술형

13 한 변의 길이가 $1\frac{7}{10}$ cm인 정사각형의 둘레는 몇 cm인지 풀이 과정을 쓰고 답을 구해 보세요.

풀이 ________________________________

____

____

답 ________________

14 어떤 수는 $\frac{2}{3}$의 9배입니다. 어떤 수와 $1\frac{5}{12}$의 곱을 구해 보세요.

(　　　　　　　　)

2 단원

AI가 뽑은 정답률 낮은 문제

15 40쪽 유형 5

예준이가 가지고 있는 사탕의 $\frac{8}{9}$은 막대 사탕이고 그중 $\frac{1}{4}$은 포도 맛입니다. 포도 맛 막대 사탕의 $\frac{1}{2}$을 형에게 주었다면 형에게 준 포도 맛 막대 사탕은 전체의 몇 분의 몇인지 구해 보세요.

(　　　　　　　　)

16 진서는 철사 180 cm를 사서 전체의 $\frac{4}{9}$를 동생에게 주고 나머지의 $\frac{2}{5}$를 미술 시간에 사용했습니다. 미술 시간에 사용한 철사는 몇 cm인지 구해 보세요.

(　　　　　　　　)

AI가 뽑은 정답률 낮은 문제　서술형

17 40쪽 유형 6

□ 안에 들어갈 수 있는 자연수 중에서 가장 작은 수를 구하려고 합니다. 풀이 과정을 쓰고 답을 구해 보세요.

$$2\times3\frac{1}{8}<\square$$

풀이

답

AI가 뽑은 정답률 낮은 문제

18 41쪽 유형 7

한 시간에 60 km를 달리는 자동차가 있습니다. 이 자동차가 같은 빠르기로 2시간 15분 동안 달린 거리는 몇 km인지 구해 보세요.

(　　　　　　　　)

AI가 뽑은 정답률 낮은 문제

19 42쪽 유형10

수 카드 5장 중에서 2장을 골라 □ 안에 한 번씩만 써넣어 분수의 곱셈식을 만들려고 합니다. 계산 결과가 가장 작은 식을 만들고 계산해 보세요.

2　3　6　8　9

→ $\frac{1}{\square}\times\frac{1}{\square}$

(　　　　　　　　)

20 길이가 $1\frac{3}{4}$ m인 색 테이프 8장을 $\frac{1}{5}$ m씩 겹치도록 한 줄로 길게 이어 붙였습니다. 이어 붙인 색 테이프의 전체 길이는 몇 m인지 구해 보세요.

(　　　　　　　　)

점수

38~43쪽에서 같은 유형의 문제를 더 풀 수 있어요.

01~02 □ 안에 알맞은 수를 써넣으세요.

01 $9\times1\frac{2}{5}=9\times\frac{\square}{5}=\frac{\square}{5}$

$=\square\frac{\square}{5}$

02 $\frac{2}{3}\times\frac{5}{6}=\frac{\square\times5}{3\times\square}=\frac{\overset{\square}{\cancel{10}}}{\underset{\square}{\cancel{18}}}=\frac{\square}{9}$

03 ㉠, ㉡에 알맞은 수를 각각 구해 보세요.

$2\frac{1}{5}\times1\frac{3}{4}=\frac{11}{5}\times\frac{㉠}{4}=\frac{77}{20}=㉡\frac{17}{20}$

㉠ (　　　)
㉡ (　　　)

04 계산해 보세요.

$\frac{5}{12}\times10$

05 빈칸에 알맞은 수를 써넣으세요.

×

$1\frac{3}{8}$	6	

06 계산 결과를 찾아 선으로 이어 보세요.

$\frac{2}{9}\times6$	$1\frac{1}{3}$
$2\times\frac{3}{5}$	$1\frac{1}{4}$
	$1\frac{1}{5}$

AI가 뽑은 정답률 낮은 문제

07 잘못 계산한 곳을 찾아 바르게 계산해 보세요.

38쪽 유형 1

$1\frac{1}{\underset{1}{\cancel{2}}}\times2\frac{\overset{1}{\cancel{2}}}{7}=1\times2\frac{1}{7}=2\frac{1}{7}$

→ $1\frac{1}{2}\times2\frac{2}{7}$ ______

08 계산 결과가 다른 하나를 찾아 ○표 해 보세요.

$\frac{1}{6}\times\frac{1}{3}$ $\frac{1}{4}\times\frac{1}{4}$ $\frac{1}{2}\times\frac{1}{9}$

( ) ( ) ( )

09 가장 큰 수와 가장 작은 수의 곱을 구해 보세요.

$2\frac{1}{3}$ $3\frac{1}{5}$ $3\frac{1}{4}$

( )

10 계산 결과가 가장 큰 것을 찾아 기호를 써 보세요.

㉠ $4\times1\frac{5}{6}$ ㉡ $2\frac{2}{3}\times2$

㉢ $2\frac{2}{5}\times2\frac{3}{4}$ ㉣ $5\frac{4}{9}\times\frac{1}{7}$

( )

11 소진이네 가족은 쌀 10 kg의 $\frac{3}{4}$을 먹었습니다. 소진이네 가족이 먹은 쌀은 몇 kg인지 구해 보세요.

( )

AI가 뽑은 정답률 낮은 문제

12 주훈이는 어제까지 동화책 한 권의 $\frac{4}{5}$를 읽었고 그중 $\frac{1}{2}$을 어제 읽었습니다. 주훈이가 어제 읽은 동화책은 동화책 전체의 몇 분의 몇인지 구해 보세요.

40쪽 유형 5

( )

AI가 뽑은 정답률 낮은 문제 서술형

13 밑변의 길이가 6 cm이고, 높이가 $4\frac{1}{4}$ cm인 평행사변형이 있습니다. 이 평행사변형의 넓이는 몇 cm^2인지 풀이 과정을 쓰고 답을 구해 보세요.

39쪽 유형 4

풀이

답

14 □ 안에 알맞은 수를 써넣으세요.

$$\frac{1}{8}\times\frac{1}{3}=\frac{1}{6}\times\frac{1}{\square}$$

서술형

15 ■의 값을 구하려고 합니다. 풀이 과정을 쓰고 답을 구해 보세요.

$$2\frac{5}{11}\times 2\frac{4}{9}=●$$
$$●\times \frac{3}{4}=■$$

풀이

답

AI가 뽑은 정답률 낮은 문제

16 수 카드 3장을 한 번씩만 사용하여 대분수를 만들려고 합니다. 만들 수 있는 가장 큰 대분수와 10의 곱을 구해 보세요.

40쪽 유형 8

2 5 8

( )

AI가 뽑은 정답률 낮은 문제

17 $\frac{5}{9}$에 어떤 수를 곱해야 할 것을 잘못하여 $\frac{5}{9}$에서 어떤 수를 뺐더니 $\frac{1}{5}$이 되었습니다. 바르게 계산한 값을 구해 보세요.

42쪽 유형 9

( )

18 색칠한 부분의 넓이는 몇 cm^2인지 구해 보세요.

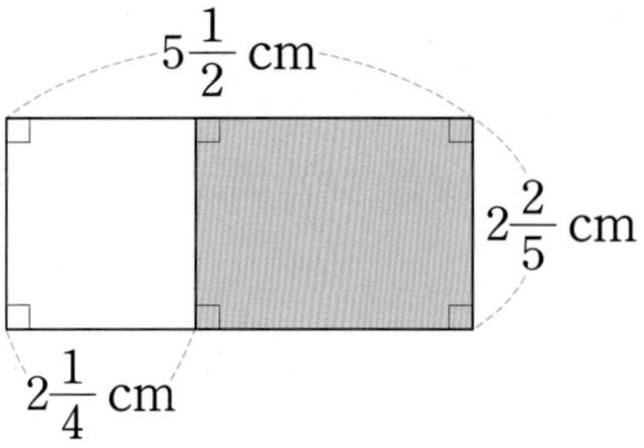

( )

AI가 뽑은 정답률 낮은 문제

19 하루에 $2\frac{1}{4}$분씩 빨라지는 시계가 있습니다. 이 시계를 오늘 오후 3시에 정확하게 맞추어 놓았습니다. 8일 후 오후 3시에 이 시계가 가리키는 시각은 오후 몇 시 몇 분인지 구해 보세요.

43쪽 유형 12

( )

20 밭 전체의 $\frac{3}{4}$에 농작물을 심었습니다. 농작물을 심은 밭의 $\frac{4}{5}$에 콩을 심고, 콩을 심은 밭의 $\frac{1}{6}$에 강낭콩을 심었습니다. 밭 전체의 넓이가 200 m^2일 때, 강낭콩을 심은 밭의 넓이는 몇 m^2인지 구해 보세요.

( )

1회 7번 4회 7번

유형 1 잘못 계산한 곳을 찾아 바르게 계산하기

잘못 계산한 곳을 찾아 바르게 계산해 보세요.

$$\frac{4}{7}\times5=\frac{4}{7\times5}=\frac{4}{35}$$

➔ $\frac{4}{7}\times5$ ____________

Tip (분수)×(자연수)는 분모는 그대로 두고 분자와 자연수를 곱해요.

1-1 잘못 계산한 곳을 찾아 바르게 계산해 보세요.

$$\overset{2}{\cancel{4}}\times2\frac{1}{\underset{3}{\cancel{6}}}=2\times\frac{7}{3}=\frac{14}{3}=4\frac{2}{3}$$

➔ $4\times2\frac{1}{6}$ ____________

1-2 잘못 계산한 곳을 찾아 바르게 계산해 보세요.

$$1\frac{5}{\underset{4}{\cancel{8}}}\times2\frac{\overset{1}{\cancel{2}}}{7}=1\frac{5}{4}\times2\frac{1}{7}=\frac{9}{4}\times\frac{15}{7}$$
$$=\frac{135}{28}=4\frac{23}{28}$$

➔ $1\frac{5}{8}\times2\frac{2}{7}$ ____________

____

2회 8번 3회 9번

유형 2 단위를 바꾸어 분수만큼 구하기

1 m의 $\frac{1}{2}$은 몇 cm인지 구해 보세요.

( )

Tip 1 m=100 cm

2-1 1 kg의 $\frac{3}{4}$은 몇 g인지 구해 보세요.

( )

2-2 1 L의 $\frac{4}{5}$는 몇 mL인지 구해 보세요.

( )

2-3 바르게 설명한 것을 찾아 기호를 써 보세요.

㉠ 1시간의 $\frac{3}{4}$은 40분입니다.

㉡ 1 km의 $\frac{7}{8}$은 875 m입니다.

( )

2회 9번 3회 10번

유형 3 곱의 크기 비교하기

크기를 비교하여 ○ 안에 >, =, <를 알맞게 써넣으세요.

$$5\times\frac{2}{3} \bigcirc 5$$

Tip ┌(어떤 수)×(1보다 작은 수)<(어떤 수)
└(어떤 수)×(1보다 큰 수)>(어떤 수)

3-1 크기를 비교하여 ○ 안에 >, =, <를 알맞게 써넣으세요.

$$\frac{3}{8}\times2\frac{1}{2} \bigcirc \frac{3}{8}$$

3-2 계산 결과의 크기를 비교하여 ○ 안에 >, =, <를 알맞게 써넣으세요.

$$1\frac{2}{3}\times3\frac{3}{4} \bigcirc 1\frac{2}{3}\times\frac{1}{6}$$

3-3 계산 결과가 큰 것부터 차례대로 기호를 써 보세요.

㉠ $\frac{4}{9}\times\frac{1}{5}$	㉡ $\frac{4}{9}\times1\frac{1}{8}$	㉢ $\frac{4}{9}\times\frac{3}{7}$

( )

1회 14번 4회 13번

유형 4 도형의 넓이 구하기

직사각형의 넓이는 몇 cm^2인지 구해 보세요.

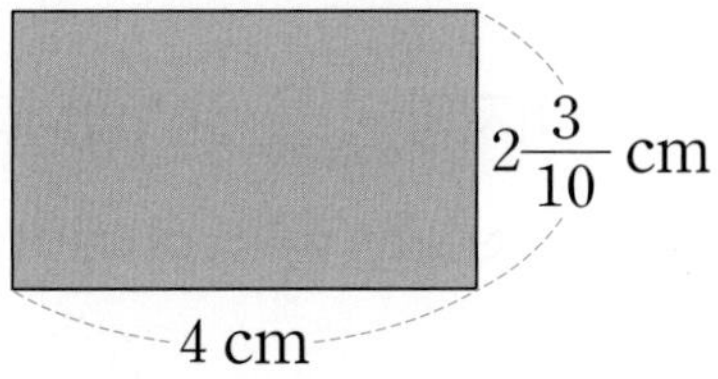

( )

Tip (직사각형의 넓이)=(가로)×(세로)

4-1 가로가 $4\frac{5}{6}$ cm이고, 세로가 3 cm인 직사각형이 있습니다. 이 직사각형의 넓이는 몇 cm^2인지 구해 보세요.

( )

4-2 정사각형의 넓이는 몇 cm^2인지 구해 보세요.

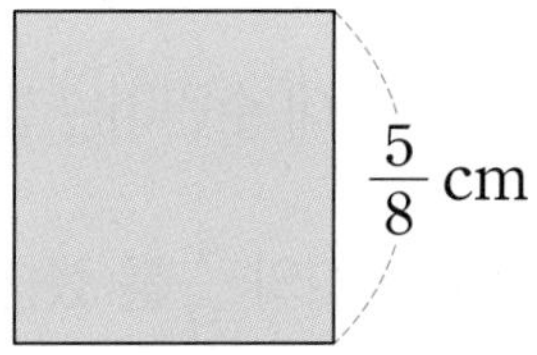

( )

4-3 평행사변형의 넓이는 몇 cm^2인지 구해 보세요.

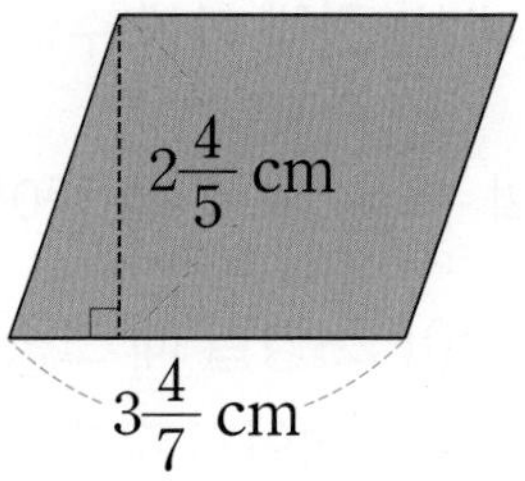

( )

1회 15번 3회 15번 4회 12번

유형 5 전체의 얼마인지 구하기

선아는 어제까지 동화책 한 권의 $\frac{1}{3}$을 읽었고, 오늘은 나머지의 $\frac{1}{4}$을 읽었습니다. 오늘 읽은 동화책은 전체의 몇 분의 몇인지 구해 보세요.

( )

Tip 남은 양을 분수로 나타낼 때에는 전체를 1로 생각해요.

5-1 재우는 귤 한 봉지의 $\frac{2}{7}$를 먹었고, 동생은 나머지의 $\frac{3}{5}$을 먹었습니다. 동생이 먹은 귤은 전체의 몇 분의 몇인지 구해 보세요.

( )

5-2 감자를 캐는 데 수연이는 밭 전체의 $\frac{3}{10}$을 캤고, 태호는 나머지의 $\frac{4}{9}$를 캤습니다. 태호가 캔 밭은 밭 전체의 몇 분의 몇인지 구해 보세요.

( )

5-3 유아네 반 전체 학생 수의 $\frac{4}{7}$는 남학생이고, 여학생의 $\frac{1}{3}$은 달리기를 좋아합니다. 유아네 반 전체 학생이 28명일 때 그중 달리기를 좋아하는 여학생은 몇 명인지 구해 보세요.

( )

3회 17번

유형 6 □ 안에 들어갈 수 있는 자연수 구하기

□ 안에 들어갈 수 있는 자연수를 모두 구해 보세요.

$$\square<\frac{5}{9}\times 6$$

( )

Tip 먼저 $\frac{5}{9}\times 6$을 계산해요.

6-1 □ 안에 들어갈 수 있는 자연수를 모두 구해 보세요.

$$4\times 1\frac{3}{8}>\square$$

( )

6-2 □ 안에 들어갈 수 있는 자연수 중에서 가장 작은 수를 구해 보세요.

$$12\times\frac{7}{9}<\square$$

( )

6-3 □ 안에 들어갈 수 있는 자연수는 모두 몇 개인지 구해 보세요.

$$1\frac{3}{5}\times 3\frac{5}{8}>\square\frac{3}{5}$$

( )

1회 17번 3회 18번

유형 7 시간을 분수로 나타내어 계산하기

민아는 한 시간에 4 km를 걷습니다. 민아가 같은 빠르기로 1시간 10분 동안 걷는 거리는 몇 km인지 구해 보세요.

(　　　　　　　　)

Tip 1시간=60분 → ■분=$\frac{■}{60}$시간

7-1 한 시간에 75 km를 달리는 트럭이 있습니다. 이 트럭이 같은 빠르기로 1시간 40분 동안 달린 거리는 몇 km인지 구해 보세요.

(　　　　　　　　)

7-2 우희는 자전거로 한 시간에 $11\frac{1}{2}$ km를 달립니다. 우희가 같은 빠르기로 1시간 20분 동안 달린 거리는 몇 km인지 구해 보세요.

(　　　　　　　　)

7-3 한 시간에 80 km를 달리는 자동차가 있습니다. 이 자동차가 같은 빠르기로 120 km 떨어진 목적지를 향해 1시간 15분 동안 달렸습니다. 목적지까지 가려면 앞으로 몇 km를 더 가야 하는지 구해 보세요.

(　　　　　　　　)

2회 18번 4회 16번

유형 8 수 카드로 만든 분수의 곱 구하기

수 카드 3장을 한 번씩만 사용하여 대분수를 만들려고 합니다. 만들 수 있는 가장 큰 대분수와 20의 곱을 구해 보세요.

1　5　7

(　　　　　　　　)

Tip 가장 큰 대분수를 만들 때에는 대분수의 자연수 부분에 가장 큰 수를 놓으면 돼요.

8-1 수 카드 3장을 한 번씩만 사용하여 대분수를 만들려고 합니다. 만들 수 있는 가장 작은 대분수와 6의 곱을 구해 보세요.

2　4　9

(　　　　　　　　)

8-2 수 카드 3장 중에서 2장을 골라 한 번씩만 사용하여 진분수를 만들려고 합니다. 만들 수 있는 가장 큰 진분수와 가장 작은 진분수의 곱을 구해 보세요.

3　7　8

(　　　　　　　　)

8-3 수 카드 3장을 한 번씩만 사용하여 대분수를 만들려고 합니다. 만들 수 있는 가장 큰 대분수와 가장 작은 대분수의 곱을 구해 보세요.

3　4　5

(　　　　　　　　)

2회 19번 4회 17번

유형 9 바르게 계산한 값 구하기

어떤 수에 5를 곱해야 할 것을 잘못하여 더했더니 $6\frac{3}{10}$이 되었습니다. 바르게 계산한 값을 구해 보세요.

( )

Tip 어떤 수를 □라고 하여 잘못 계산한 식을 만든 다음 어떤 수를 먼저 구해요.

9-1 어떤 수에 8을 곱해야 할 것을 잘못하여 어떤 수에서 8을 뺐더니 $2\frac{1}{6}$이 되었습니다. 바르게 계산한 값을 구해 보세요.

( )

9-2 어떤 수에 $\frac{2}{7}$를 곱해야 할 것을 잘못하여 더했더니 $\frac{1}{2}$이 되었습니다. 바르게 계산한 값을 구해 보세요.

( )

9-3 $1\frac{3}{4}$에 어떤 수를 곱해야 할 것을 잘못하여 $1\frac{3}{4}$에서 어떤 수를 뺐더니 $1\frac{1}{3}$이 되었습니다. 바르게 계산한 값을 구해 보세요.

( )

3회 19번

유형 10 수 카드로 계산 결과가 가장 큰(작은) 곱셈식 만들기

수 카드 5장 중에서 2장을 골라 □ 안에 한 번씩만 써넣어 분수의 곱셈식을 만들려고 합니다. 계산 결과가 가장 작은 식을 만들고 계산해 보세요.

2 4 5 6 8

→ $\frac{1}{\square} \times \frac{1}{\square}$

( )

Tip $\frac{1}{\square} \times \frac{1}{\square}$은 분모가 클수록 곱이 작아져요.

10-1 수 카드 5장 중에서 2장을 골라 □ 안에 한 번씩만 써넣어 분수의 곱셈식을 만들려고 합니다. 계산 결과가 가장 큰 식을 만들고 계산해 보세요.

3 4 6 7 9

→ $\frac{1}{\square} \times \frac{1}{\square}$

( )

10-2 수 카드 6장을 한 번씩만 사용하여 진분수 3개를 만들어 곱할 때 계산 결과가 가장 작은 곱을 구해 보세요.

1 2 4 5 7 8

( )

1회 19번

유형 11 공이 튀어 오른 높이 구하기

떨어뜨린 높이의 $\frac{3}{4}$만큼 튀어 오르는 공이 있습니다. 이 공을 200 cm 높이에서 떨어뜨렸을 때 공이 두 번째로 튀어 오른 높이는 몇 cm인지 구해 보세요.

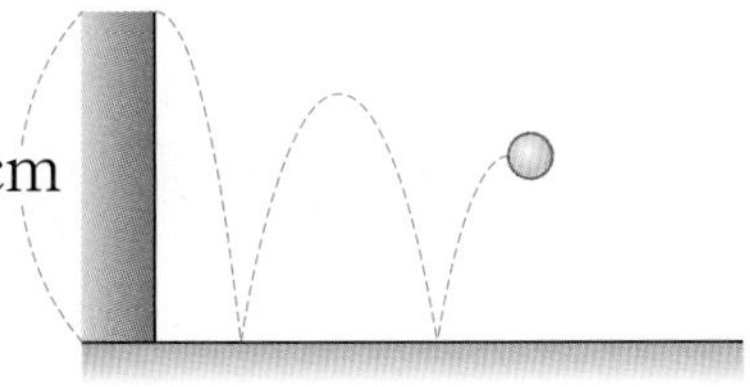

(　　　　　　　　)

Tip 떨어뜨린 높이의 $\frac{●}{■}$만큼 튀어 오르는 공을 ▲ cm 높이에서 떨어뜨렸을 때 처음 튀어 오른 높이는 $\left(▲\times\frac{●}{■}\right)$ cm이고, 두 번째로 튀어 오른 높이는 $\left(▲\times\frac{●}{■}\times\frac{●}{■}\right)$ cm예요.

11-1 떨어뜨린 높이의 $\frac{2}{3}$만큼 튀어 오르는 공이 있습니다. 이 공을 270 cm 높이에서 떨어뜨렸을 때 공이 두 번째로 튀어 오른 높이는 몇 cm인지 구해 보세요.

(　　　　　　　　)

11-2 떨어뜨린 높이의 $\frac{4}{5}$만큼 튀어 오르는 공이 있습니다. 이 공을 25 m 높이에서 떨어뜨렸을 때 공이 세 번째로 튀어 오른 높이는 몇 m인지 구해 보세요.

(　　　　　　　　)

2회 20번 4회 19번

유형 12 시계가 가리키는 시각 구하기

하루에 $1\frac{1}{6}$분씩 빨라지는 시계가 있습니다. 이 시계를 오늘 오후 2시에 정확하게 맞추어 놓았습니다. 12일 후 오후 2시에 이 시계가 가리키는 시각은 오후 몇 시 몇 분인지 구해 보세요.

(　　　　　　　　)

Tip 시간이 빨라지면 빨라진 시간만큼 더하고, 시간이 늦어지면 늦어진 시간만큼 빼야 해요.

12-1 하루에 $2\frac{2}{3}$분씩 늦어지는 시계가 있습니다. 이 시계를 오늘 오전 9시에 정확하게 맞추어 놓았습니다. 6일 후 오전 9시에 이 시계가 가리키는 시각은 오전 몇 시 몇 분인지 구해 보세요.

(　　　　　　　　)

12-2 하루에 $1\frac{3}{4}$분씩 빨라지는 시계가 있습니다. 이 시계를 오늘 오후 5시에 정확하게 맞추어 놓았습니다. 10일 후 오후 5시에 이 시계가 가리키는 시각은 오후 몇 시 몇 분 몇 초인지 구해 보세요.

(　　　　　　　　)

12-3 하루에 $1\frac{2}{5}$분씩 늦어지는 시계가 있습니다. 이 시계를 오늘 오전 10시에 정확하게 맞추어 놓았습니다. 16일 후 오전 10시에 이 시계가 가리키는 시각은 오전 몇 시 몇 분 몇 초인지 구해 보세요.

(　　　　　　　　)

3. 합동과 대칭

개념 정리 3단원

합동과 대칭

개념 1 도형의 합동

모양과 크기가 같아서 포개었을 때 완전히 겹치는 두 도형을 서로 (❶)(이)라고 합니다.

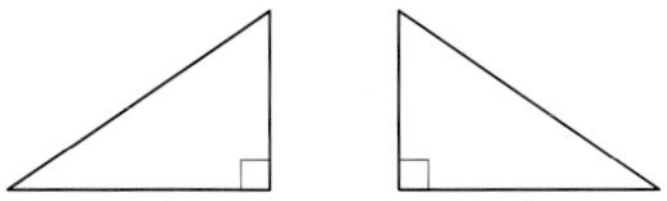

개념 2 합동인 도형의 성질

◆ **대응점, 대응변, 대응각**

서로 합동인 두 도형을 포개었을 때 완전히 겹치는 점을 대응점, 완전히 겹치는 변을 대응변, 완전히 겹치는 각을 (❷)(이)라고 합니다.

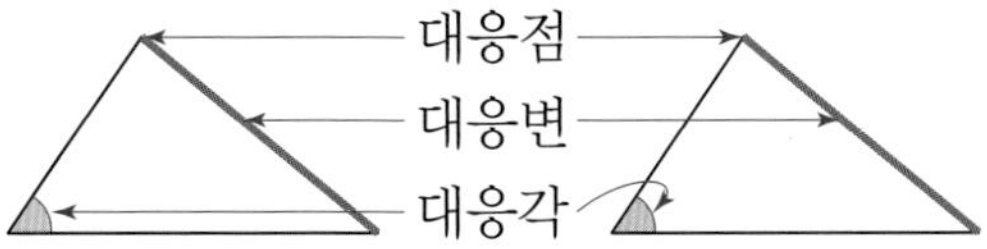

◆ **합동인 도형의 성질**

서로 합동인 두 도형에서 대응변의 길이와 대응각의 크기가 각각 서로 같습니다.

개념 3 선대칭도형

한 직선을 따라 접었을 때 완전히 겹치는 도형을 선대칭도형이라고 합니다.

이때 그 직선을 (❸)(이)라고 합니다.

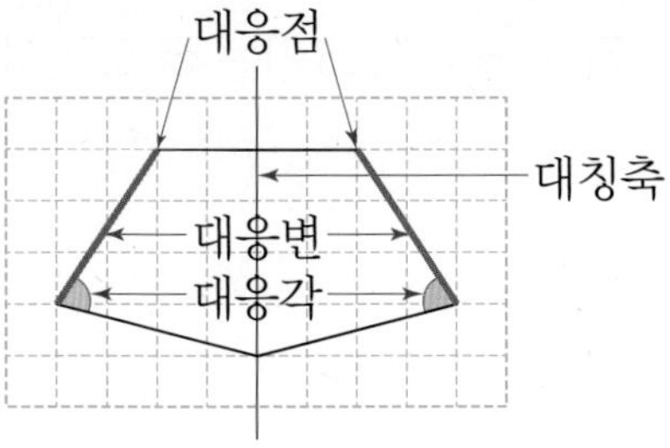

개념 4 선대칭도형의 성질

- 대응변의 길이와 대응각의 크기가 각각 서로 같습니다.
- 대응점끼리 이은 선분은 (❹)와/과 수직으로 만납니다.
- 대칭축은 대응점끼리 이은 선분을 둘로 똑같이 나눕니다.

참고
선대칭도형을 그리려면 각 점에서 대칭축에 수선을 그어 대칭축까지의 거리와 같도록 대응점을 찾아 표시한 후 대응점을 차례로 이어서 그려요.

개념 5 점대칭도형

한 도형을 어떤 점을 중심으로 (❺)° 돌렸을 때 처음 도형과 완전히 겹치는 도형을 점대칭도형이라고 합니다.

이때 그 점을 대칭의 중심이라고 합니다.

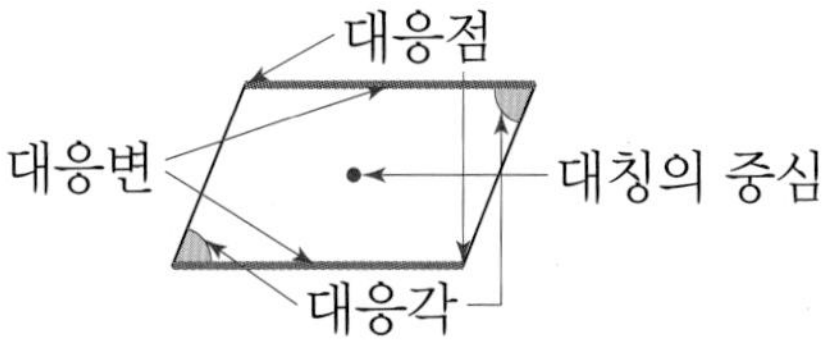

개념 6 점대칭도형의 성질

- 대응변의 길이와 대응각의 크기가 각각 서로 같습니다.
- 대칭의 중심은 (❻)끼리 이은 선분을 둘로 똑같이 나눕니다.

참고
점대칭도형을 그리려면 각 점에서 대칭의 중심까지의 거리와 같도록 대응점을 찾아 표시한 후 대응점을 차례로 이어서 그려요.

정답 ❶ 합동 ❷ 대응각 ❸ 대칭축 ❹ 대칭축 ❺ 180 ❻ 대응점

점수

58~63쪽에서 같은 유형의 문제를 더 풀 수 있어요.

01 가와 서로 합동인 도형을 찾아보세요.

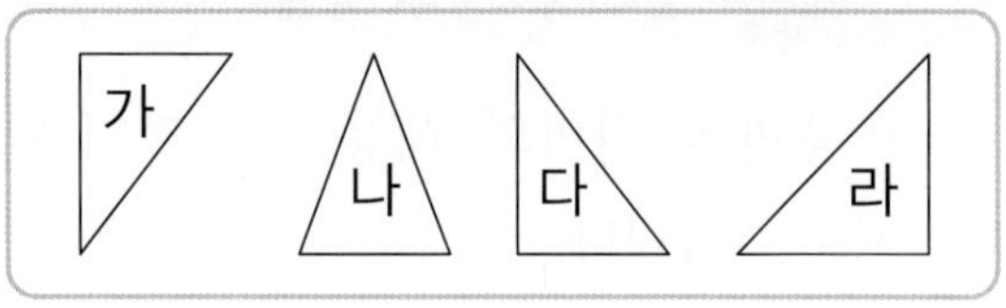

(　　　　　　　　)

02~03 도형을 보고 물음에 답해 보세요.

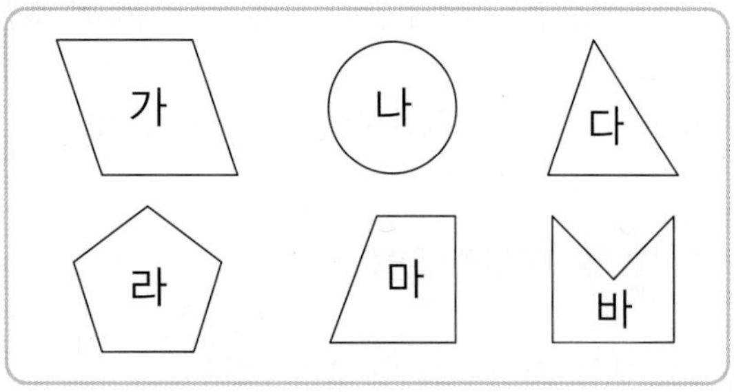

02 선대칭도형을 모두 찾아보세요.

(　　　　　　　　)

03 점대칭도형을 모두 찾아보세요.

(　　　　　　　　)

04 주어진 도형과 서로 합동인 도형을 그려 보세요.

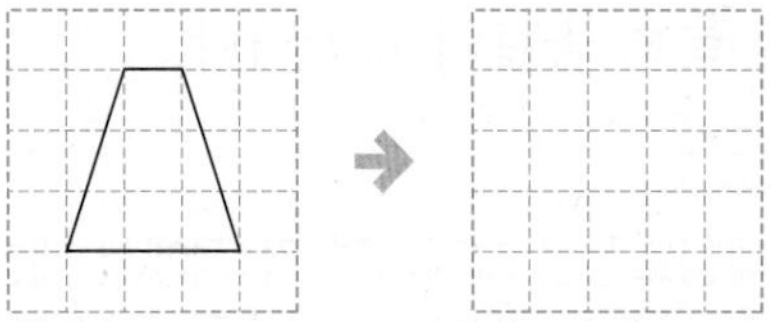

05 점대칭도형에서 대칭의 중심을 찾아 표시해 보세요.

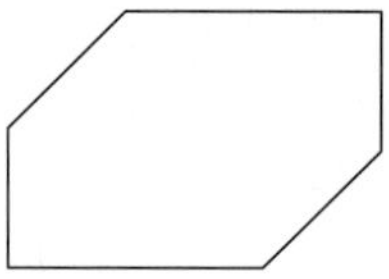

AI가 뽑은 정답률 낮은 문제

06 점선을 따라 잘랐을 때 만들어지는 두 도형이 서로 합동이 되는 점선을 찾아 기호를 써 보세요.

58쪽 유형 1

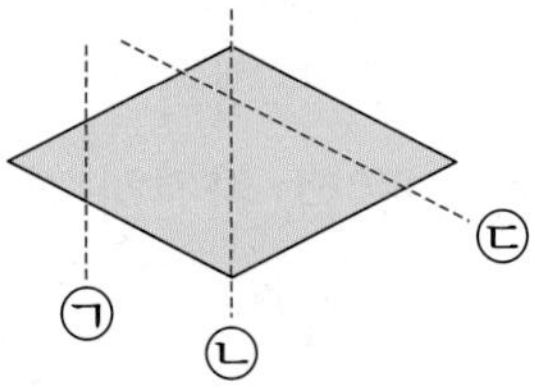

(　　　　　　　　)

07~08 두 삼각형은 서로 합동입니다. 물음에 답해 보세요.

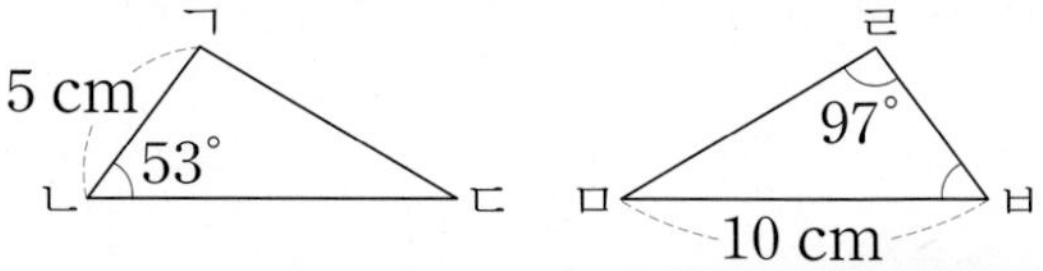

07 변 ㄴㄷ의 길이는 몇 cm인지 구해 보세요.

(　　　　　　　　)

08 각 ㄹㅂㅁ의 크기는 몇 도인지 구해 보세요.

(　　　　　　　　)

AI가 뽑은 정답률 낮은 문제

09 선대칭도형에서 대칭축은 모두 몇 개인지 구해 보세요.

58쪽 유형 2

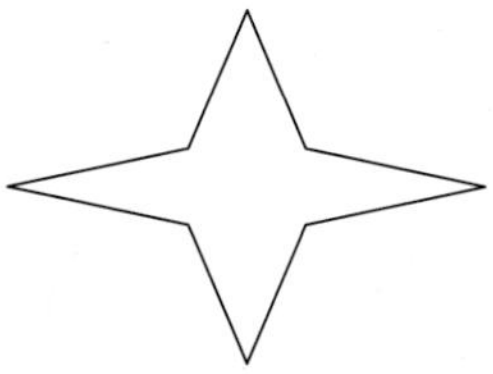

(   )

서술형

10 두 사각형은 서로 합동이 아닙니다. 서로 합동이 아닌 이유를 써 보세요.

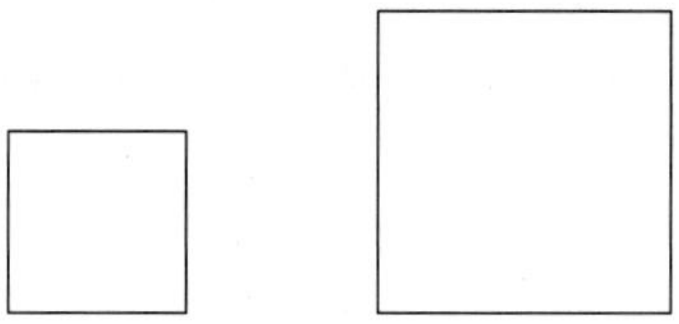

이유

11 직선 ㄱㄴ을 대칭축으로 하는 선대칭도형입니다. □ 안에 알맞은 수를 써넣으세요.

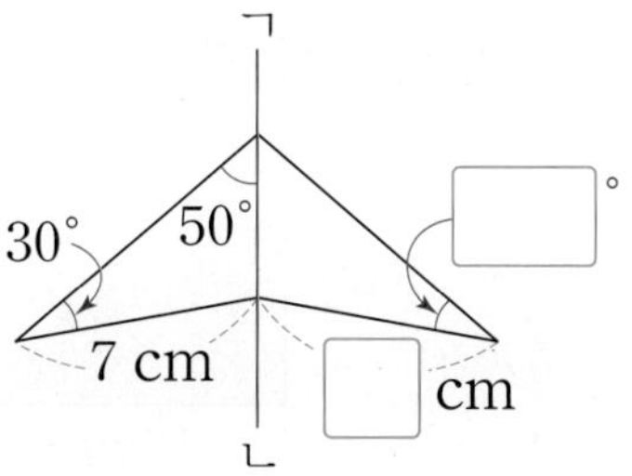

12 점 ㅇ을 대칭의 중심으로 하는 점대칭도형입니다. □ 안에 알맞은 수를 써넣으세요.

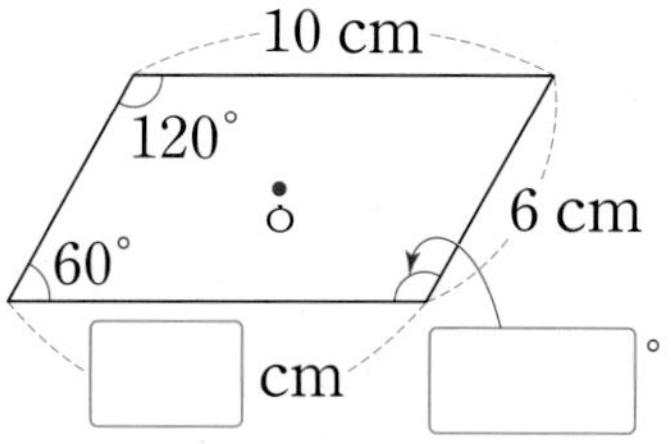

13 점 ㅇ을 대칭의 중심으로 하는 점대칭도형을 완성해 보세요.

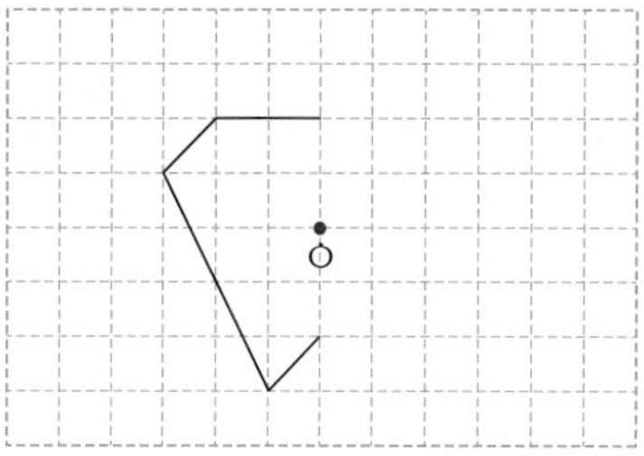

AI가 뽑은 정답률 낮은 문제

14 두 사각형은 서로 합동입니다. 각 ㄱㄴㄷ의 크기는 몇 도인지 구해 보세요.

59쪽 유형 4

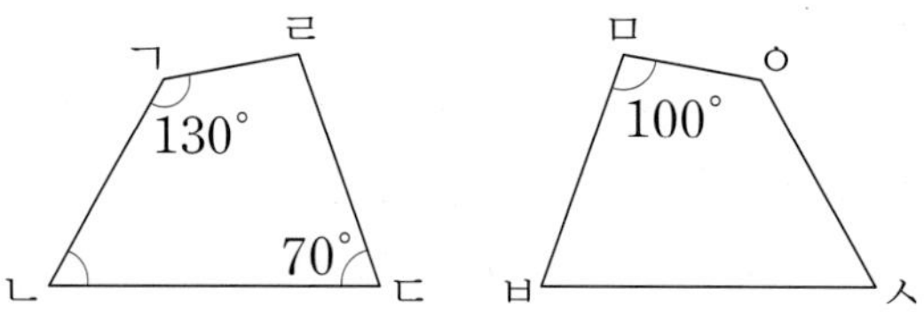

(   )

15 점 ㅇ을 대칭의 중심으로 하는 점대칭도형입니다. 선분 ㅁㅇ의 길이는 몇 cm인지 구해 보세요.

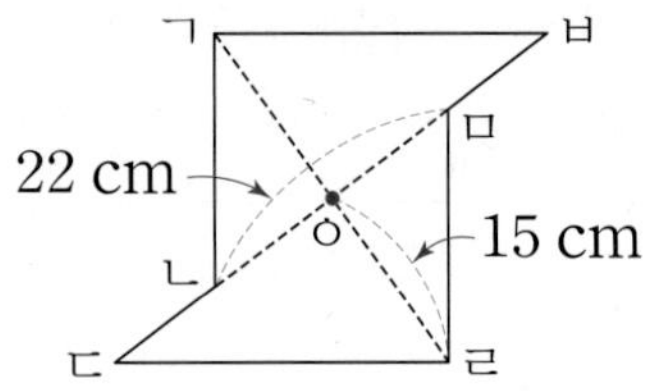

( )

16 점대칭도형이 아닌 것을 모두 찾아 기호를 써 보세요.

㉠ 정삼각형	㉡ 정사각형
㉢ 직사각형	㉣ 사다리꼴

( )

서술형

17 두 삼각형은 서로 합동입니다. 삼각형 ㄹㅁㅂ의 둘레는 몇 cm인지 풀이 과정을 쓰고 답을 구해 보세요.

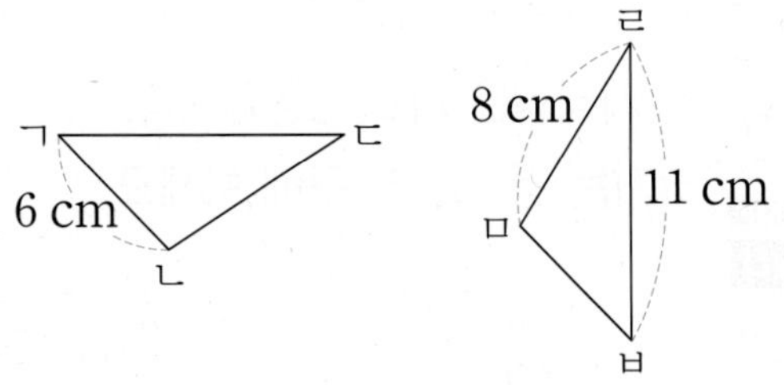

풀이

답

AI가 뽑은 정답률 낮은 문제

18 점 ㅇ을 대칭의 중심으로 하는 점대칭도형입니다. 각 ㅂㄱㄴ의 크기는 몇 도인지 구해 보세요.

61쪽 유형 7

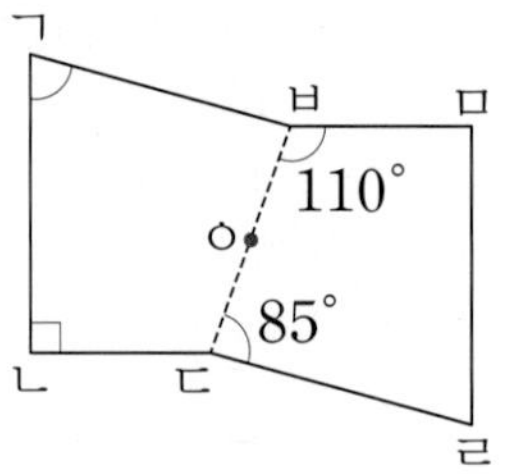

( )

19 직선 ㅁㅂ을 대칭축으로 하는 선대칭도형입니다. 선대칭도형의 둘레가 36 cm일 때, 변 ㄱㄴ의 길이는 몇 cm인지 구해 보세요.

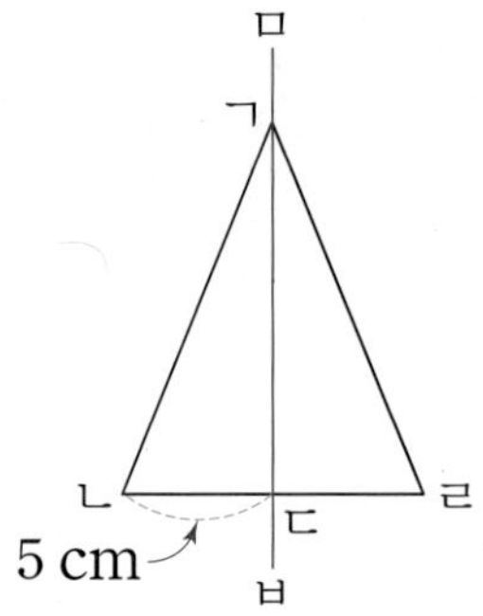

( )

AI가 뽑은 정답률 낮은 문제

20 점 ㅇ을 대칭의 중심으로 하는 점대칭도형을 완성하려고 합니다. 완성한 점대칭도형의 넓이는 몇 cm^2인지 구해 보세요.

62쪽 유형 9

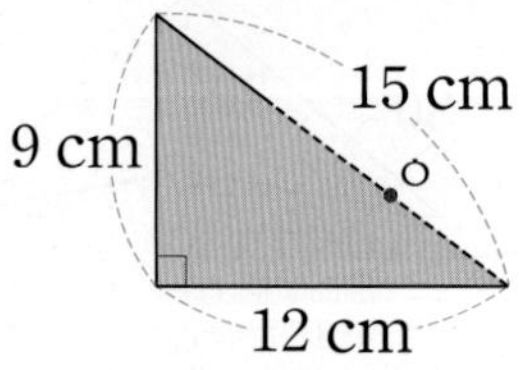

( )

점수

58~63쪽에서 같은 유형의 문제를 더 풀 수 있어요.

01~02 도형을 보고 물음에 답해 보세요.

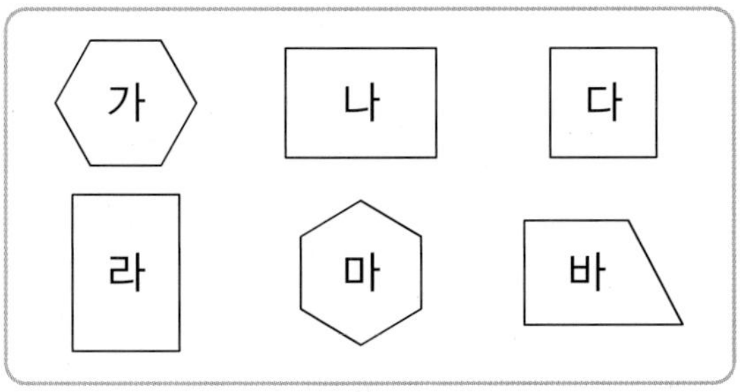

01 가와 합동인 도형을 찾아보세요.

(　　　　　　　　)

02 라와 합동인 도형을 찾아보세요.

(　　　　　　　　)

03 점 ㅇ을 중심으로 180° 돌렸을 때 처음 도형과 완전히 겹치는 도형을 찾아 ○표 해 보세요.

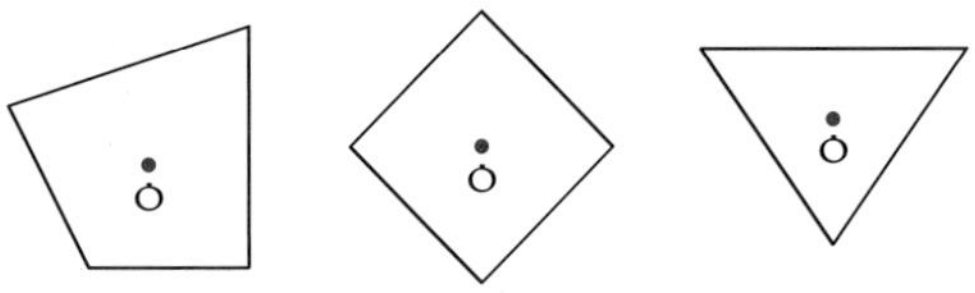

(　　) (　　) (　　)

04 선대칭도형을 모두 찾아보세요.

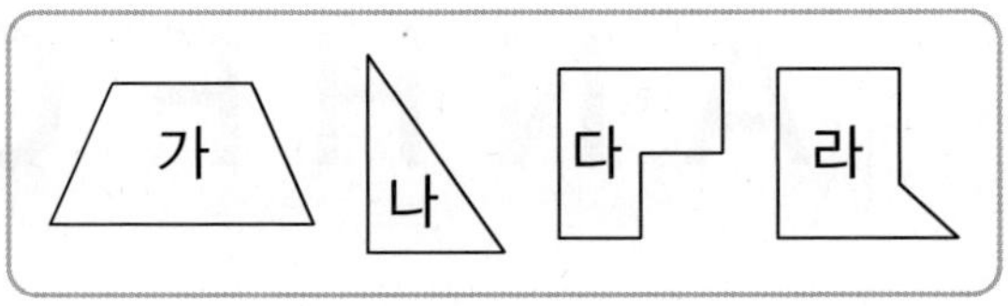

(　　　　　　　　)

05~06 점 ㅇ을 대칭의 중심으로 하는 점대칭도형입니다. 물음에 답해 보세요.

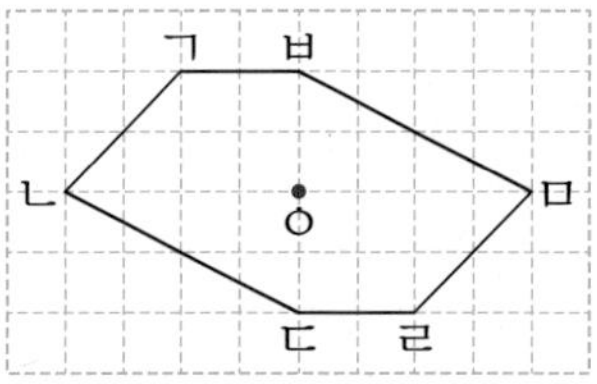

05 점 ㄹ의 대응점을 써 보세요.

(　　　　　　　　)

06 각 ㄱㄴㄷ의 대응각을 써 보세요.

(　　　　　　　　)

AI가 뽑은 정답률 낮은 문제

07 선대칭도형에서 대칭축을 찾아 기호를 써 보세요.

58쪽 유형 2

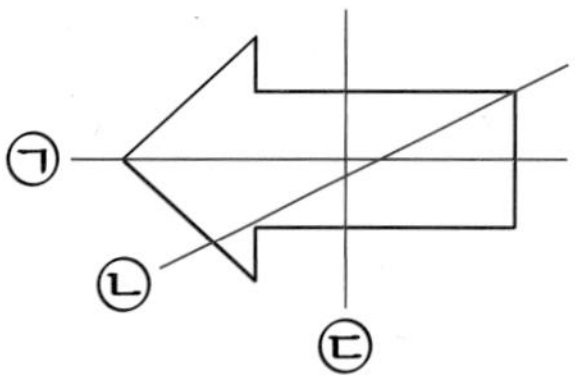

(　　　　　　　　)

08 두 사각형은 서로 합동입니다. 대응점, 대응변, 대응각은 각각 몇 쌍 있는지 빈칸에 알맞게 써넣으세요.

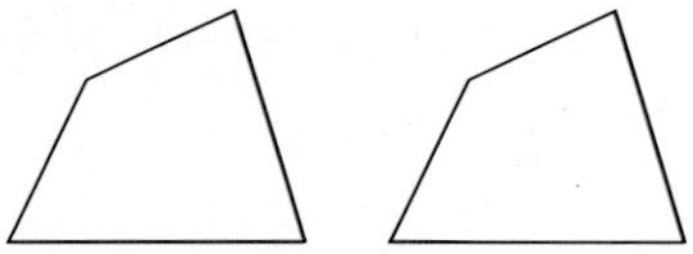

대응점	대응변	대응각

서술형

09~10 직선 ㅁㅂ을 대칭축으로 하는 선대칭도형입니다. 물음에 답해 보세요.

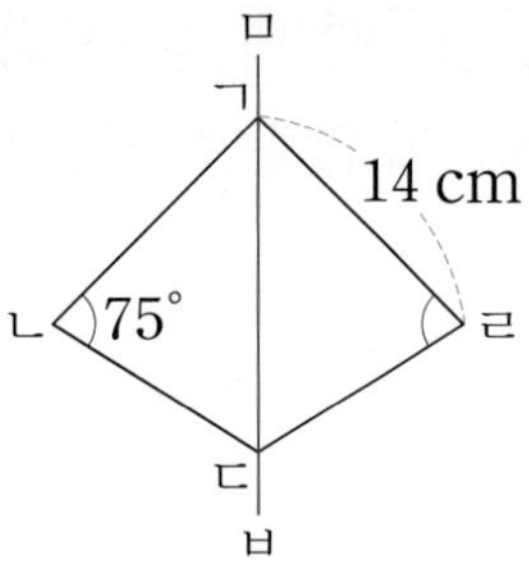

09 변 ㄱㄴ의 길이는 몇 cm인지 구해 보세요.

( )

10 각 ㄱㄹㄷ의 크기는 몇 도인지 구해 보세요.

( )

11 점대칭도형에 대해 잘못 설명한 것을 찾아 기호를 써 보세요.

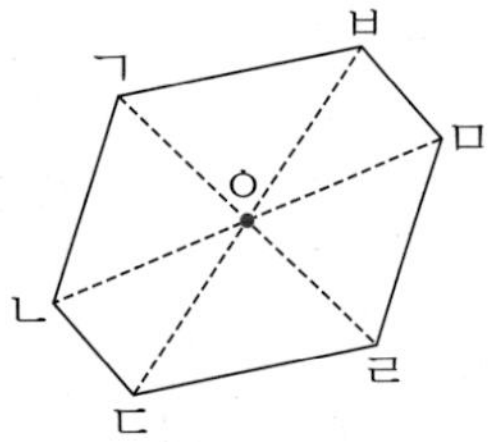

㉠ 각 ㄹㅁㅂ의 대응각은 각 ㄱㄴㄷ입니다.
㉡ 변 ㄴㄷ의 대응변은 변 ㅁㄹ입니다.
㉢ 대칭의 중심은 1개입니다.

( )

12 점 ㅇ을 대칭의 중심으로 하는 점대칭도형입니다. 각 ㄹㅁㅂ의 크기는 몇 도인지 풀이 과정을 쓰고 답을 구해 보세요.

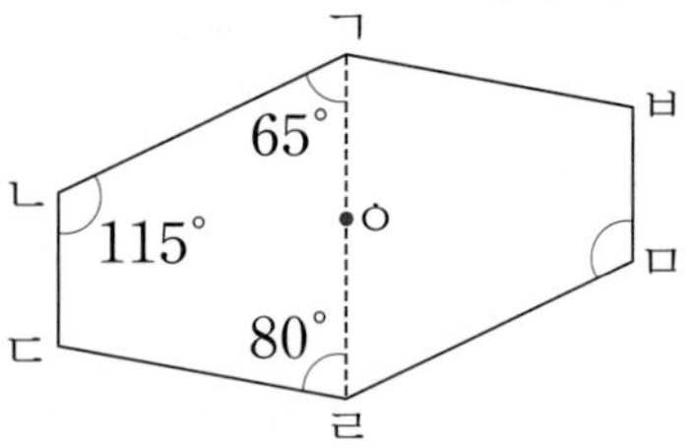

풀이

답

13 주어진 직선을 대칭축으로 하는 선대칭도형을 완성해 보세요.

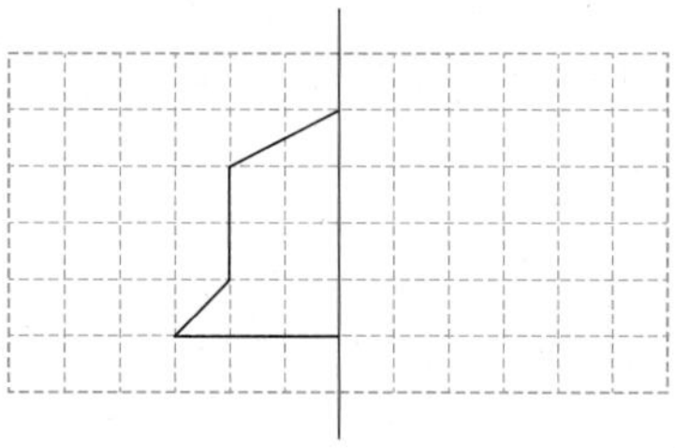

AI가 뽑은 정답률 낮은 문제

14 선대칭도형도 되고 점대칭도형도 되는 알파벳은 모두 몇 개인지 구해 보세요.

58쪽 유형 3

A N H F O

( )

15 직선 ㅈㅊ을 대칭축으로 하는 선대칭도형입니다. 선분 ㄹㅁ의 길이가 9 cm라면 선분 ㄹㅂ의 길이는 몇 cm인지 구해 보세요.

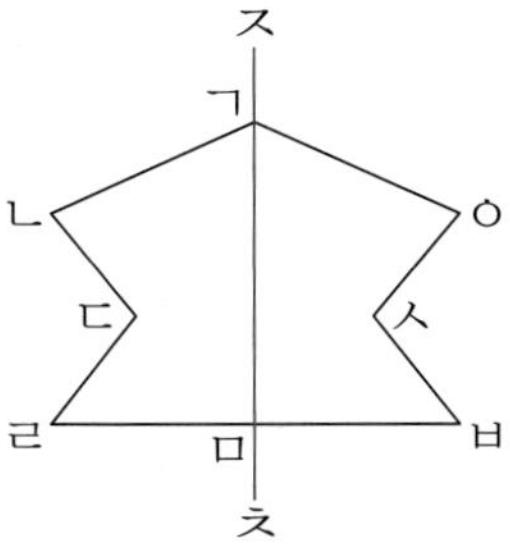

(　　　　　　　　　　)

AI가 뽑은 정답률 낮은 문제

16 두 직사각형은 서로 합동입니다. 직사각형 ㄱㄴㄷㄹ의 넓이는 몇 cm^2인지 구해 보세요.

60쪽 유형 6

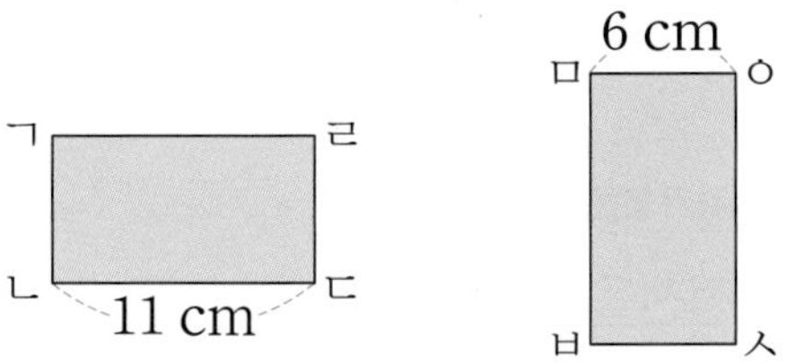

(　　　　　　　　　　)

AI가 뽑은 정답률 낮은 문제　　서술형

17 직선 ㅁㅂ을 대칭축으로 하는 선대칭도형입니다. 각 ㄹㄴㄷ의 크기는 몇 도인지 풀이 과정을 쓰고 답을 구해 보세요.

61쪽 유형 7

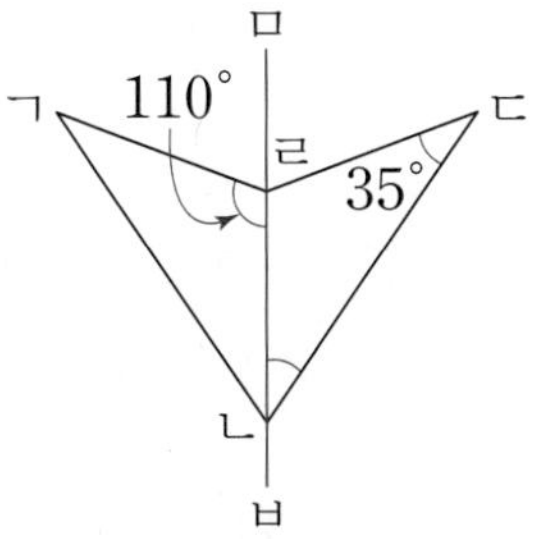

풀이

답

18 합동인 두 삼각형을 한 선분 위에 붙여 놓은 것입니다. 각 ㄱㄷㅁ의 크기는 몇 도인지 구해 보세요.

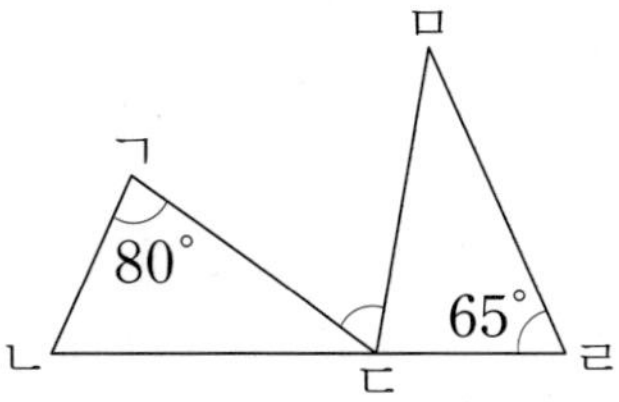

(　　　　　　　　　　)

AI가 뽑은 정답률 낮은 문제

19 점 ㅇ을 대칭의 중심으로 하는 점대칭도형입니다. 이 점대칭도형의 둘레는 몇 cm인지 구해 보세요.

62쪽 유형 8

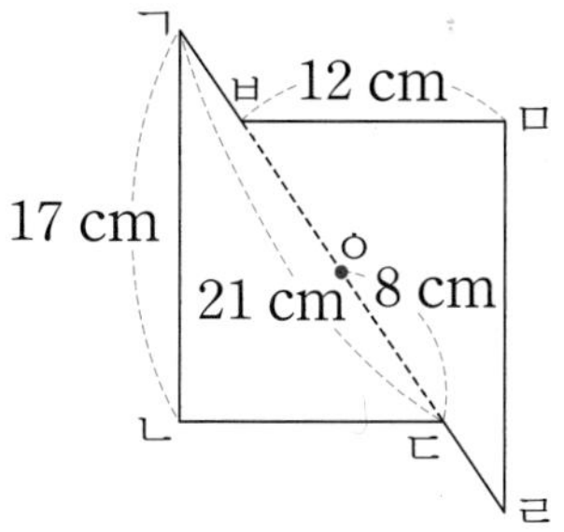

(　　　　　　　　　　)

20 한 변의 길이가 4 cm인 정사각형 7개를 겹치지 않게 이어 붙인 것입니다. 색칠한 부분의 넓이의 합은 몇 cm^2인지 구해 보세요.

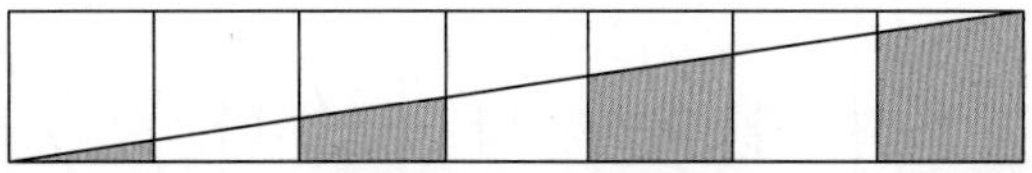

(　　　　　　　　　　)

3 단원

점수

58~63쪽에서 같은 유형의 문제를 더 풀 수 있어요.

01 □ 안에 알맞은 말을 써넣으세요.

모양과 크기가 같아서 포개었을 때 완전히 겹치는 두 도형을 서로 □(이)라고 합니다.

02 나머지 셋과 서로 합동이 아닌 것을 찾아보세요.

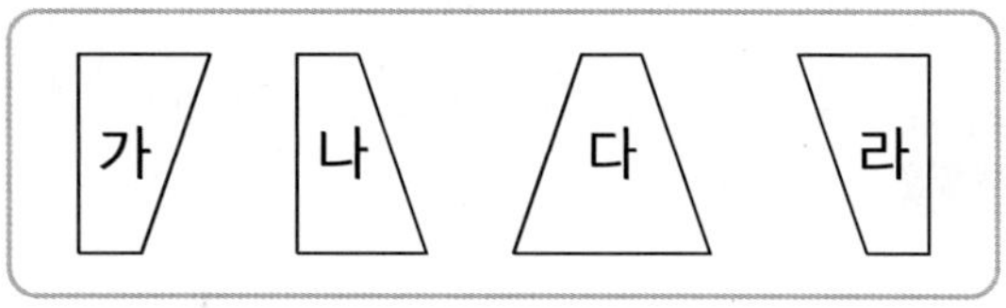

(   )

03 선대칭도형을 찾아보세요.

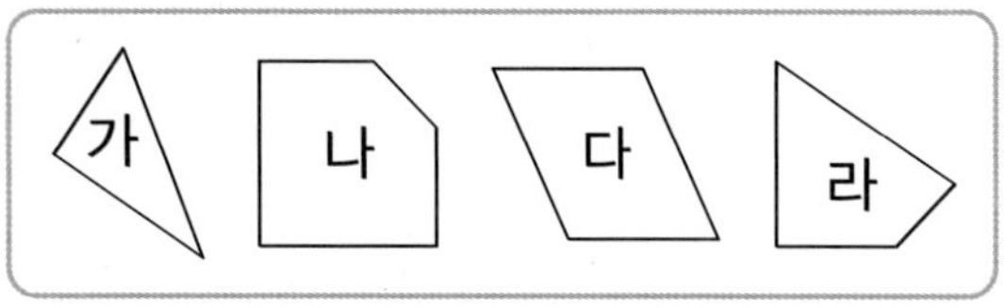

(   )

04 점대칭도형이 아닌 것을 찾아보세요.

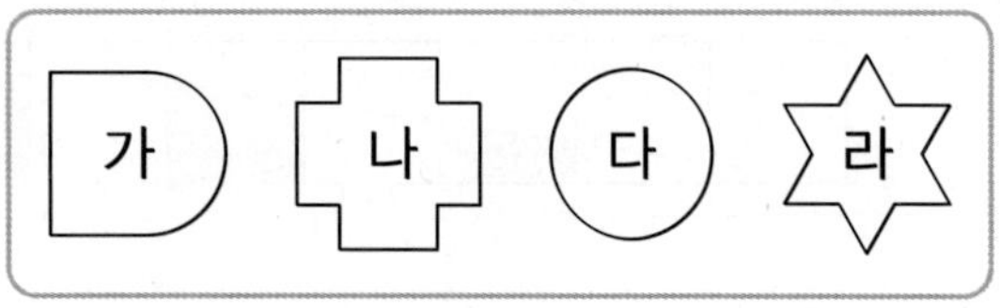

(   )

05 점대칭도형에서 대칭의 중심을 찾아 기호를 써 보세요.

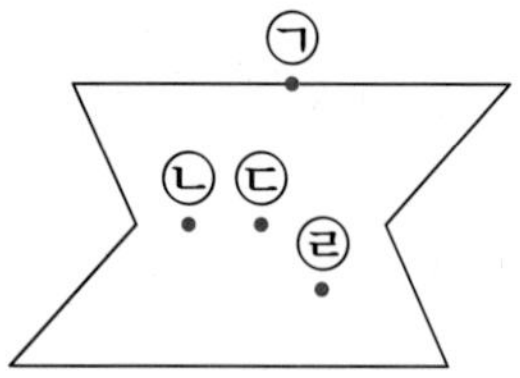

(   )

06 선대칭도형에서 대칭축을 모두 그려 보세요.

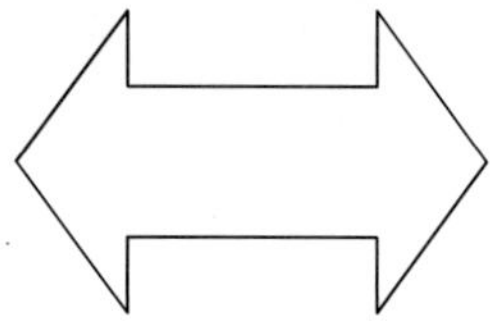

AI가 뽑은 정답률 낮은 문제

07 점선을 따라 잘랐을 때 만들어지는 두 도형이 서로 합동이 아닌 것을 찾아 기호를 써 보세요.

58쪽 유형 1

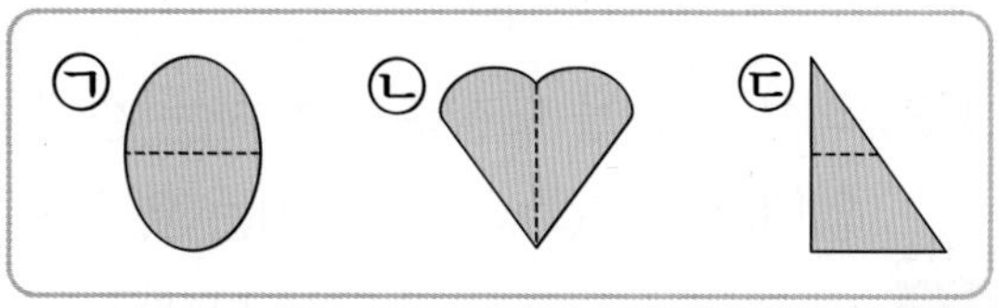

(   )

08 두 삼각형은 서로 합동입니다. 변 ㄹㅂ의 길이는 몇 cm인지 구해 보세요.

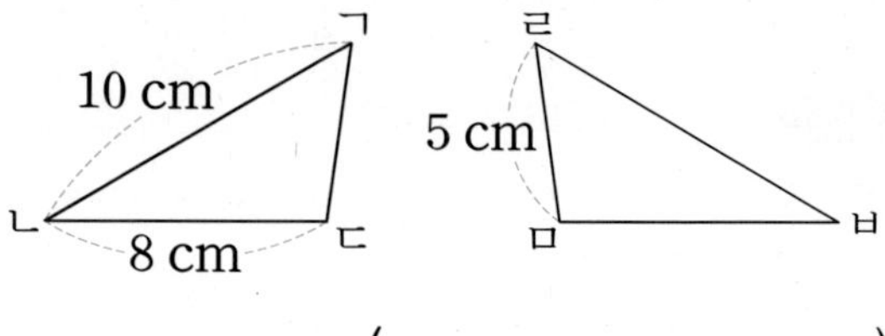

(   )

09 직선 ㅇㅈ을 대칭축으로 하는 선대칭도형입니다. 선분 ㄴㄹ과 직선 ㅇㅈ이 만나서 이루는 각의 크기는 몇 도인지 구해 보세요.

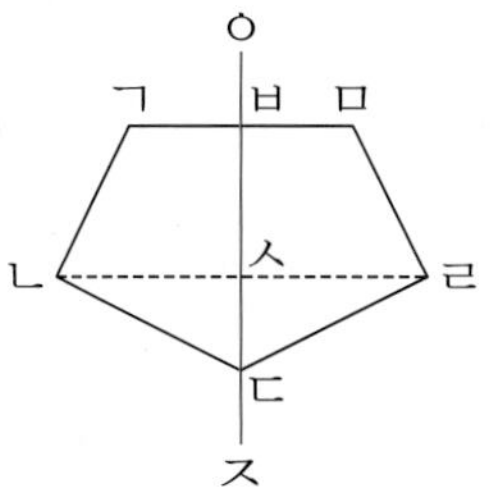

(　　　　　　　　　　)

서술형

10 직선 ㅅㅇ을 대칭축으로 하는 선대칭도형입니다. 각 ㅁㅂㄱ의 크기는 몇 도인지 풀이 과정을 쓰고 답을 구해 보세요.

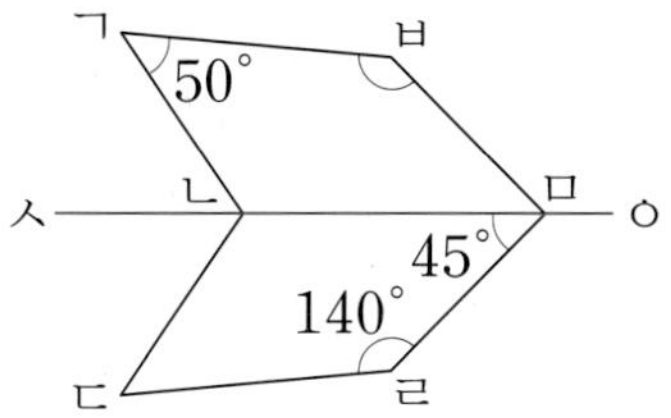

풀이

답

11 점 ㅇ을 대칭의 중심으로 하는 점대칭도형입니다. □ 안에 알맞은 수를 써넣으세요.

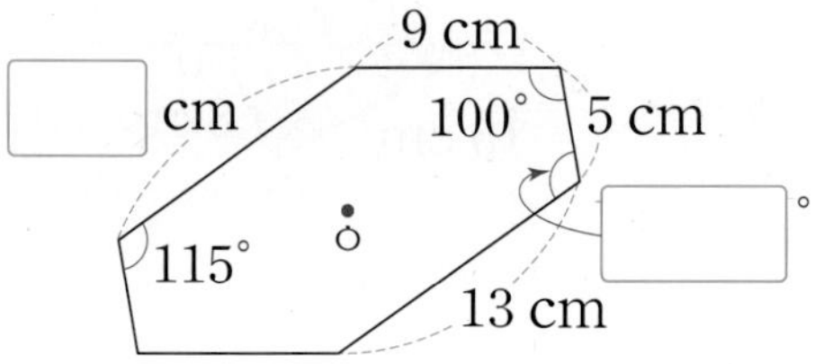

12 점 ㅇ을 대칭의 중심으로 하는 점대칭도형을 완성해 보세요.

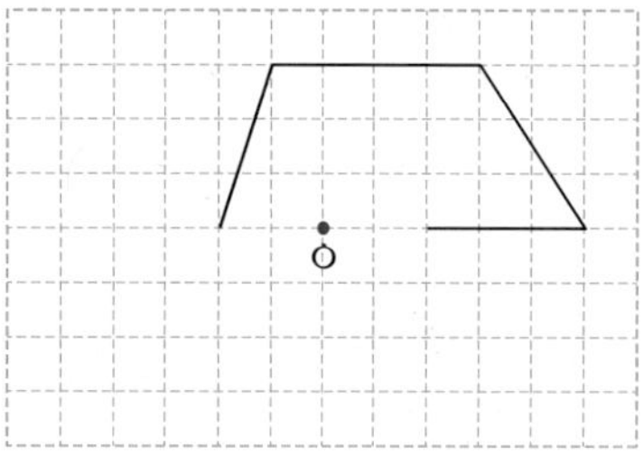

AI가 뽑은 정답률 낮은 문제

13 두 삼각형은 서로 합동입니다. 각 ㄴㄱㄷ의 크기는 몇 도인지 구해 보세요.

59쪽 유형 4

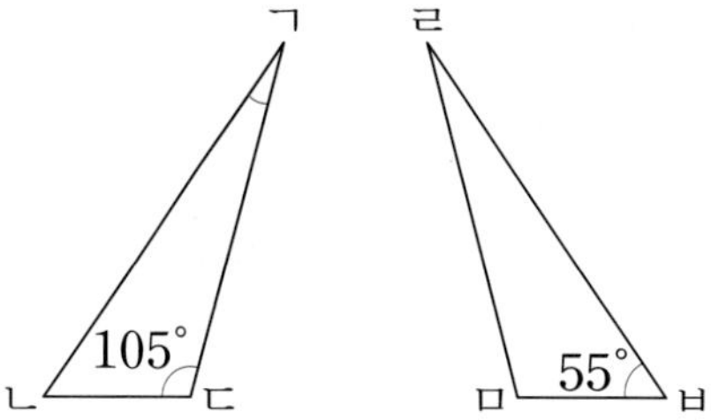

(　　　　　　　　　　)

14 두 도형이 서로 합동이 아닌 것을 찾아 기호를 써 보세요.

㉠ 넓이가 같은 두 정사각형
㉡ 둘레가 같은 두 정삼각형
㉢ 넓이가 같은 두 마름모

(　　　　　　　　　　)

3 단원

AI가 뽑은 정답률 낮은 문제

15 두 사각형은 서로 합동입니다. 사각형 ㄱㄴㄷㄹ의 둘레가 30 cm일 때 변 ㄴㄷ의 길이는 몇 cm인지 구해 보세요.

60쪽 유형 5

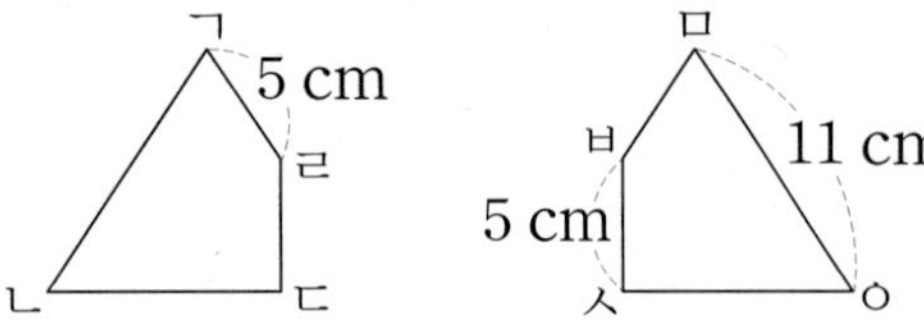

( )

서술형

16 삼각형 ㄴㄷㄹ과 삼각형 ㅁㄱㄹ은 서로 합동입니다. 변 ㄴㄹ의 길이는 몇 cm인지 풀이 과정을 쓰고 답을 구해 보세요.

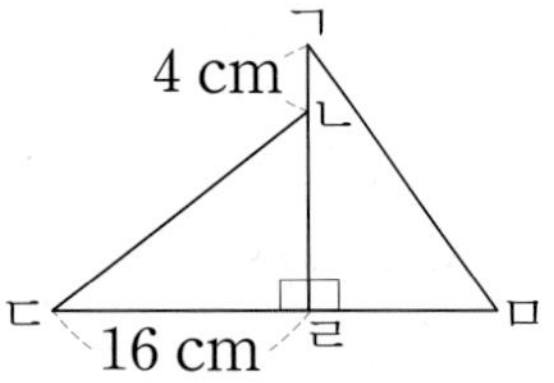

풀이

답

AI가 뽑은 정답률 낮은 문제

17 직선 ㅅㅇ을 대칭축으로 하는 선대칭도형입니다. 이 선대칭도형의 둘레는 몇 cm인지 구해 보세요.

62쪽 유형 8

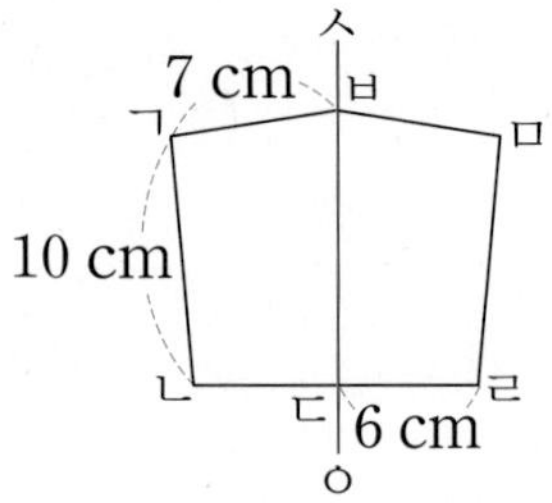

( )

18 서로 합동인 이등변삼각형 3개를 겹치지 않게 이어 붙인 것입니다. 각 ㄴㄱㅁ의 크기는 몇 도인지 구해 보세요.

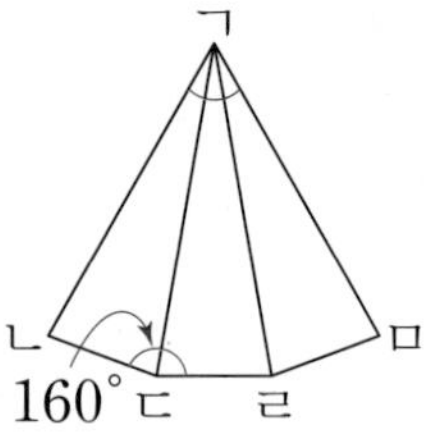

( )

19 직선 ㅂㅅ을 대칭축으로 하는 선대칭도형입니다. 이 선대칭도형의 넓이는 몇 cm^2인지 구해 보세요.

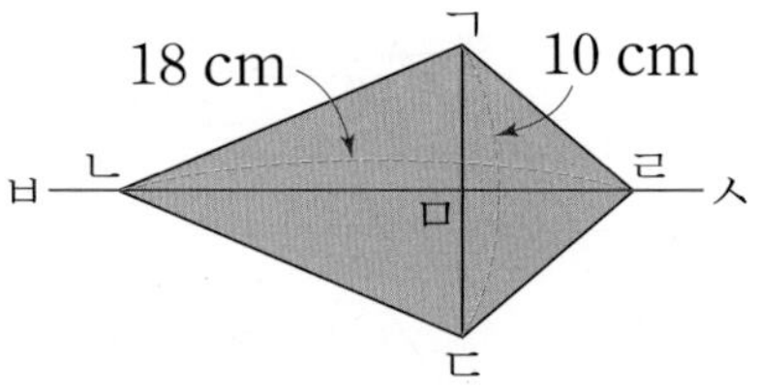

( )

AI가 뽑은 정답률 낮은 문제

20 직사각형 모양의 종이를 삼각형 ㄴㅁㅂ과 삼각형 ㄹㄷㅂ이 서로 합동이 되도록 접었습니다. 직사각형 ㄱㄴㄷㄹ의 넓이는 몇 cm^2인지 구해 보세요.

63쪽 유형 10

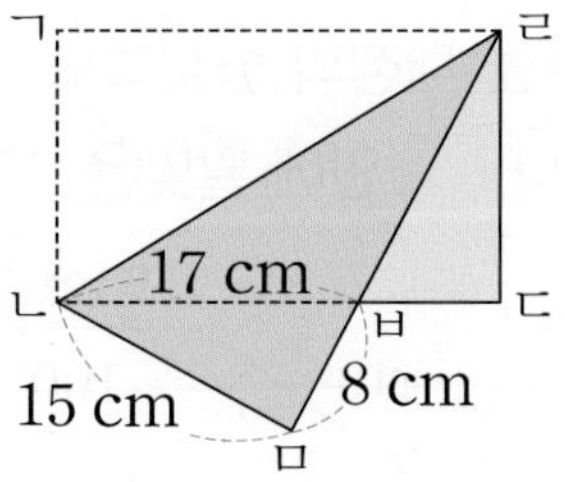

( )

01 서로 합동인 두 도형을 찾아보세요.

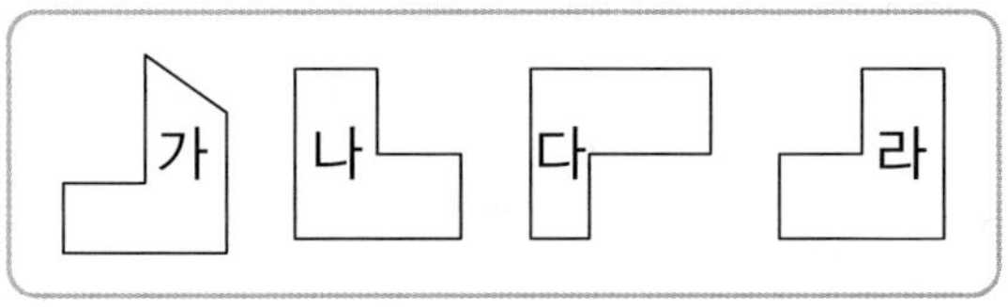

( )

02~04 도형을 보고 물음에 답해 보세요.

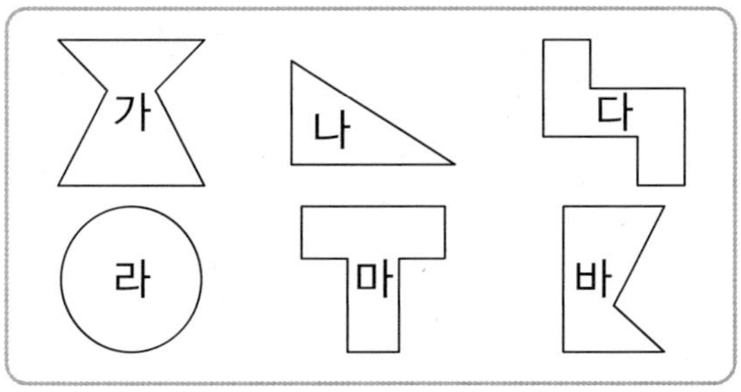

02 선대칭도형은 모두 몇 개인지 구해 보세요.

( )

03 점대칭도형은 모두 몇 개인지 구해 보세요.

( )

AI가 뽑은 정답률 낮은 문제

04 선대칭도형도 되고 점대칭도형도 되는 것을 찾아보세요.

59쪽 유형 3

( )

05 주어진 도형과 서로 합동인 도형을 그려 보세요.

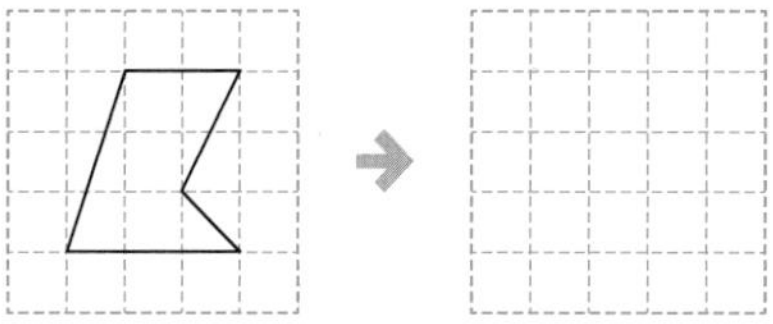

06~07 두 사각형은 서로 합동입니다. 물음에 답해 보세요.

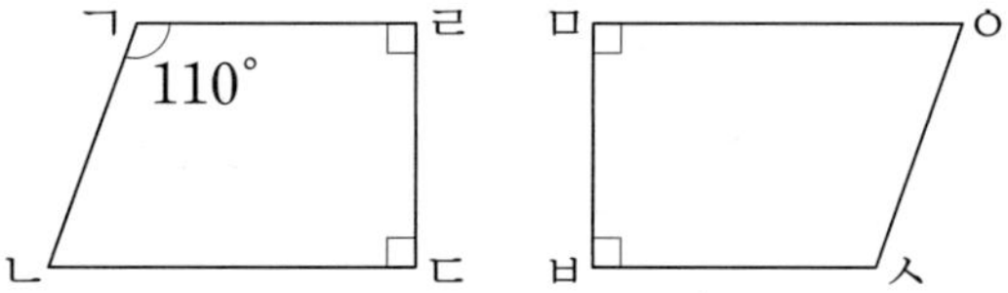

06 변 ㄴㄷ의 대응변을 써 보세요.

( )

07 각 ㅂㅅㅇ의 크기는 몇 도인지 구해 보세요.

( )

08 점대칭도형에 대해 바르게 설명했으면 ○표, 잘못 설명했으면 ×표 해 보세요.

점대칭도형은 도형에 따라 대칭의 중심의 개수가 다릅니다.

( )

서술형

09 선대칭도형에서 대칭축의 개수가 가장 많은 것을 찾아 기호를 쓰려고 합니다. 풀이 과정을 쓰고 답을 구해 보세요.

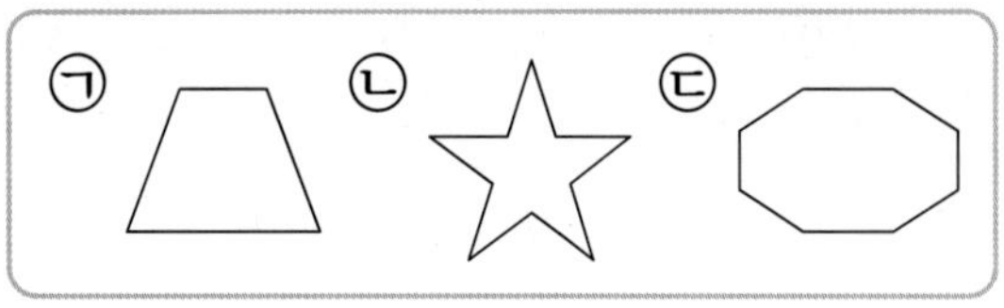

풀이 ▶

답 ▶

10 직선 ㄱㄴ을 대칭축으로 하는 선대칭도형입니다. ☐ 안에 알맞은 수를 써넣으세요.

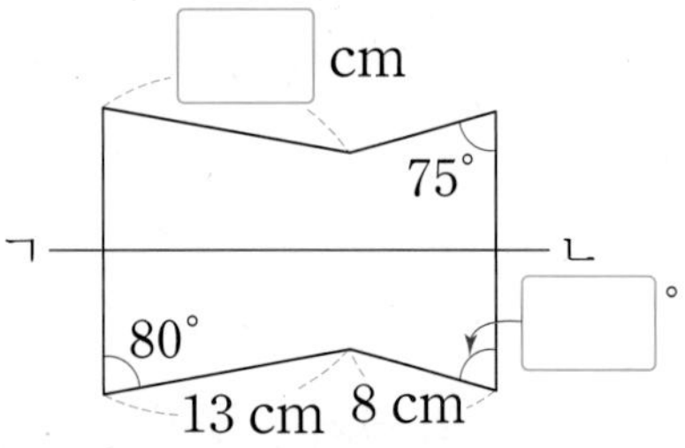

11 점 ㅇ을 대칭의 중심으로 하는 점대칭도형입니다. 변 ㄷㄹ의 길이는 몇 cm인지 구해 보세요.

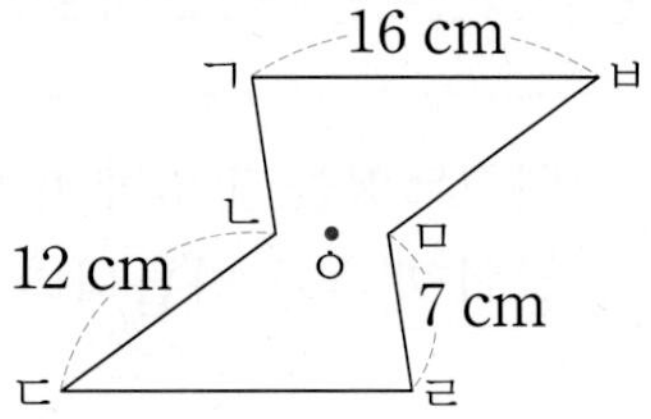

(　　　　　　　　)

12 선대칭도형이 되도록 그림을 완성했을 때 나타나는 자음은 무엇인지 써 보세요.

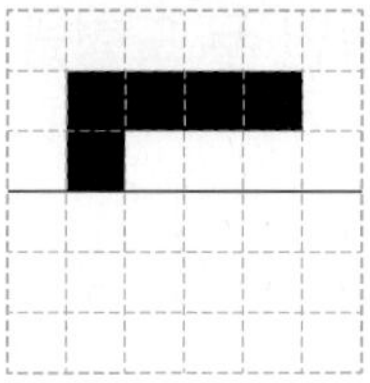

(　　　　　　　　)

13 오른쪽 직사각형을 보고 잘못 설명한 것을 찾아 기호를 써 보세요.

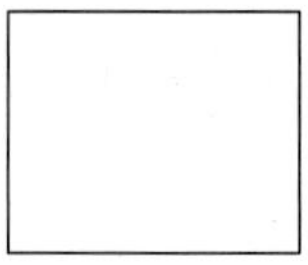

㉠ 선대칭도형입니다.
㉡ 점대칭도형입니다.
㉢ 대칭축은 1개입니다.

(　　　　　　　　)

AI가 뽑은 정답률 낮은 문제

14 두 삼각형은 서로 합동입니다. 삼각형 ㄱㄴㄷ의 넓이는 몇 cm^2인지 구해 보세요.

60쪽 유형 6

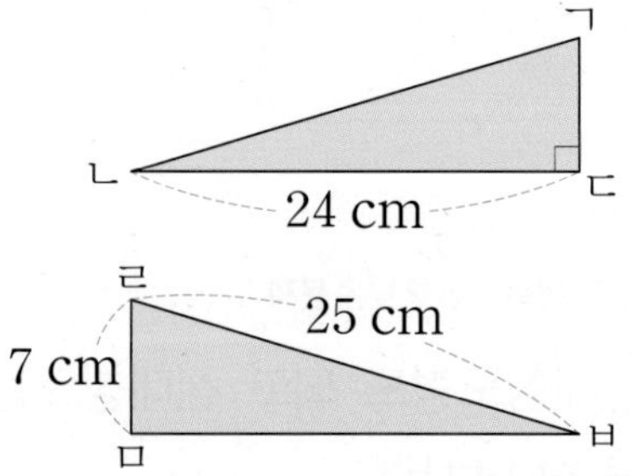

(　　　　　　　　)

AI가 뽑은 정답률 낮은 문제

15 점 ㅇ을 대칭의 중심으로 하는 점대칭도형입니다. 각 ㄱㄴㄹ의 크기는 몇 도인지 구해 보세요.

61쪽 유형 7

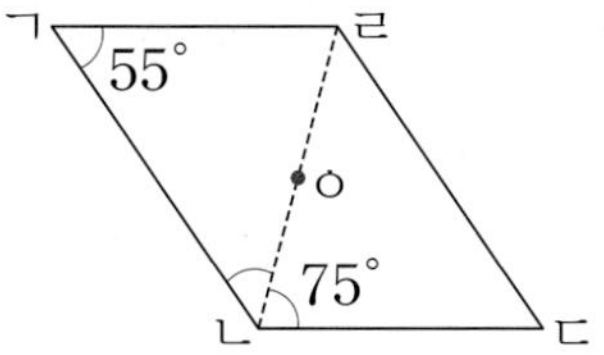

( )

서술형

16 직사각형 모양의 종이를 그림과 같이 접었습니다. 각 ㅇㅁㄹ의 크기는 몇 도인지 풀이 과정을 쓰고 답을 구해 보세요.

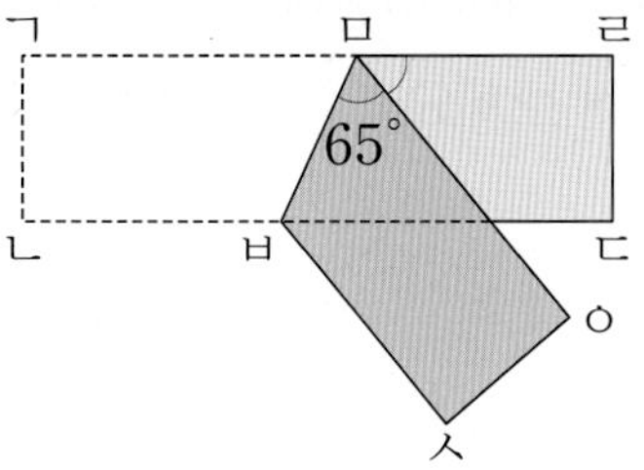

풀이

답

17 삼각형 ㄱㄴㅁ과 삼각형 ㄹㅁㄷ은 서로 합동입니다. 사각형 ㄱㄴㄷㄹ의 둘레는 몇 cm인지 구해 보세요.

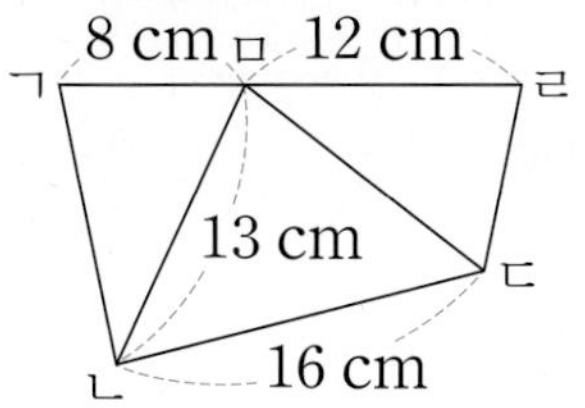

( )

18 점 ㅇ을 대칭의 중심으로 하는 점대칭도형입니다. 삼각형 ㄹㅇㄷ의 둘레가 16 cm일 때 선분 ㄱㄷ의 길이는 몇 cm인지 구해 보세요.

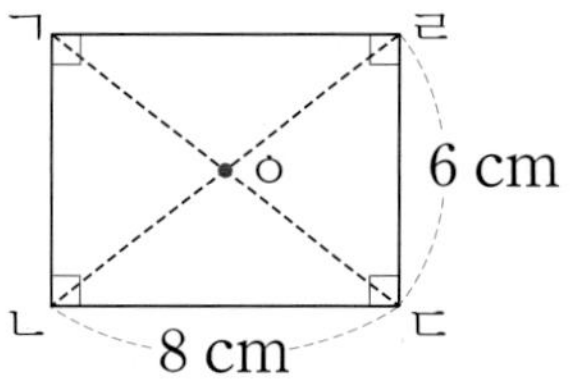

( )

AI가 뽑은 정답률 낮은 문제

19 직선 ㄱㄴ을 대칭축으로 하는 선대칭도형을 완성하려고 합니다. 완성한 선대칭도형의 넓이는 몇 cm^2인지 구해 보세요.

62쪽 유형 9

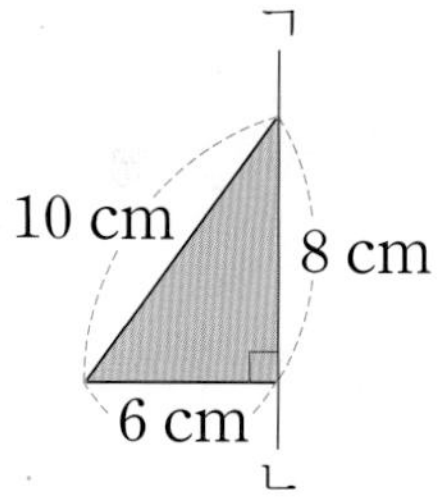

( )

20 **6009**는 점대칭도형이 되는 수입니다. **0**, **2**, **4**, **6**, **9**를 사용하여 **6009**보다 크고 점대칭도형이 되는 네 자리 수를 모두 몇 개 만들 수 있는지 구해 보세요. (단, 같은 수를 여러 번 사용할 수 있습니다.)

( )

3 단원

1회 6번 3회 7번

유형 1 잘랐을 때 만들어지는 두 도형이 합동인지 확인하기

정육각형을 점선을 따라 잘랐을 때 만들어지는 두 도형이 서로 합동이 되는 점선을 찾아 기호를 써 보세요.

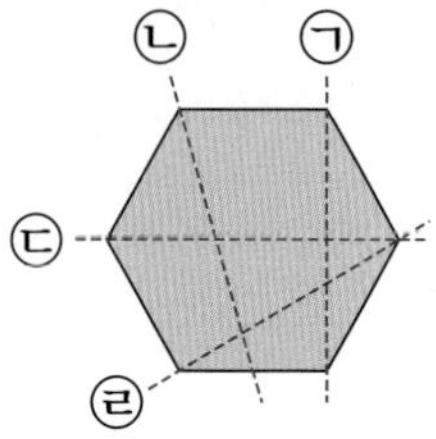

( )

Tip 점선을 따라 자른 두 도형을 포개었을 때 완전히 겹치면 두 도형은 서로 합동이에요.

1-1 점선을 따라 잘랐을 때 만들어지는 두 도형이 서로 합동이 아닌 것을 찾아 기호를 써 보세요.

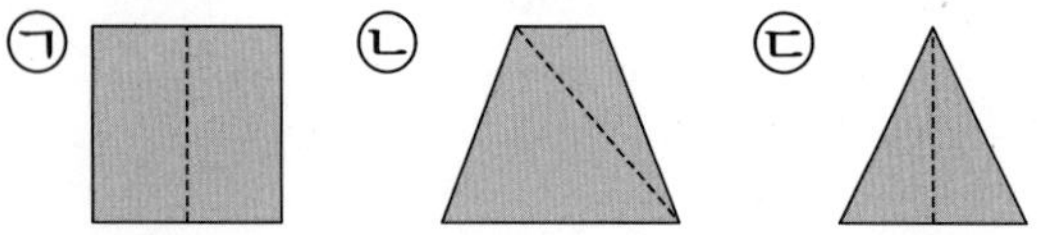

( )

1-2 정삼각형 안에 선분을 1개 그은 다음 그 선분을 따라서 자르려고 합니다. 잘랐을 때 만들어지는 두 도형이 서로 합동이 되도록 선분을 그어 보세요.

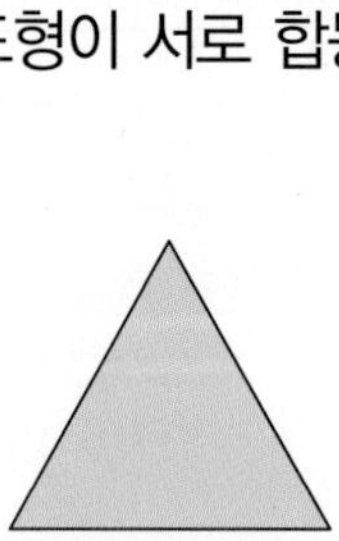

1회 9번 2회 7번

유형 2 대칭축 찾기

선대칭도형에서 대칭축은 모두 몇 개인지 구해 보세요.

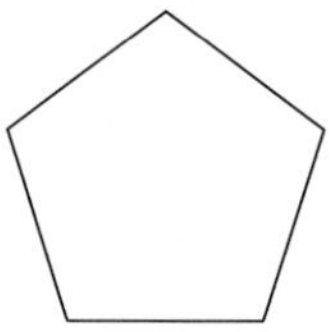

( )

Tip 한 직선을 따라 접었을 때 완전히 겹치는 직선을 여러 방향에서 찾아봐요.

2-1 선대칭도형에서 대칭축은 모두 몇 개인지 구해 보세요.

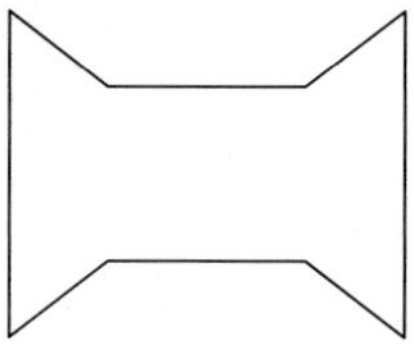

( )

2-2 원의 대칭축은 몇 개인가요? ( )

① 0개 ② 1개 ③ 2개
④ 4개 ⑤ 무수히 많습니다.

2-3 선대칭도형에서 대칭축의 개수가 더 많은 것의 기호를 써 보세요.

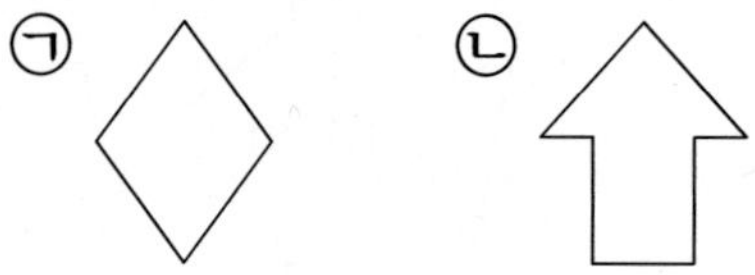

( )

2회 14번 | 4회 4번

유형 3 선대칭도형도 되고 점대칭도형도 되는 것 찾기

선대칭도형도 되고 점대칭도형도 되는 것을 찾아 기호를 써 보세요.

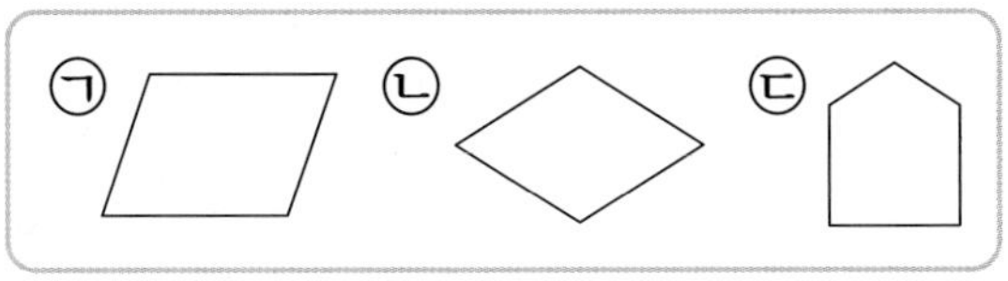

( )

Tip 선대칭도형과 점대칭도형을 각각 찾은 다음 모두 해당되는 것을 골라요.

3-1 선대칭도형도 되고 점대칭도형도 되는 것을 찾아 기호를 써 보세요.

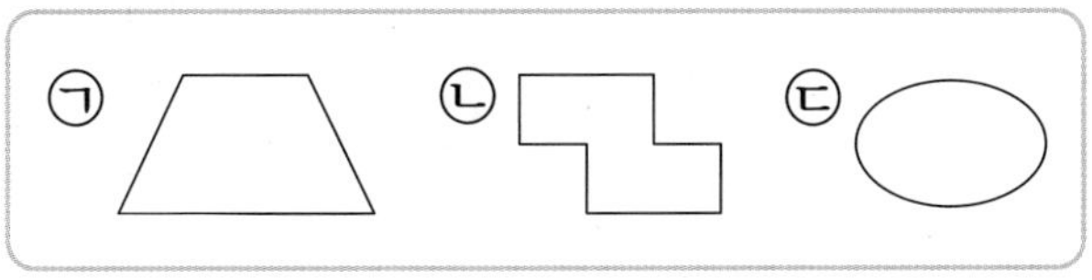

( )

3-2 선대칭도형도 되고 점대칭도형도 되는 것을 찾아 기호를 써 보세요.

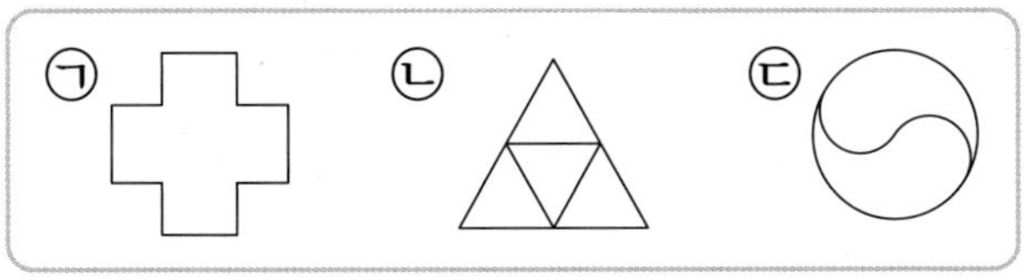

( )

3-3 선대칭도형이면서 점대칭도형인 자음은 모두 몇 개인지 구해 보세요.

ㅁ ㄱ ㄹ ㅍ

( )

1회 14번 | 3회 13번

유형 4 합동인 두 도형에서 각의 크기 구하기

두 삼각형은 서로 합동입니다. 각 ㄴㄱㄷ의 크기는 몇 도인지 구해 보세요.

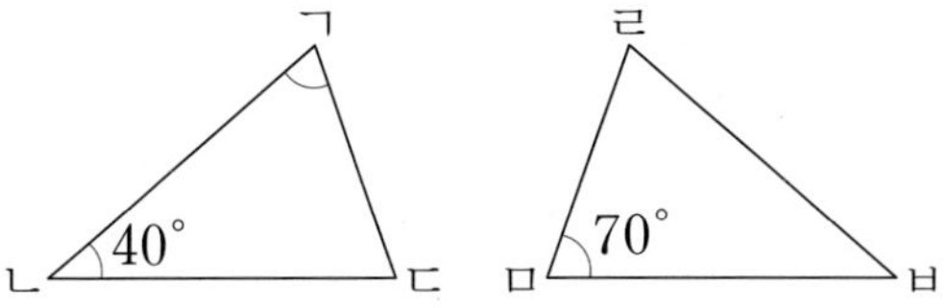

( )

Tip 서로 합동인 두 도형에서 대응각의 크기가 서로 같고, 삼각형의 세 각의 크기의 합이 180°임을 이용해요.

4-1 두 사각형은 서로 합동입니다. 각 ㄱㄹㄷ의 크기는 몇 도인지 구해 보세요.

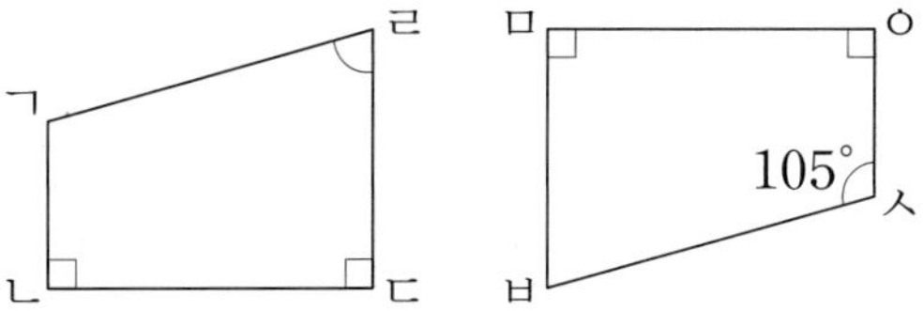

( )

4-2 삼각형 ㄱㄴㄷ과 삼각형 ㅁㄹㄷ은 서로 합동입니다. 각 ㄱㄴㄷ의 크기는 몇 도인지 구해 보세요.

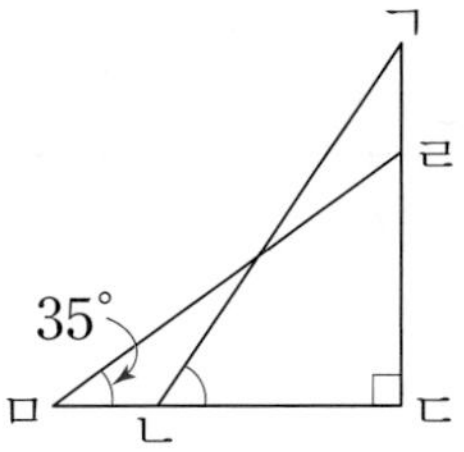

( )

3회 15번

유형 5 합동인 도형의 둘레를 알 때 변의 길이 구하기

두 삼각형은 서로 합동입니다. 삼각형 ㄱㄴㄷ의 둘레가 22 cm일 때, 변 ㄱㄴ의 길이는 몇 cm인지 구해 보세요.

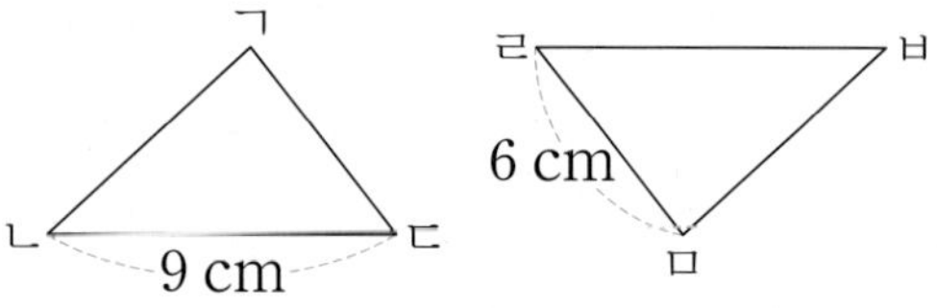

(　　　　　　)

Tip 서로 합동인 두 도형에서 대응변의 길이는 서로 같아요.

5-1 두 사각형은 서로 합동입니다. 사각형 ㄱㄴㄷㄹ의 둘레가 43 cm일 때, 변 ㄴㄷ의 길이는 몇 cm인지 구해 보세요.

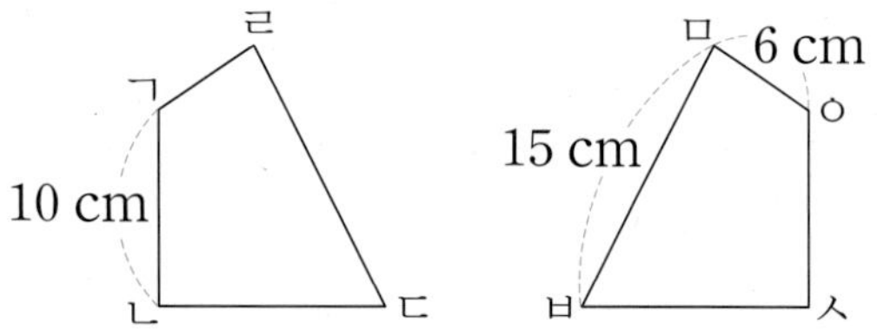

(　　　　　　)

5-2 두 사각형은 서로 합동입니다. 사각형 ㅁㅂㅅㅇ의 둘레가 38 cm일 때, 변 ㄷㄹ의 길이는 몇 cm인지 구해 보세요.

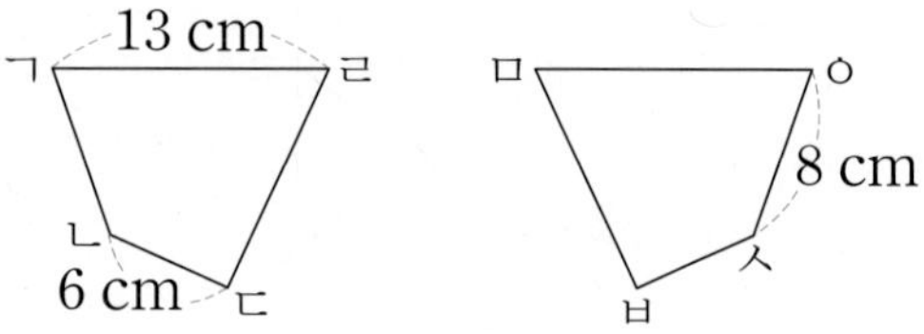

(　　　　　　)

5-3 삼각형 ㄱㄴㄷ과 삼각형 ㄹㄷㄴ은 서로 합동입니다. 삼각형 ㄱㄴㄷ의 둘레가 40 cm일 때, 변 ㄴㄷ의 길이는 몇 cm인지 구해 보세요.

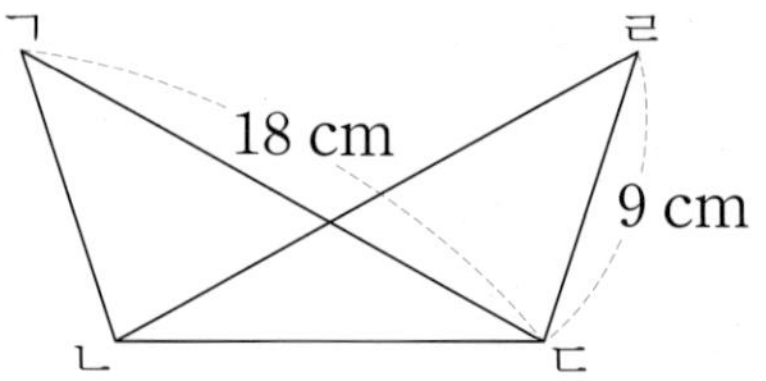

(　　　　　　)

2회 16번 4회 14번

유형 6 합동인 도형의 넓이 구하기

두 직사각형은 서로 합동입니다. 직사각형 ㄱㄴㄷㄹ의 넓이는 몇 cm^2인지 구해 보세요.

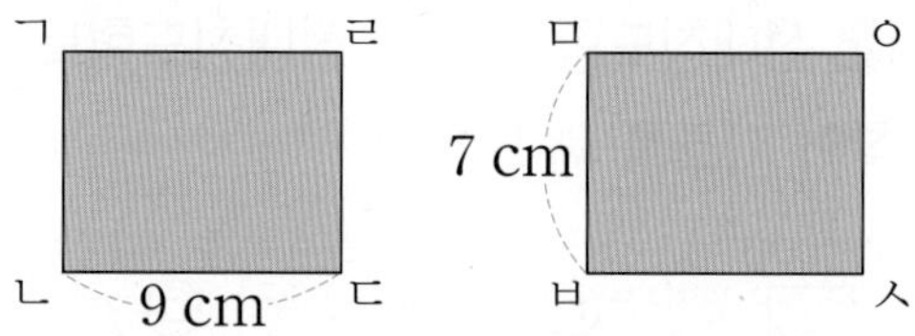

(　　　　　　)

Tip (직사각형의 넓이)=(가로)×(세로)

6-1 두 삼각형은 서로 합동입니다. 삼각형 ㄹㅁㅂ의 넓이는 몇 cm^2인지 구해 보세요.

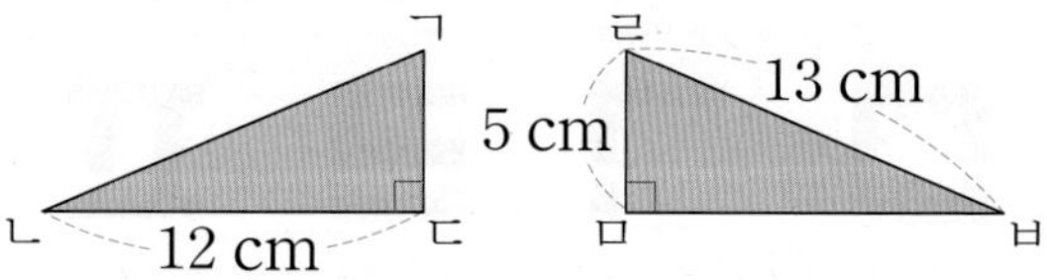

(　　　　　　)

6-2 두 사다리꼴은 서로 합동입니다. 사다리꼴 ㄱㄴㄷㄹ의 넓이는 몇 cm^2인지 구해 보세요.

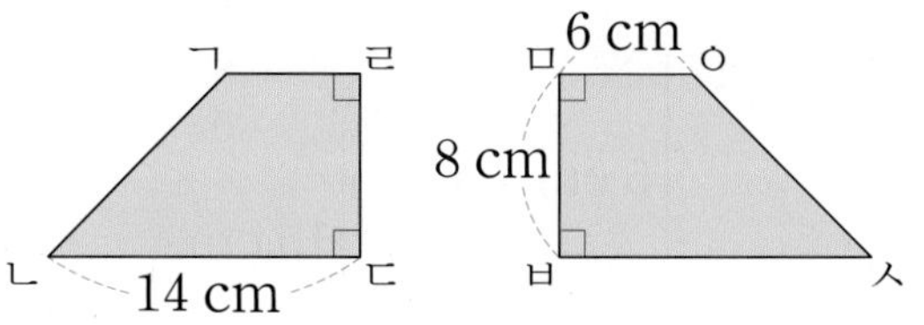

(   )

6-3 두 직사각형은 서로 합동입니다 직사각형 ㅅㄷㅁㅂ의 넓이는 몇 cm^2인지 구해 보세요.

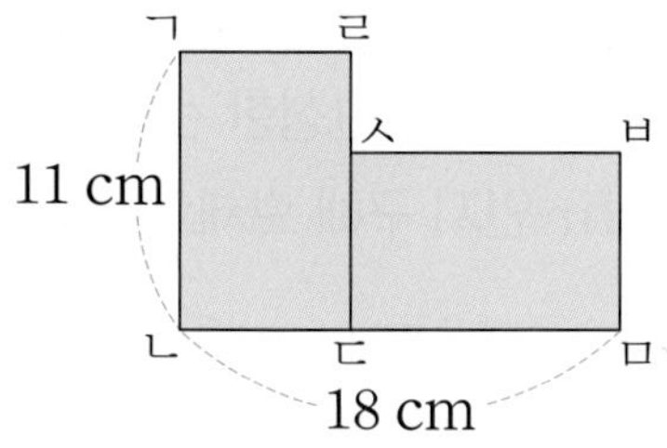

(   )

1회 18번 | 2회 17번 | 4회 15번

유형 7 선대칭도형(점대칭도형)에서 각의 크기 구하기

오른쪽 도형은 점 ㅇ을 대칭의 중심으로 하는 점대칭도형입니다. 각 ㄷㄴㅁ의 크기는 몇 도인지 구해 보세요.

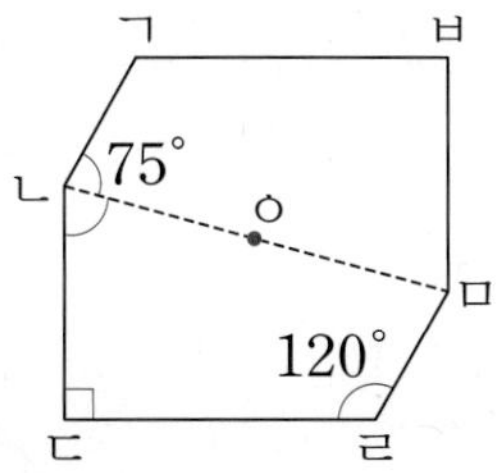

(   )

Tip 점대칭도형에서 대응각의 크기가 서로 같고, 사각형의 네 각의 크기의 합이 360°임을 이용해요.

7-1 직선 ㅁㅂ을 대칭축으로 하는 선대칭도형입니다. 각 ㄷㄱㄴ의 크기는 몇 도인지 구해 보세요.

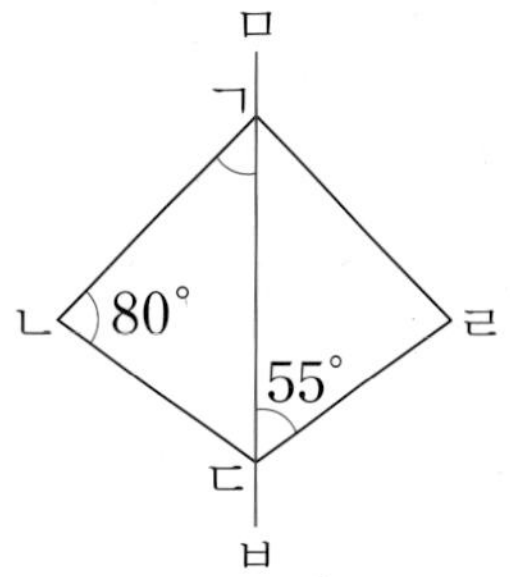

(   )

7-2 사각형 ㄱㄴㄹㅁ은 직선 ㅅㅇ을 대칭축으로 하는 선대칭도형입니다. 각 ㅂㄱㄴ의 크기는 몇 도인지 구해 보세요.

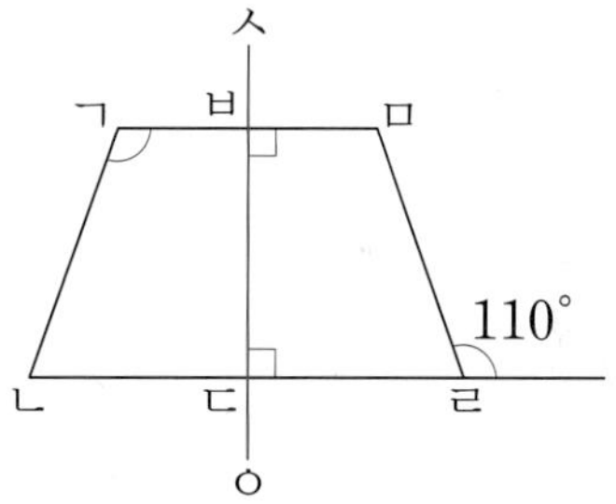

(   )

7-3 점 ㅇ을 대칭의 중심으로 하는 점대칭도형입니다. 변 ㄹㅇ과 변 ㄱㅇ의 길이가 같을 때, 각 ㄹㅇㄷ의 크기는 몇 도인지 구해 보세요.

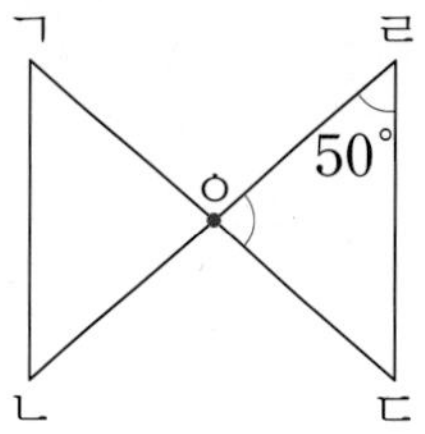

(   )

2회 19번 3회 17번

유형 8 선대칭도형(점대칭도형)의 둘레 구하기

오른쪽 도형은 직선 ㅁㅂ을 대칭축으로 하는 선대칭도형입니다. 이 선대칭도형의 둘레는 몇 cm인지 구해 보세요.

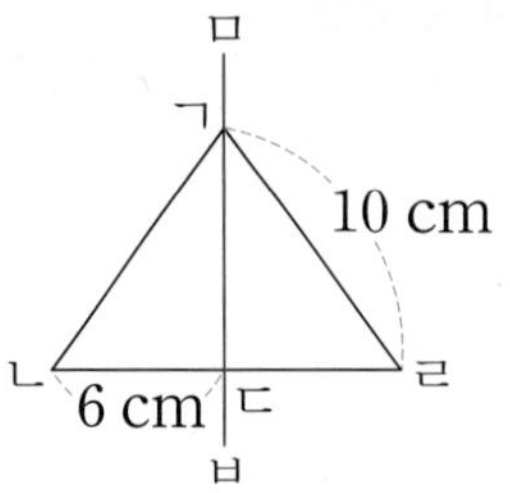

(　　　　　　　　)

Tip 선대칭도형에서 대응변의 길이는 서로 같아요.

8-1 점 ㅇ을 대칭의 중심으로 하는 점대칭도형입니다. 이 점대칭도형의 둘레는 몇 cm인지 구해 보세요.

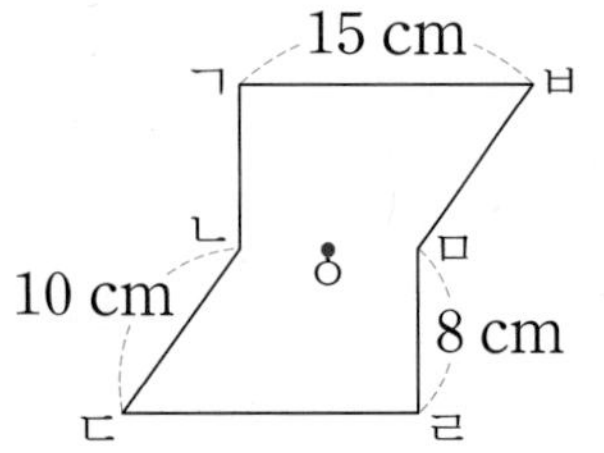

(　　　　　　　　)

8-2 직선 ㅅㅇ을 대칭축으로 하는 선대칭도형입니다. 사각형 ㄱㄴㄷㅂ이 평행사변형일 때, 이 선대칭도형의 둘레는 몇 cm인지 구해 보세요.

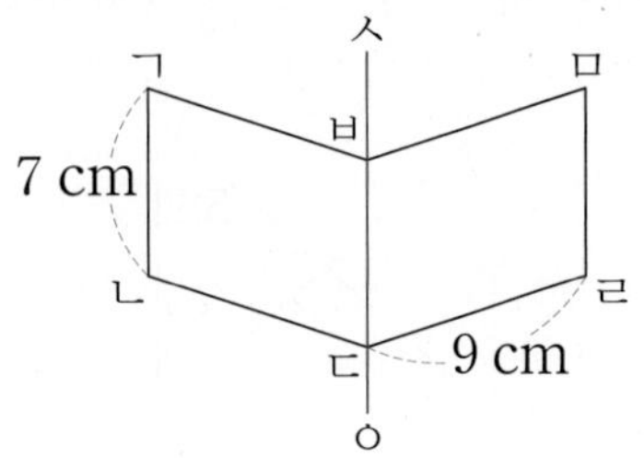

(　　　　　　　　)

8-3 점 ㅇ을 대칭의 중심으로 하는 점대칭도형입니다. 이 점대칭도형의 둘레는 몇 cm인지 구해 보세요.

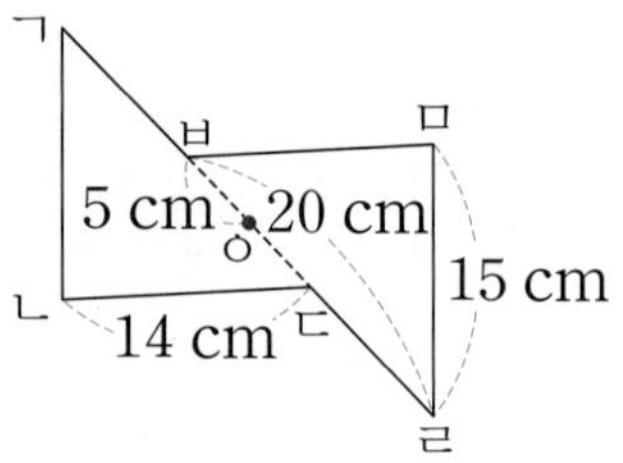

(　　　　　　　　)

1회 20번 4회 19번

유형 9 완성한 도형의 넓이 구하기

직선 ㄱㄴ을 대칭축으로 하는 선대칭도형을 완성하려고 합니다. 완성한 선대칭도형의 넓이는 몇 cm^2인지 구해 보세요.

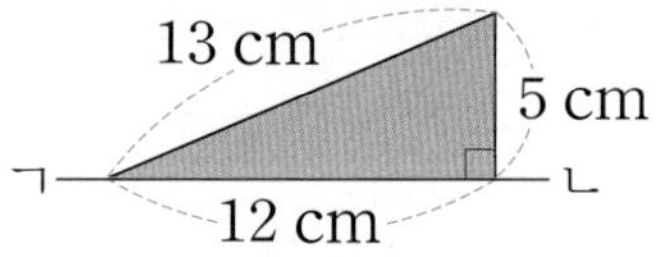

(　　　　　　　　)

Tip (선대칭도형의 넓이)
=(처음 도형의 넓이)×2

9-1 직선 ㄱㄴ을 대칭축으로 하는 선대칭도형을 완성하려고 합니다. 완성한 선대칭도형의 넓이는 몇 cm^2인지 구해 보세요.

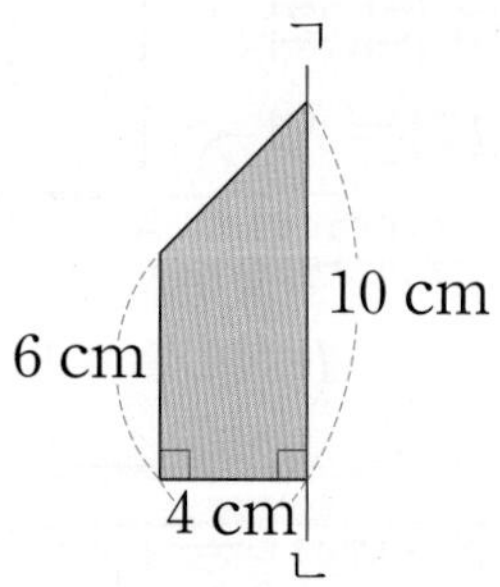

(　　　　　　　　)

9-2 점 ㅇ을 대칭의 중심으로 하는 점대칭도형을 완성하려고 합니다. 완성한 점대칭도형의 넓이는 몇 cm^2인지 구해 보세요.

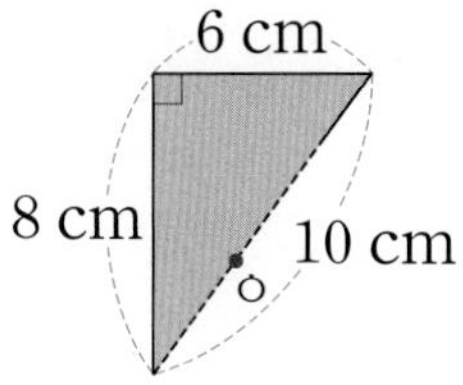

(　　　　　　　　　　)

9-3 점 ㅇ을 대칭의 중심으로 하는 점대칭도형을 완성하려고 합니다. 완성한 점대칭도형의 넓이는 몇 cm^2인지 구해 보세요.

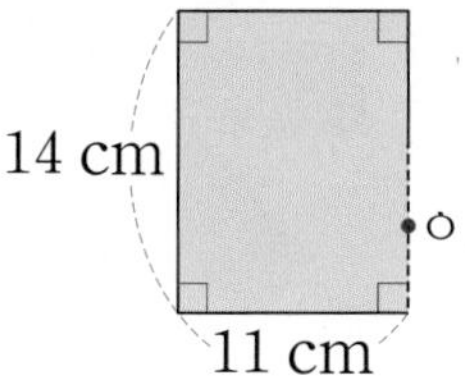

(　　　　　　　　　　)

3회 20번

유형 10 종이를 접은 모양에서 넓이 구하기

직사각형 모양의 종이를 삼각형 ㄱㄴㅁ과 삼각형 ㄷㅂㅁ이 서로 합동이 되도록 접었습니다. 직사각형 ㄱㄴㄷㄹ의 넓이는 몇 cm^2인지 구해 보세요.

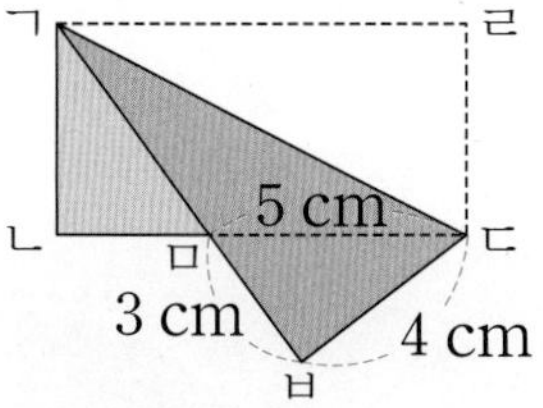

(　　　　　　　　　　)

Tip 서로 합동인 두 도형에서 대응변의 길이는 서로 같아요.

10-1 직사각형 모양의 종이를 삼각형 ㄱㄴㅂ과 삼각형 ㅁㄹㅂ이 서로 합동이 되도록 접었습니다. 직사각형 ㄱㄴㄷㄹ의 넓이는 몇 cm^2인지 구해 보세요.

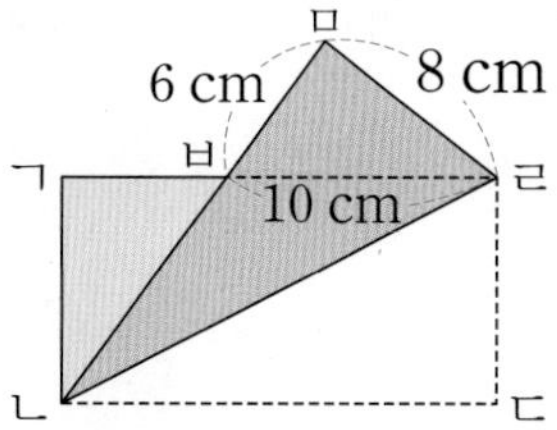

(　　　　　　　　　　)

10-2 직사각형 모양의 종이를 삼각형 ㄱㅁㅂ과 삼각형 ㄷㅁㄹ이 서로 합동이 되도록 접었습니다. 삼각형 ㄱㄷㄹ의 넓이는 몇 cm^2인지 구해 보세요.

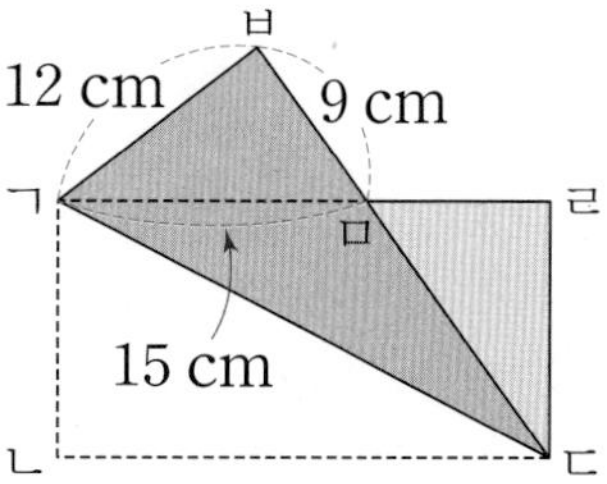

(　　　　　　　　　　)

10-3 직사각형 모양의 종이를 삼각형 ㄱㄴㅁ과 삼각형 ㄷㅂㅁ이 서로 합동이 되도록 접었습니다. 삼각형 ㄱㄴㄷ의 넓이는 몇 cm^2인지 구해 보세요.

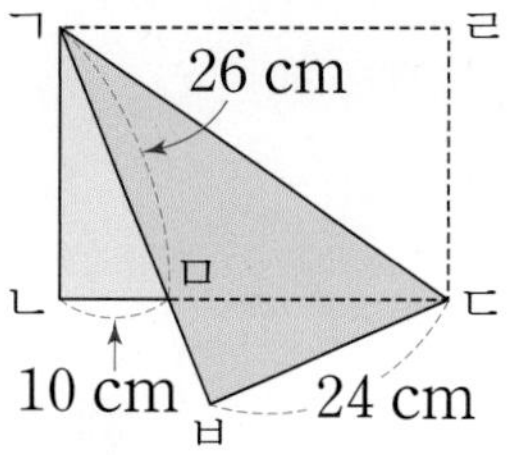

(　　　　　　　　　　)

3 단원

4

소수의 곱셈

개념 정리 4단원

소수의 곱셈

개념 1 (소수)×(자연수)

◆ **0.4×3의 계산**

방법 1 덧셈식으로 계산하기

$0.4\times3=\underbrace{0.4+0.4+0.4}_{3개}=1.2$

방법 2 0.1의 개수로 계산하기

0.4는 0.1이 4개이므로

$0.4\times3=0.1\times4\times3=0.1\times12$입니다.

➜ 0.1이 모두 12개이므로

$0.4\times3=1.2$입니다.

방법 3 분수의 곱셈으로 계산하기

분모가 10인 분수로 고치기

$0.4\times3=\frac{4}{10}\times3=\frac{4\times3}{10}=\frac{12}{10}=$ ❶ ☐

개념 2 (자연수)×(소수)

◆ **6×1.2의 계산**

방법 1 분수의 곱셈으로 계산하기

분모가 10인 분수로 고치기

$6\times1.2=6\times\frac{12}{10}=\frac{6\times12}{10}=\frac{72}{10}=7.2$

방법 2 자연수의 곱셈으로 계산하기

$6\times12=72$

12에서 $\frac{1}{10}$배 ↓, 72에서 $\frac{1}{10}$배 ↓

$6\times1.2=$ ❷ ☐

참고

곱하는 수가 $\frac{1}{10}$배$\left(\frac{1}{100}배\right)$가 되면 계산 결과도 $\frac{1}{10}$배$\left(\frac{1}{100}배\right)$가 돼요.

개념 3 (소수)×(소수)

◆ **0.8×0.4의 계산**

방법 1 분수의 곱셈으로 계산하기

$0.8\times0.4=\frac{8}{10}\times\frac{4}{10}=\frac{8\times4}{10\times10}$

$=\frac{32}{100}=0.32$

방법 2 자연수의 곱셈으로 계산하기

$8\times4=32$

8에서 $\frac{1}{10}$배 ↓, 4에서 $\frac{1}{10}$배 ↓, 32에서 $\frac{1}{100}$배 ↓

$0.8\times0.4=$ ❸ ☐

개념 4 곱의 소수점의 위치

◆ **(소수)×(자연수)의 곱의 소수점의 위치**

$3.56\times1=3.56$

$3.56\times10=35.6$

$3.56\times100=356$

• 곱하는 수의 0의 개수만큼 곱의 소수점이 오른쪽으로 옮겨집니다.

◆ **(자연수)×(소수)의 곱의 소수점의 위치**

$249\times0.1=24.9$

$249\times0.01=2.49$

$249\times0.001=0.249$

• 곱하는 소수의 소수점 아래 자리 수만큼 곱의 소수점이 왼쪽으로 옮겨집니다.

◆ **(소수)×(소수)의 곱의 소수점의 위치**

$0.7\times0.6=0.42$

$0.7\times0.06=0.042$

$0.07\times0.6=$ ❹ ☐

• 곱하는 두 소수의 소수점 아래 자리 수를 더한 것과 곱의 소수점 아래 자리 수가 같습니다.

정답 ❶ 1.2 ❷ 7.2 ❸ 0.32 ❹ 0.042

점수

78~83쪽에서 같은 유형의 문제를 더 풀 수 있어요.

01 수직선을 보고 □ 안에 알맞은 수를 써넣으세요.

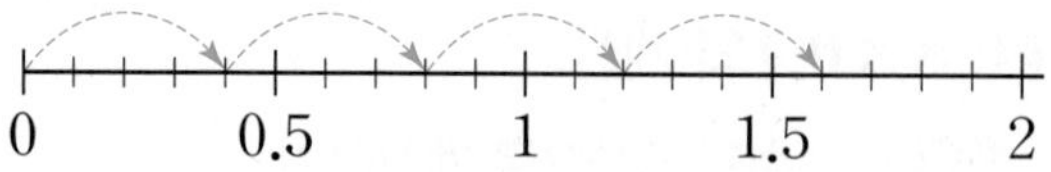

$0.4 \times 4 = \square$

02 □ 안에 알맞은 수를 써넣으세요.

$5 \times 1.7 = 5 \times \frac{\square}{10} = \frac{5 \times \square}{10}$

$= \frac{\square}{10} = \square$

03 □ 안에 알맞은 수를 써넣으세요.

$3 \times 9 = 27$

$\frac{1}{10}$배 ↓ ↓ $\frac{1}{10}$배 ↓ $\frac{1}{100}$배

$0.3 \times 0.9 = \square$

04 계산해 보세요.

14×0.6

05 빈칸에 알맞은 수를 써넣으세요.

(×) →

3.4	1.56	

06 빈칸에 알맞은 수를 써넣으세요.

6.15 → ×10 → □

6.15 → ×100 → □

6.15 → ×1000 → □

AI가 뽑은 정답률 낮은 문제

07 어림하여 계산 결과가 8보다 작은 것에 ○표 해 보세요.

78쪽 유형 2

1.38×5	4.12×2
(　　)	(　　)

08 $8 \times 42 = 336$을 이용하여 □ 안에 알맞은 수를 써넣으세요.

$8 \times 4.2 = \square$

09 계산 결과가 소수 한 자리 수인 것을 찾아 기호를 써 보세요.

㉠ 0.5×0.7 ㉡ 0.6×0.5

( )

서술형

10 계산을 잘못한 사람은 누구인지 풀이 과정을 쓰고 답을 구해 보세요.

- 민주: $0.29 \times 7 = 2.03$
- 세호: $15 \times 0.6 = 0.9$

풀이

답

AI가 뽑은 정답률 낮은 문제

11 정사각형의 둘레는 몇 cm인지 구해 보세요.

79쪽 유형 3

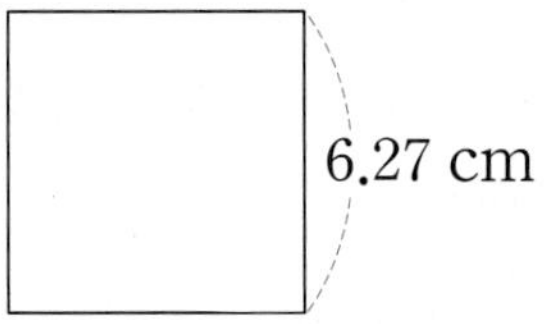

( )

12 빵 한 개를 만드는 데 밀가루가 0.38 kg 필요합니다. 빵을 8개 만드는 데 필요한 밀가루는 몇 kg인지 구해 보세요.

( )

13 계산 결과가 가장 큰 것을 찾아 기호를 써 보세요.

㉠ 22×6.13 ㉡ 2.2×61.3
㉢ 22×61.3 ㉣ 2.2×6.13

( )

AI가 뽑은 정답률 낮은 문제

14 ㉠은 ㉡의 몇 배인지 구해 보세요.

80쪽 유형 6

㉠ 2.4×5.1 ㉡ 0.24×0.51

( )

15 1분에 물이 7.5 L 나오는 수도가 있습니다. 이 수도에서 같은 빠르기로 2분 36초 동안 나오는 물의 양은 몇 L인지 구해 보세요.

( )

AI가 뽑은 정답률 낮은 문제

16 어떤 수에 0.6을 곱해야 할 것을 잘못하여 더했더니 0.9가 되었습니다. 바르게 계산한 값을 구해 보세요.

81쪽 유형 8

( )

서술형

17 수 카드 3장을 한 번씩만 사용하여 만들 수 있는 가장 큰 소수 두 자리 수와 가장 작은 소수 두 자리 수의 곱을 구하려고 합니다. 풀이 과정을 쓰고 답을 구해 보세요.

2 4 5

풀이

답

18 □ 안에 알맞은 수를 써넣으세요.

$$\begin{array}{r} 1\,\square\,6 \\ \times\quad 0.7 \\ \hline \square\,8.2 \end{array}$$

AI가 뽑은 정답률 낮은 문제

19 한 장의 길이가 9.3 cm인 색 테이프 16장을 0.7 cm씩 겹치도록 한 줄로 길게 이어 붙였습니다. 이어 붙인 색 테이프의 전체 길이는 몇 cm인지 구해 보세요.

83쪽 유형 11

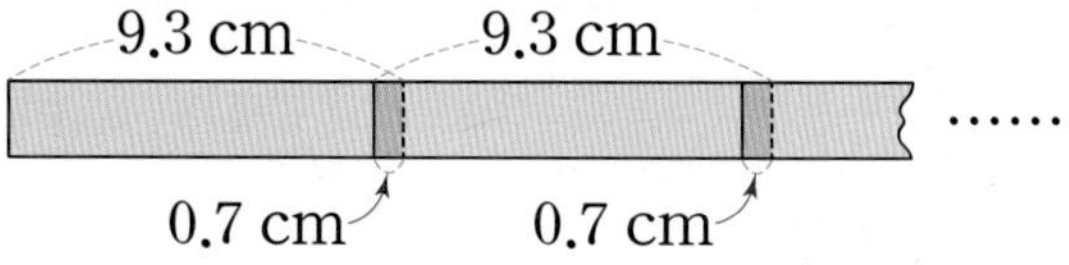

( )

20 예진이네 텃밭은 가로가 5.4 m이고, 세로가 3.6 m인 직사각형 모양입니다. 이 텃밭의 가로와 세로를 각각 1.5배로 늘려서 새로운 직사각형 모양의 텃밭을 만들려고 합니다. 새로운 텃밭의 넓이는 몇 m^2인지 구해 보세요.

( )

AI가 추천한 단원 평가 2회

78~83쪽에서 같은 유형의 문제를 더 풀 수 있어요.

01 1.3×4를 계산하려고 합니다. □ 안에 알맞은 수를 써넣으세요.

> 1.3은 0.1이 □개이므로
> $1.3\times4=0.1\times13\times4=0.1\times$□
> 입니다.
> ➔ 0.1이 모두 □개이므로
> $1.3\times4=$□입니다.

02 □ 안에 알맞은 수를 써넣으세요.

$$\begin{array}{r} 6 \\ \times\ 9 \\ \hline 54 \end{array} \Rightarrow \begin{array}{r} 6 \\ \times 0.9 \\ \hline \square \end{array}$$

03~04 계산해 보세요.

03 0.34×0.7

04 2.5×5.9

05 □ 안에 알맞은 수를 써넣으세요.

$206\times0.1=$□

$206\times0.01=$□

$206\times0.001=$□

06 설명하는 수를 구해 보세요.

> 0.43의 12배

(　　　　　　)

07 빈칸에 알맞은 수를 써넣으세요.

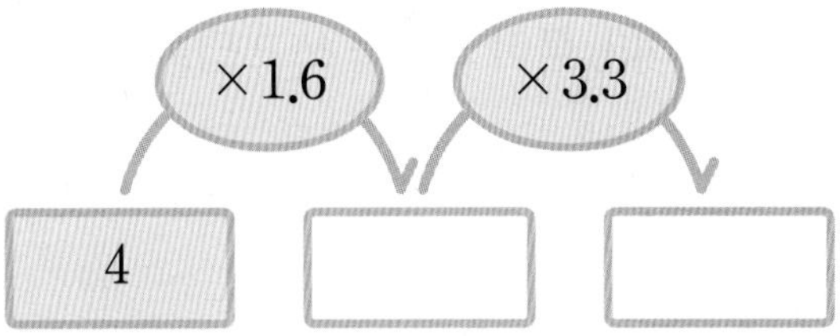

AI가 뽑은 정답률 낮은 문제

08 계산 결과를 비교하여 ○ 안에 >, =, < 를 알맞게 써넣으세요.

78쪽 유형 1

0.7×23 ○ 19×0.9

09 잘못 계산한 곳을 찾아 바르게 고쳐 보세요.

$$0.9 \times 0.5 = \frac{9}{10} \times \frac{5}{10} = \frac{45}{10} = 4.5$$

→ 0.9×0.5 ______________

AI가 뽑은 정답률 낮은 문제

10 □ 안에 알맞은 수를 써넣으세요.

79쪽 유형 4

$8.546 \times$ □ $= 8546$

서술형

11 가장 큰 수와 가장 작은 수의 곱을 구하려고 합니다. 풀이 과정을 쓰고 답을 구해 보세요.

4	7.62	5.18	6

풀이 ______________

답 ______________

12 재우의 몸무게는 36 kg입니다. 형의 몸무게는 재우의 몸무게의 1.15배입니다. 형의 몸무게는 몇 kg인지 구해 보세요.

(　　　　　　　)

13 평행사변형의 넓이는 몇 cm^2인지 구해 보세요.

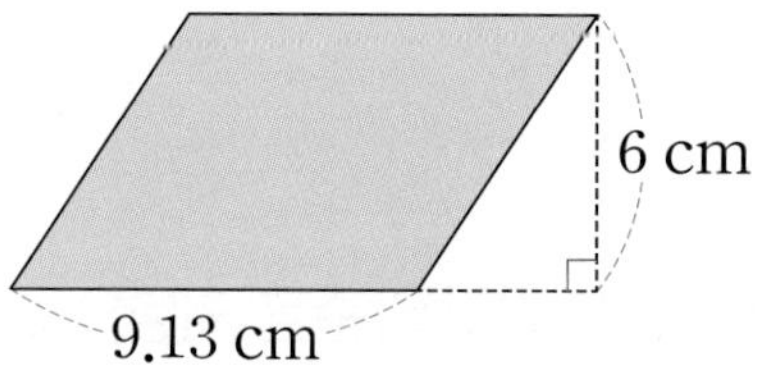

(　　　　　　　)

AI가 뽑은 정답률 낮은 문제

14 유리는 지난주에 물을 12 L 마셨고, 이번 주에는 지난주에 마신 물의 0.14배만큼 더 많이 마셨습니다. 유리가 이번 주에 마신 물은 몇 L인지 구해 보세요.

80쪽 유형 5

(　　　　　　　)

15 서준이네 집에서 병원까지의 거리는 서준이네 집에서 소방서까지의 거리의 0.5배입니다. 소방서에서 서준이네 집을 거쳐 병원까지 가는 거리는 몇 km인지 구해 보세요.

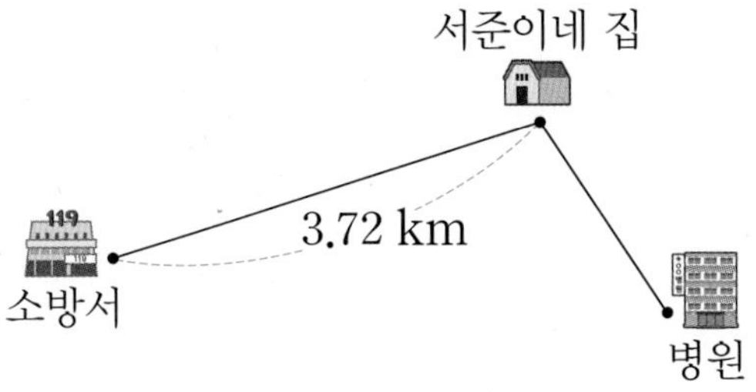

( )

16 계산기로 0.26×0.6을 계산하려고 하는데 수 하나의 소수점의 위치를 잘못 눌러서 1.56이라는 결과가 나왔습니다. 계산기에 누른 두 수를 □ 안에 써넣으세요.

$$\square \times \square$$

서술형

17 은호네 가족은 한 달에 보리쌀을 0.8 kg씩 먹습니다. 은호네 가족이 1년 동안 먹을 보리쌀을 준비하려면 1 kg짜리 보리쌀을 적어도 몇 봉지 사야 하는지 풀이 과정을 쓰고 답을 구해 보세요.

풀이

답

AI가 뽑은 정답률 낮은 문제

18 □ 안에 들어갈 수 있는 자연수는 모두 몇 개인지 구해 보세요.

81쪽 유형 7

$$6 \times 2.7 < \square < 3.39 \times 5.7$$

( )

19 도로의 한쪽에 5.25 m 간격으로 가로수를 25그루 심었습니다. 가로수를 도로의 처음과 끝에 모두 심었다면 가로수를 심은 도로의 길이는 몇 m인지 구해 보세요. (단, 가로수의 두께는 생각하지 않습니다.)

( )

AI가 뽑은 정답률 낮은 문제

20 1 km를 가는 데 0.09 L의 휘발유를 사용하는 자동차가 있습니다. 이 자동차가 한 시간에 80 km를 가는 빠르기로 1시간 24분 동안 갔다면 사용한 휘발유는 몇 L인지 구해 보세요.

83쪽 유형 12

( )

점수

78~83쪽에서 같은 유형의 문제를 더 풀 수 있어요.

01 그림을 보고 □ 안에 알맞은 수를 써넣으세요.

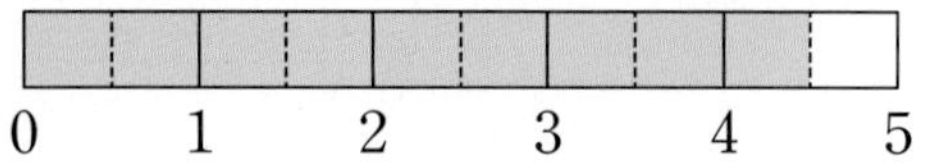

$5 \times 0.9 = \square$

02 □ 안에 알맞은 수를 써넣으세요.

$1.8 \times 3 = \dfrac{\square}{10} \times 3 = \dfrac{\square \times 3}{10}$

$= \dfrac{\square}{10} = \square$

03 나타내는 수가 나머지와 다른 하나를 찾아 기호를 써 보세요.

㉠ $0.6 + 0.6 + 0.6$
㉡ 0.6×2
㉢ 1.8

(　　　　　　)

04 계산해 보세요.

11×3.5

05 빈칸에 두 수의 곱을 써넣으세요.

0.6	0.27

06 계산 결과를 찾아 선으로 이어 보세요.

129×0.1	0.129
129×0.01	1.29
	12.9

07 세 수의 곱을 구해 보세요.

1.8　0.9　2.4

(　　　　　　)

AI가 뽑은 정답률 낮은 문제

08 어림하여 계산 결과가 6보다 큰 것을 찾아 기호를 써 보세요.

78쪽 유형 2

㉠ 0.8×8.1　㉡ 4.9×0.6
㉢ 3.8×1.5　㉣ 2.5×1.9

(　　　　　　)

09 곱의 소수점의 위치를 잘못 찍은 것은 어느 것인가요? (　　　)

① $9.8 \times 25 = 245$
② $98 \times 0.25 = 24.5$
③ $0.98 \times 2.5 = 0.245$
④ $9.8 \times 2.5 = 24.5$
⑤ $0.98 \times 0.25 = 0.245$

10 계산 결과가 자연수인 것을 찾아 기호를 써 보세요.

㉠ 8×1.3	㉡ 2.2×2.5
㉢ 0.5×0.8	㉣ 4×1.25

(　　　　　　　　)

AI가 뽑은 정답률 낮은 문제

11 마름모의 둘레는 몇 cm인지 구해 보세요.

79쪽 유형 3

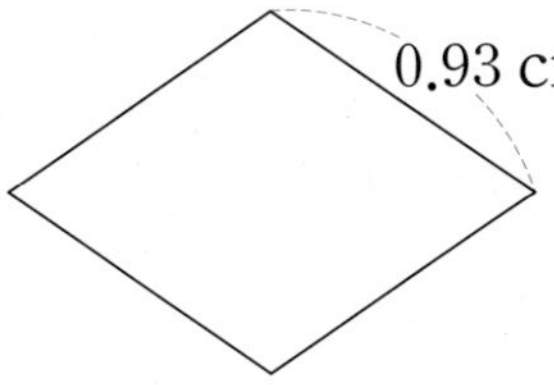

(　　　　　　　　)

12 페인트 1 L로 4.28 m^2의 벽을 칠할 수 있습니다. 페인트 6 L로 칠할 수 있는 벽의 넓이는 몇 m^2인지 구해 보세요.

(　　　　　　　　)

서술형

13 ㉠과 ㉡의 계산 결과의 차는 얼마인지 풀이 과정을 쓰고 답을 구해 보세요.

㉠ 16×0.84	㉡ 3.9×2.8

풀이 ▶

답 ▶

AI가 뽑은 정답률 낮은 문제

14 ㉠은 ㉡의 몇 배인지 구해 보세요.

80쪽 유형 6

㉠ 8.4×0.052	㉡ 0.84×5.2

(　　　　　　　　)

15 다음과 같이 약속할 때, 1.7★3.8을 계산해 보세요.

가★나=(가+나)×나

( )

서술형

16 철사를 민정이는 0.75 m 가지고 있고, 세훈이는 민정이의 2배만큼, 은서는 세훈이의 1.24배만큼 가지고 있습니다. 은서가 가지고 있는 철사는 몇 m인지 풀이 과정을 쓰고 답을 구해 보세요.

풀이

답

AI가 뽑은 정답률 낮은 문제

17 어떤 수에 0.44를 곱해야 할 것을 잘못하여 어떤 수에서 0.44를 뺐더니 0.21이 되었습니다. 바르게 계산한 값을 구해 보세요.

81쪽 유형 8

( )

18 떨어뜨린 높이의 0.8배만큼 튀어 오르는 공이 있습니다. 이 공을 2.5 m 높이에서 떨어뜨렸을 때 공이 두 번째로 튀어 오른 높이는 몇 m인지 구해 보세요.

( )

AI가 뽑은 정답률 낮은 문제

19 직사각형 ㄱㄴㄷㄹ에서 색칠한 부분의 넓이는 몇 cm^2인지 구해 보세요.

82쪽 유형 10

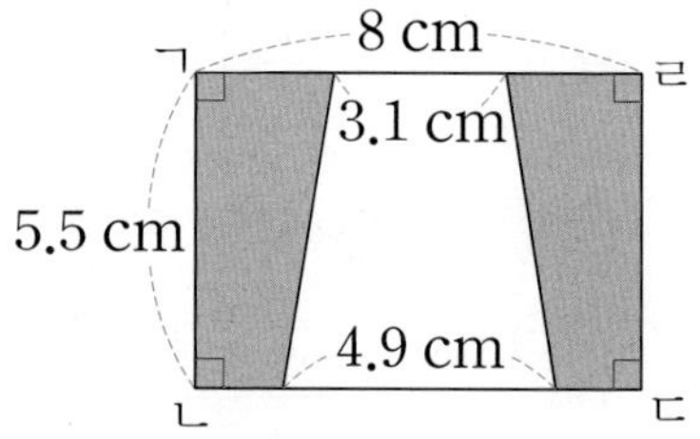

( )

20 한 시간에 4.2 cm씩 타는 양초에 불을 붙이고 1시간 30분 뒤에 불을 껐습니다. 남은 양초의 길이가 14.8 cm라면 처음 양초의 길이는 몇 cm인지 구해 보세요.

( )

01 □ 안에 알맞은 수를 써넣으세요.

2.6×4

$=\square+\square+\square+\square$

$=\square$

02 □ 안에 알맞은 수를 써넣으세요.

$41\times17=697$

$\frac{1}{10}$배 ↓ ↓ $\frac{1}{10}$배 ↓ $\frac{1}{100}$배

$4.1\times1.7=\square$

03 계산에서 소수점을 찍어야 하는 곳을 찾아 기호를 써 보세요.

$33\times0.158=5\ 2\ 1\ 4$

↑ ↑ ↑ ↑

㉠㉡㉢㉣

(   )

04 계산해 보세요.

$$\begin{array}{r} 0.6\,8 \\ \times\ \ 0.7 \\ \hline \end{array}$$

05 빈칸에 알맞은 수를 써넣으세요.

×	10	100	1000
1.584			

06 **보기**와 같이 계산해 보세요.

보기

$0.2\times6=\frac{2}{10}\times6=\frac{2\times6}{10}$

$=\frac{12}{10}=1.2$

0.5×7 ____________________

07 빈칸에 알맞은 수를 써넣으세요.

(가로 방향 ×, 세로 방향 ×)

0.4	27	
0.9	1.2	

AI가 뽑은 정답률 낮은 문제

08 계산 결과를 비교하여 ○ 안에 >, =, < 를 알맞게 써넣으세요.

78쪽 유형 1

1.82×13 ○ 5×4.59

서술형

09 계산이 맞으면 ○표, 틀리면 ×표 해 보세요.

$0.55\times 8=4.4$ (　　　)

$0.92\times 15=1.38$ (　　　)

10 계산 결과의 소수점 아래 자리 수가 가장 많은 것을 찾아 기호를 써 보세요.

㉠ 0.569×100　㉡ 5.69×10
㉢ 56.9×0.01　㉣ 5.69×0.01

(　　　　　　　)

11 경찰서에서 시장까지의 거리는 주경이네 집에서 경찰서까지의 거리의 0.6배입니다. 경찰서에서 시장까지의 거리는 몇 km인지 구해 보세요.

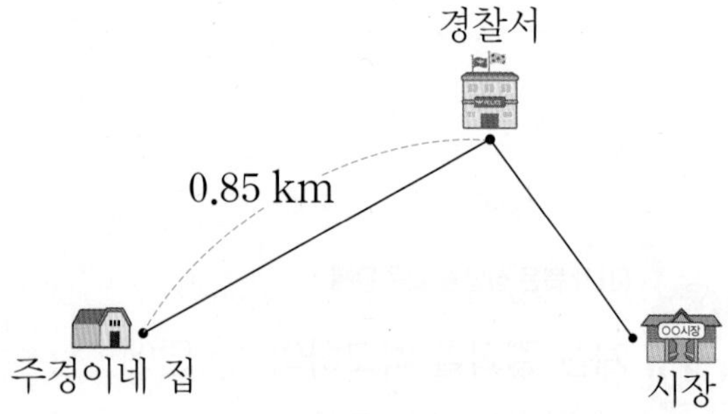

(　　　　　　　)

12 주스가 2 L 있습니다. 성우는 주스의 0.35만큼을 마셨습니다. 성우가 마신 주스는 몇 L인지 풀이 과정을 쓰고 답을 구해 보세요.

풀이

답

13 계산 결과가 ㉮보다 큰 것을 모두 찾아 기호를 써 보세요.

㉠ ㉮ $\times 0.6$　㉡ ㉮ $\times 0.99$
㉢ ㉮ $\times 1.15$　㉣ ㉮ $\times 3.4$

(　　　　　　　)

AI가 뽑은 정답률 낮은 문제

14 □ 안에 알맞은 수가 다른 하나를 찾아 기호를 써 보세요.

79쪽 유형 4

㉠ $570\times \square=5.7$
㉡ $\square\times 1.4=0.14$
㉢ $636\times \square=6.36$

(　　　　　　　)

AI가 뽑은 정답률 낮은 문제 서술형

15 □ 안에 들어갈 수 있는 가장 작은 자연수를 구하려고 합니다. 풀이 과정을 쓰고 답을 구해 보세요.

81쪽 유형 7

$16 \times 0.73 < \square$

풀이

답

16 가로가 6 cm, 세로가 4.4 cm인 직사각형 모양의 타일을 벽에 겹치지 않게 25장 붙였습니다. 타일을 붙인 벽의 넓이는 몇 cm^2인지 구해 보세요.

(　　　　　　　　)

17 486에 어떤 수를 곱했더니 14580이 되었습니다. 4.86에 어떤 수를 곱한 값을 구해 보세요.

(　　　　　　　　)

AI가 뽑은 정답률 낮은 문제

18 수 카드 4장을 □ 안에 한 번씩만 써넣어 곱셈식을 만들려고 합니다. 계산 결과가 가장 큰 식을 만들고 계산해 보세요.

82쪽 유형 9

2　5　7　8

→ $\square.\square \times \square.\square$

(　　　　　　　　)

19 페인트 1.8 L가 들어 있는 페인트통의 무게를 재어 보니 3.5 kg이었습니다. 벽화를 그리는 데 500 mL를 사용한 후 다시 무게를 재었더니 2.65 kg이 되었습니다. 빈 통의 무게는 몇 kg인지 구해 보세요.

(　　　　　　　　)

20 버스와 자동차가 같은 곳에서 동시에 출발하여 직선 도로를 반대 방향으로 달렸습니다. 버스는 한 시간 동안 61.6 km를 가는 빠르기로, 자동차는 한 시간 동안 72.9 km를 가는 빠르기로 달렸습니다. 출발한 지 48분 후에 버스와 자동차 사이의 거리는 몇 km인지 구해 보세요.

(　　　　　　　　)

2회 8번 4회 8번

유형 1 계산 결과의 크기 비교하기

계산 결과를 비교하여 ◯ 안에 >, =, <를 알맞게 써넣으세요.

0.5×9 ◯ 7×0.8

Tip 각각의 계산 결과를 구한 후 크기를 비교해요.

1-1 계산 결과를 비교하여 ◯ 안에 >, =, <를 알맞게 써넣으세요.

5×2.92 ◯ 4.6×3

1-2 계산 결과가 가장 큰 것을 찾아 기호를 써 보세요.

㉠ 0.91×4	㉡ 6×0.58	㉢ 1.58×2

(　　　　)

1-3 계산 결과가 작은 것부터 차례대로 기호를 써 보세요.

㉠ 0.7×0.98	㉡ 0.87×0.4
㉢ 1.1×1.8	㉣ 1.32×1.6

(　　　　)

1회 7번 3회 8번

유형 2 어림하여 계산 결과 비교하기

어림하여 계산 결과가 1보다 큰 것에 ◯표 해 보세요.

0.29×3	0.32×4
(　　)	(　　)

Tip 소수를 계산하기 쉬운 수로 바꾸어 계산 결과를 어림해요.

2-1 어림하여 계산 결과가 10보다 작은 것에 ◯표 해 보세요.

4.9×1.8	6.1×2.1
(　　)	(　　)

2-2 어림하여 계산 결과가 4보다 작은 것을 찾아 기호를 써 보세요.

㉠ 2.13×2	㉡ 1.08×3	㉢ 1.54×3

(　　　　)

2-3 어림하여 계산 결과가 20보다 큰 것을 모두 찾아 기호를 써 보세요.

㉠ 4.1×5.4	㉡ 6.2×4.3
㉢ 3.8×4.7	㉣ 7.8×1.6

(　　　　)

1회 11번 3회 11번

유형 3 도형의 둘레 구하기

정삼각형의 둘레는 몇 cm인지 구해 보세요.

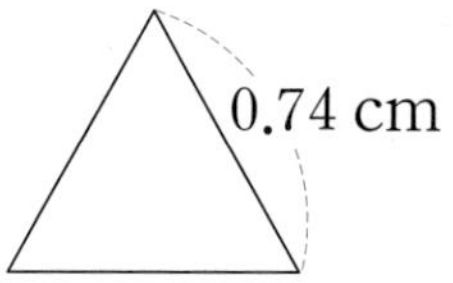

(　　　　　　　　　　)

Tip (정삼각형의 둘레)=(한 변의 길이)×3

3-1 정육각형의 둘레는 몇 cm인지 구해 보세요.

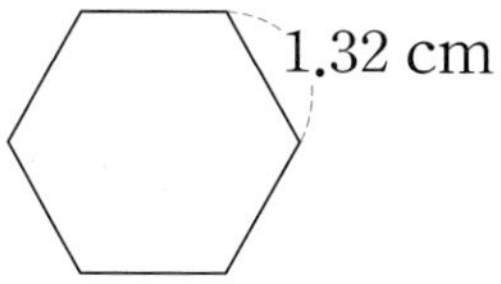

(　　　　　　　　　　)

3-2 평행사변형의 둘레는 몇 cm인지 구해 보세요.

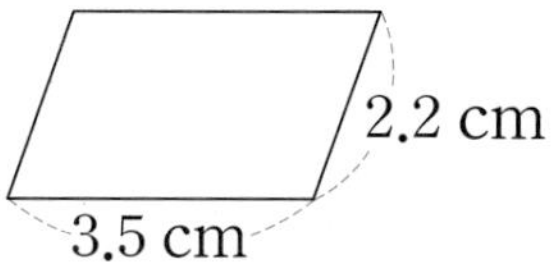

(　　　　　　　　　　)

3-3 두 정다각형의 둘레의 합은 몇 cm인지 구해 보세요.

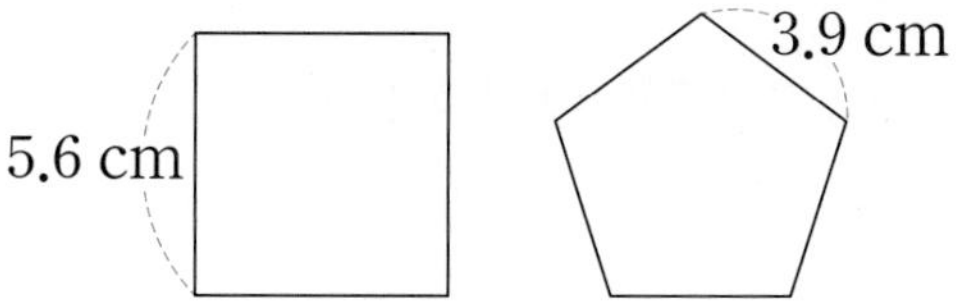

(　　　　　　　　　　)

2회 10번 4회 14번

유형 4 곱의 소수점의 위치를 이용하여 □ 안에 알맞은 수 써넣기

□ 안에 알맞은 수를 써넣으세요.

$408\times\square=0.408$

Tip ■▲●×0.1=■▲.●
■▲●×0.01=■.▲●
■▲●×0.001=0.■▲●

4-1 □ 안에 알맞은 수를 써넣으세요.

$1.529\times\square=152.9$

4-2 $38\times14=532$입니다. □ 안에 알맞은 수를 써넣으세요.

$3.8\times\square=0.532$

4-3 □ 안에 알맞은 수가 다른 하나를 찾아 기호를 써 보세요.

㉠ $210\times\square=21$
㉡ $\square\times0.029=0.29$
㉢ $1.823\times\square=18.23$

(　　　　　　　　　　)

4 단원

2회 14번

유형 5 배만큼 더 늘어난 후의 양 구하기

주연이가 키우는 강아지의 몸무게는 1월에 3 kg이었습니다. 이 강아지의 몸무게를 5월에 다시 쟀더니 1월에 잰 몸무게의 0.45배만큼 더 늘었다면 5월에 잰 몸무게는 몇 kg인지 구해 보세요.

(　　　　　　　　)

Tip (5월에 잰 몸무게)
=(1월에 잰 몸무게)+(더 늘어난 몸무게)

5-1 미술 시간에 현우는 철사를 60.8 cm 사용했고, 재희는 현우가 사용한 철사의 0.25배만큼 더 많이 사용했습니다. 재희가 사용한 철사는 몇 cm인지 구해 보세요.

(　　　　　　　　)

5-2 민영이네 가족은 지난주에 쌀을 1.6 kg 먹었고, 이번 주에는 지난주의 0.2배만큼 더 많이 먹었습니다. 민영이네 가족이 이번 주에 먹은 쌀은 몇 kg인지 구해 보세요.

(　　　　　　　　)

5-3 작년에 나무의 키는 2.5 m였고, 올해 나무의 키는 작년 키의 0.18배만큼 더 컸습니다. 올해 나무의 키는 몇 m인지 구해 보세요.

(　　　　　　　　)

1회 14번 3회 14번

유형 6 ㉠은 ㉡의 몇 배인지 구하기

㉠은 ㉡의 몇 배인지 구해 보세요.

㉠ 7.4×1.9　　㉡ 0.74×0.19

(　　　　　　　　)

Tip 74×19와 비교하여 소수점의 위치만 다르므로 곱의 소수점 아래 자리 수를 비교해요.

6-1 ㉠은 ㉡의 몇 배인지 구해 보세요.

㉠ 2.8×43　　㉡ 0.28×0.43

(　　　　　　　　)

6-2 ㉠은 ㉡의 몇 배인지 구해 보세요.

㉠ 0.061×1.7　　㉡ 6.1×0.17

(　　　　　　　　)

6-3 ㉠은 ㉡의 몇 배인지 구해 보세요.

㉠ $53\times0.1\times2.4$
㉡ $0.53\times100\times0.024$

(　　　　　　　　)

2회 18번 | 4회 15번

유형 7 □ 안에 들어갈 수 있는 자연수 구하기

□ 안에 들어갈 수 있는 자연수를 모두 구해 보세요.

$\square < 12 \times 0.46$

(　　　　　　　　　　)

Tip 12×0.46을 계산해서 식을 간단하게 나타내요.

7-1 □ 안에 들어갈 수 있는 자연수를 모두 구해 보세요.

$7.2 \times 0.65 > \square$

(　　　　　　　　　　)

7-2 □ 안에 들어갈 수 있는 가장 작은 자연수를 구해 보세요.

$1.9 \times 13 < \square$

(　　　　　　　　　　)

7-3 □ 안에 들어갈 수 있는 자연수는 모두 몇 개인지 구해 보세요.

$4.58 \times 3.6 < \square < 11 \times 2.1$

(　　　　　　　　　　)

1회 16번 | 3회 17번

유형 8 바르게 계산한 값 구하기

어떤 수에 0.8을 곱해야 할 것을 잘못하여 더했더니 5.1이 되었습니다. 바르게 계산한 값을 구해 보세요.

(　　　　　　　　　　)

Tip 어떤 수를 □라고 하여 잘못 계산한 식을 만든 다음 어떤 수를 먼저 구해요.

8-1 어떤 수에 2.7을 곱해야 할 것을 잘못하여 더했더니 9.4가 되었습니다. 바르게 계산한 값을 구해 보세요.

(　　　　　　　　　　)

8-2 0.9에 어떤 수를 곱해야 할 것을 잘못하여 0.9에서 어떤 수를 뺐더니 0.54가 되었습니다. 바르게 계산한 값을 구해 보세요.

(　　　　　　　　　　)

8-3 어떤 수에 0.35를 곱해야 할 것을 잘못하여 어떤 수에서 0.35를 뺐더니 0.17이 되었습니다. 바르게 계산한 값을 구해 보세요.

(　　　　　　　　　　)

4 단원

4회 18번

유형 9 수 카드로 곱이 가장 큰(작은) 곱셈식 만들기

수 카드 4장을 □ 안에 한 번씩만 써넣어 곱셈식을 만들려고 합니다. 계산 결과가 가장 큰 식을 만들고 계산해 보세요.

1　3　4　6

→ □.□ × □.□

(　　　　　　　　)

Tip 곱하는 두 소수의 자연수 부분이 클수록 계산 결과가 커져요.

9-1 수 카드 4장을 □ 안에 한 번씩만 써넣어 곱셈식을 만들려고 합니다. 계산 결과가 가장 작은 식을 만들고 계산해 보세요.

1　5　8　9

→ □.□ × □.□

(　　　　　　　　)

9-2 수 카드 4장을 □ 안에 한 번씩만 써넣어 곱셈식을 만들려고 합니다. 계산 결과가 가장 작은 식을 만들고 계산해 보세요.

2　3　6　8

→ 0.□□ × 0.□□

(　　　　　　　　)

3회 19번

유형 10 색칠한 부분의 넓이 구하기

직사각형 ㄱㄴㄷㄹ에서 색칠한 부분의 넓이는 몇 cm^2인지 구해 보세요.

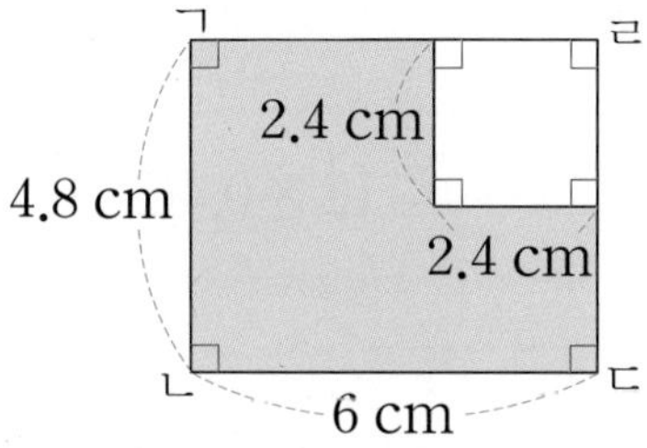

(　　　　　　　　)

Tip (색칠한 부분의 넓이)
=(직사각형 ㄱㄴㄷㄹ의 넓이)
−(색칠하지 않은 부분의 넓이)

10-1 직사각형 ㄱㄴㄷㄹ에서 색칠한 부분의 넓이는 몇 cm^2인지 구해 보세요.

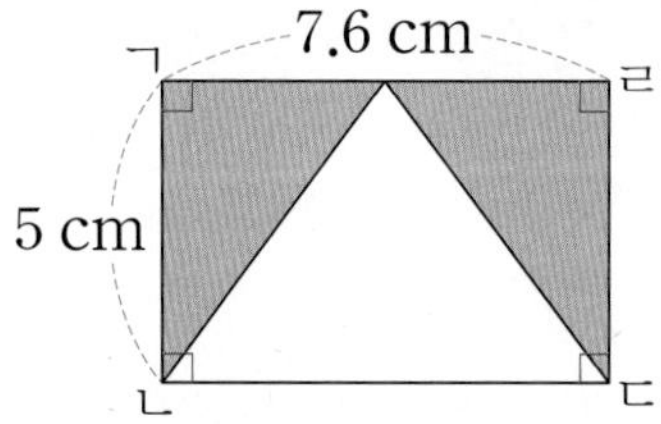

(　　　　　　　　)

10-2 직사각형 ㄱㄴㄷㄹ에서 색칠한 부분의 넓이는 몇 cm^2인지 구해 보세요.

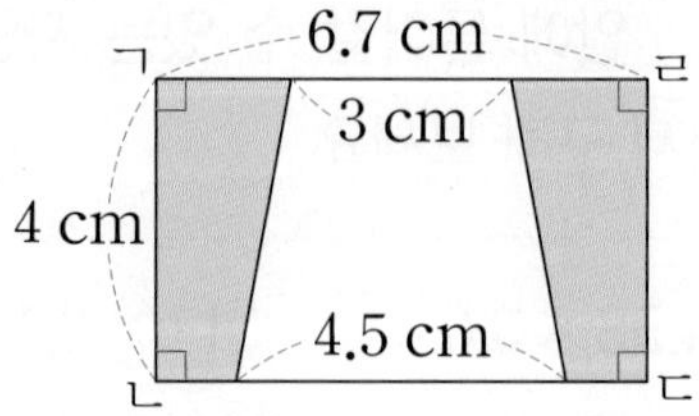

(　　　　　　　　)

1회 19번

유형 11 이어 붙인 색 테이프의 전체 길이 구하기

한 장의 길이가 12.6 cm인 색 테이프 15장을 3.1 cm씩 겹치도록 한 줄로 길게 이어 붙였습니다. 이어 붙인 색 테이프의 전체 길이는 몇 cm인지 구해 보세요.

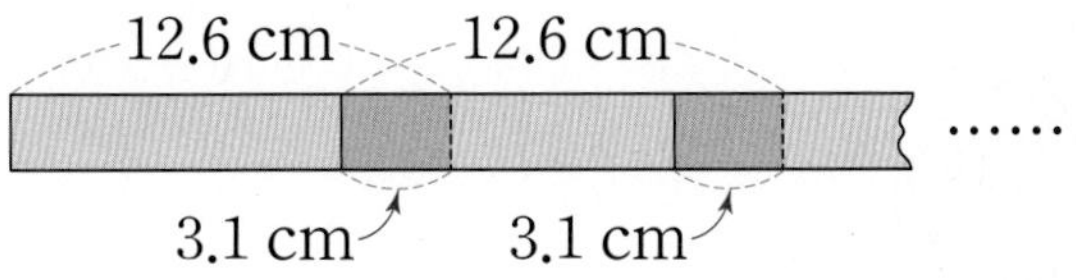

(　　　　　　　　)

Tip 색 테이프 ■장을 겹치게 이어 붙이면 겹쳐진 부분은 (■−1)군데예요.

11-1 한 장의 길이가 9.4 cm인 색 테이프 12장을 1.72 cm씩 겹치도록 한 줄로 길게 이어 붙였습니다. 이어 붙인 색 테이프의 전체 길이는 몇 cm인지 구해 보세요.

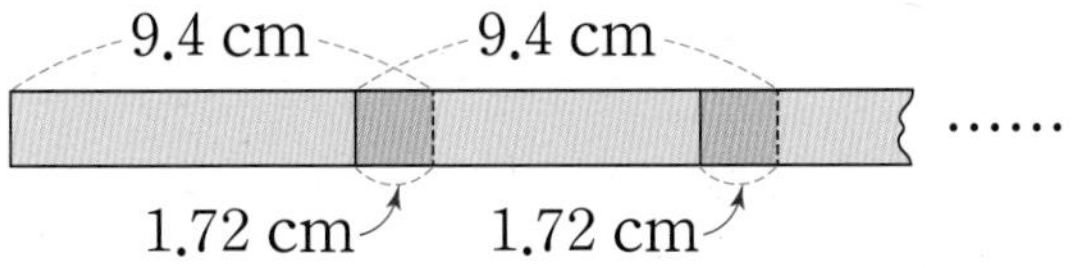

(　　　　　　　　)

11-2 길이가 같은 색 테이프 10장을 0.6 cm씩 겹치도록 한 줄로 길게 이어 붙였더니 이어 붙인 색 테이프의 전체 길이가 37.6 cm였습니다. 색 테이프 한 장의 길이는 몇 cm인지 구해 보세요.

(　　　　　　　　)

2회 20번

유형 12 연료의 양 구하기

1 km를 가는 데 0.08 L의 휘발유를 사용하는 자동차가 있습니다. 이 자동차가 한 시간에 70 km를 가는 빠르기로 2시간 45분 동안 갔다면 사용한 휘발유는 몇 L인지 구해 보세요.

(　　　　　　　　)

Tip 2시간 45분$=2\frac{45}{60}$시간$=2\frac{3}{4}$시간

$=2\frac{75}{100}$시간$=2.75$시간

12-1 1 km를 가는 데 0.65 L의 휘발유를 사용하는 트럭이 있습니다. 이 트럭이 한 시간에 64 km를 가는 빠르기로 1시간 48분 동안 갔다면 사용한 휘발유는 몇 L인지 구해 보세요.

(　　　　　　　　)

12-2 1 km를 가는 데 3.2 L의 연료를 사용하는 모터배가 있습니다. 이 배가 한 시간에 50.4 km를 가는 빠르기로 3시간 30분 동안 갔다면 사용한 연료는 몇 L인지 구해 보세요.

(　　　　　　　　)

12-3 한 시간에 2.25 L의 기름이 필요한 난로가 있습니다. 이 난로를 하루에 4시간 12분씩 6일 동안 사용한다면 필요한 기름은 몇 L인지 구해 보세요.

(　　　　　　　　)

5

직육면체

개념정리 5단원 직육면체

개념 1 직육면체

◆ **직육면체**

직사각형 6개로 둘러싸인 도형을 **직육면체**라고 합니다.

◆ **직육면체의 구성 요소**

직육면체에서 선분으로 둘러싸인 부분을 **면**, 면과 면이 만나는 선분을 □, 모서리와 모서리가 만나는 점을 **꼭짓점**이라고 합니다.

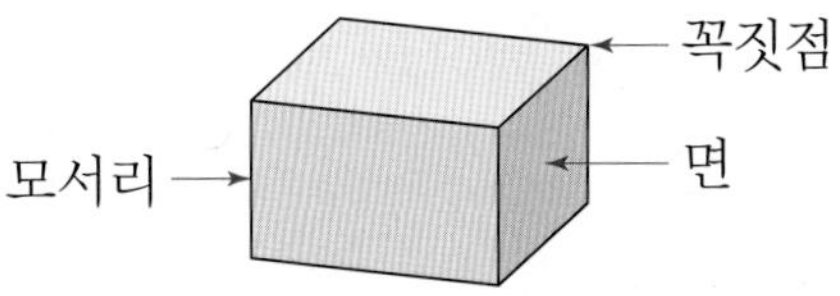

개념 2 정육면체

◆ **정육면체**

정사각형 6개로 둘러싸인 도형을 **정육면체**라고 합니다.

◆ **직육면체와 정육면체의 비교**

	면의 수	모서리의 수	꼭짓점의 수	면의 모양
직육면체	6개	12개	8개	직사각형
정육면체	6개	12개	□개	정사각형

같은 점 (면의 수, 모서리의 수, 꼭짓점의 수) / 다른 점 (면의 모양)

개념 3 직육면체의 겨냥도

직육면체의 모양을 알기 쉽게 나타낸 그림을 직육면체의 □(이)라고 합니다.

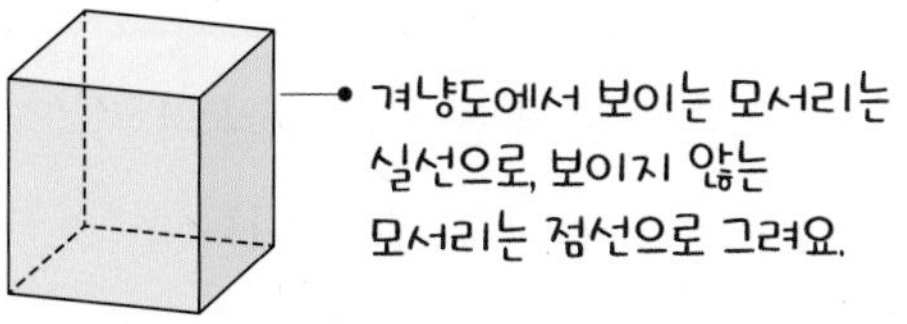

개념 4 직육면체의 성질

◆ **밑면과 옆면**

- 직육면체에서 계속 늘여도 만나지 않는 두 면을 서로 평행하다고 하고, 이 두 면을 직육면체의 □(이)라고 합니다.
- 직육면체에서 밑면과 만나는 면을 **옆면**이라고 하고, 옆면은 밑면과 수직으로 만납니다.

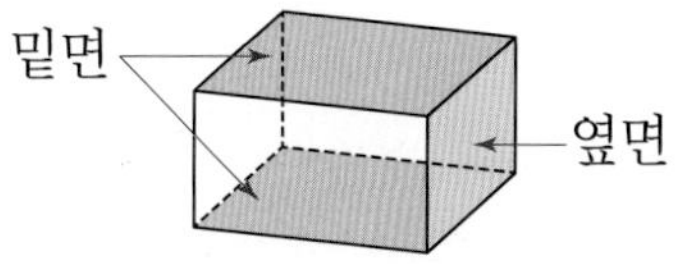

개념 5 정육면체의 전개도

정육면체의 모서리를 잘라서 평면 위에 펼쳐 놓은 그림을 정육면체의 □(이)라고 합니다.

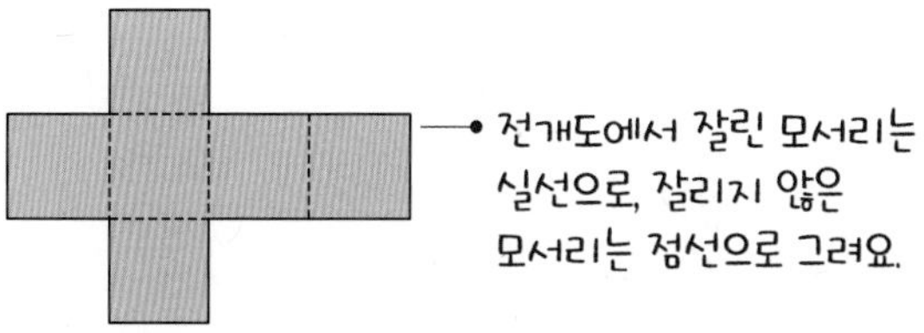

개념 6 직육면체의 전개도

◆ **직육면체의 전개도**

직육면체의 모서리를 잘라서 평면 위에 펼쳐 놓은 그림을 직육면체의 전개도라고 합니다.

◆ **전개도의 특징**

① 접었을 때 서로 겹치는 면이 없습니다.

② 접었을 때 서로 겹치는 선분은 길이가 같습니다.

③ 접었을 때 평행한 면이 □쌍이고, 서로 마주 보는 면은 모양과 크기가 같습니다.

정답 ❶ 모서리 ❷ 8 ❸ 겨냥도 ❹ 밑면 ❺ 전개도 ❻ 3

98~103쪽에서 같은 유형의 문제를 더 풀 수 있어요.

01~02 도형을 보고 물음에 답해 보세요.

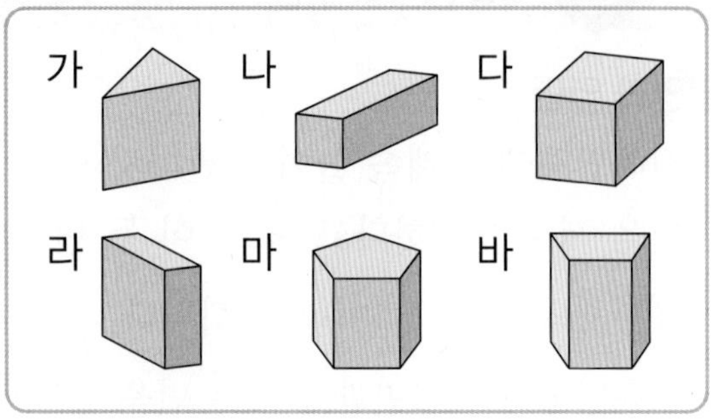

01 직육면체를 모두 찾아보세요.

(　　　　　　　　　　)

02 정육면체를 찾아보세요.

(　　　　　　　　　　)

03 □ 안에 직육면체의 각 부분의 이름을 알맞게 써넣으세요.

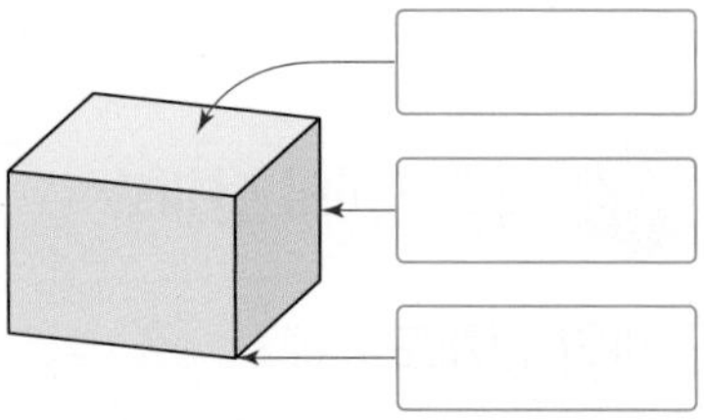

04 오른쪽 정육면체를 보고 빈칸에 알맞은 수를 써넣으세요.

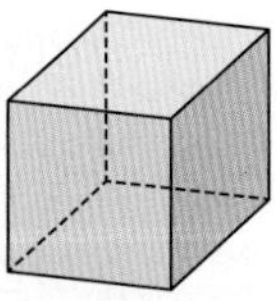

면의 수(개)	모서리의 수(개)	꼭짓점의 수(개)

05 직육면체에서 색칠한 면과 평행한 면을 찾아 색칠해 보세요.

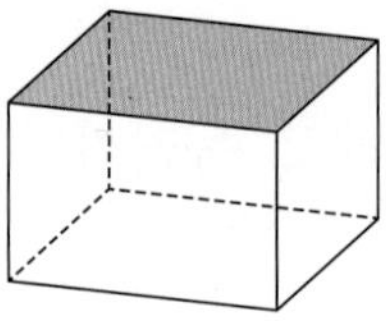

06 오른쪽 직육면체에서 면 ㄱㄴㄷㄹ과 수직인 면은 모두 몇 개인지 구해 보세요.

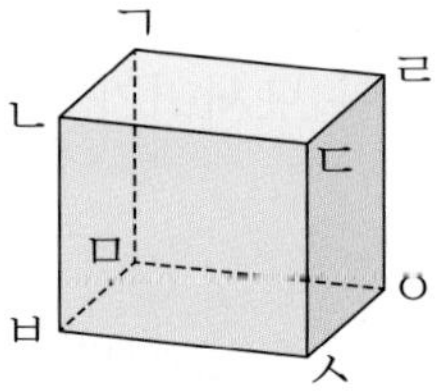

(　　　　　　　　　　)

07 정육면체의 전개도에 ○표 해 보세요.

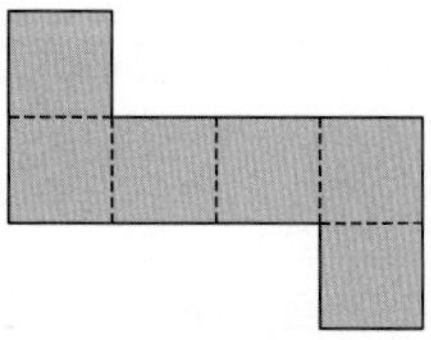

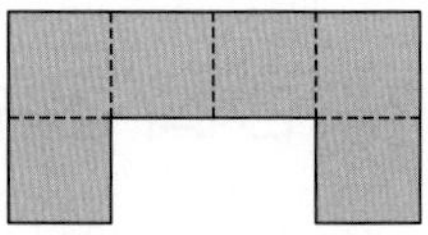

(　　　)　　　(　　　)

AI가 뽑은 정답률 낮은 문제

08 직육면체와 정육면체에 대한 설명입니다. 옳은 것에 ○표, 틀린 것에 ×표 해 보세요.

98쪽 유형 1

직육면체는 모서리의 길이가 모두 같습니다. (　　　)

정육면체는 모서리의 길이가 모두 같습니다. (　　　)

서술형

09 직육면체의 겨냥도를 잘못 그린 것입니다. 그 이유를 써 보세요.

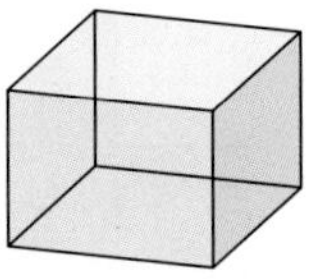

이유 ▶

____

____

____

10~11 직육면체의 전개도를 보고 물음에 답해 보세요.

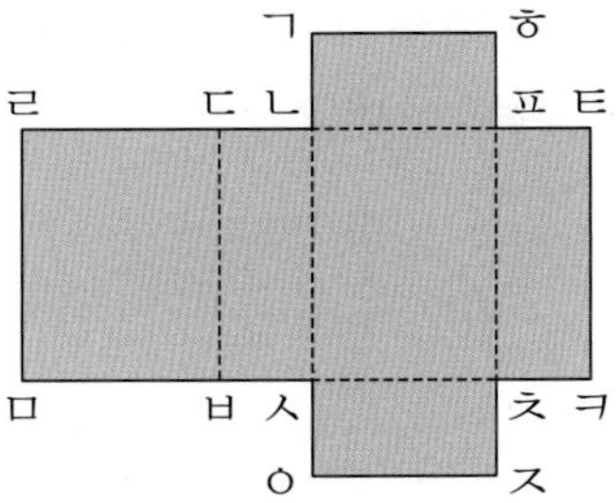

10 전개도를 접었을 때 점 ㅎ과 만나는 점을 모두 찾아 써 보세요.

( )

AI가 뽑은 정답률 낮은 문제

11 전개도를 접었을 때 선분 ㅁㅂ과 겹치는 선분을 찾아 써 보세요.

98쪽 유형 2

( )

12 오른쪽 직육면체의 전개도를 그린 것입니다. □ 안에 알맞은 수를 써넣으세요.

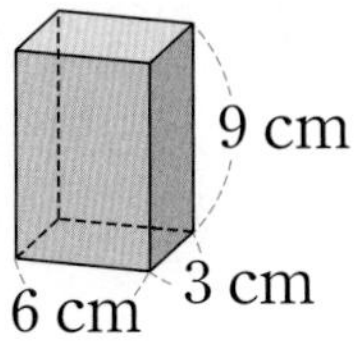

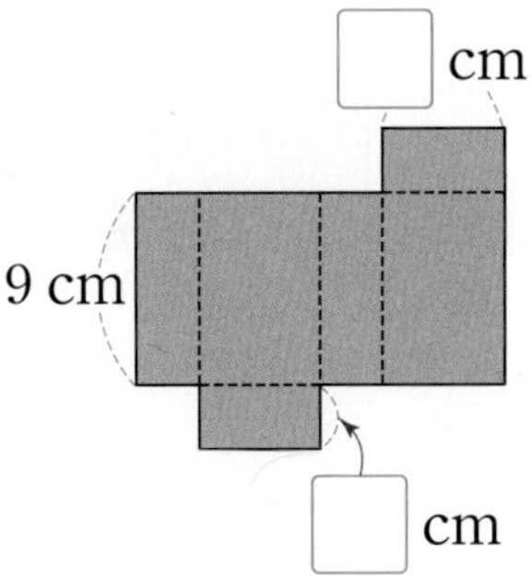

13 한 모서리의 길이가 2 cm인 정육면체의 전개도를 그려 보세요.

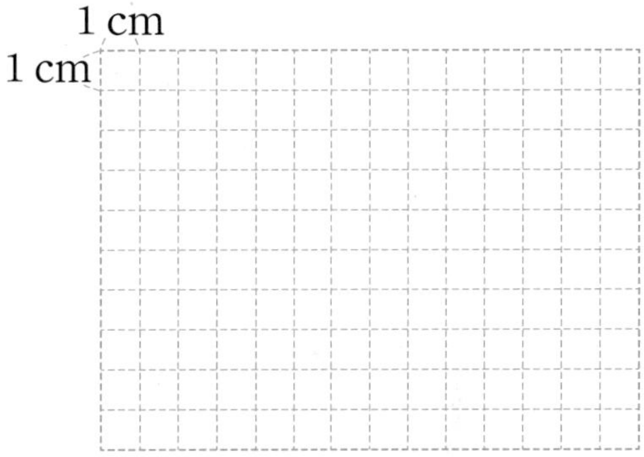

AI가 뽑은 정답률 낮은 문제

14 정육면체에서 보이지 않는 모서리의 길이의 합은 몇 cm인지 구해 보세요.

100쪽 유형 5

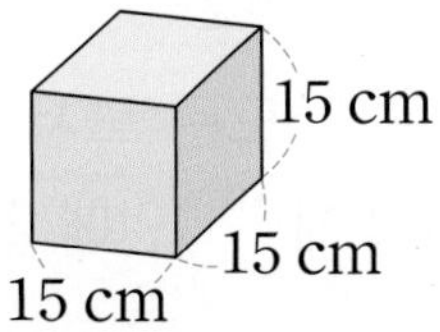

( )

서술형

15 직육면체에서 색칠한 면과 평행한 면의 모서리의 길이의 합은 몇 cm인지 풀이 과정을 쓰고 답을 구해 보세요.

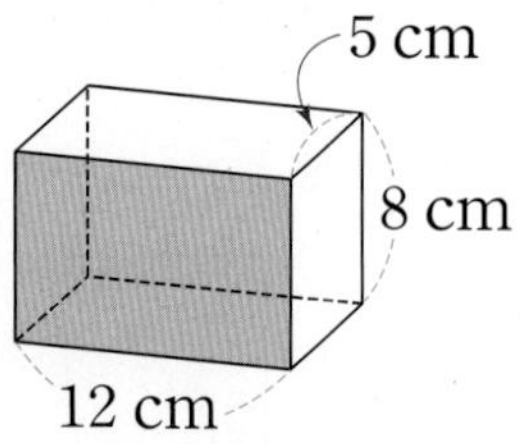

풀이

답

16 직육면체의 전개도에서 선분 ㄱㄷ의 길이는 몇 cm인지 구해 보세요.

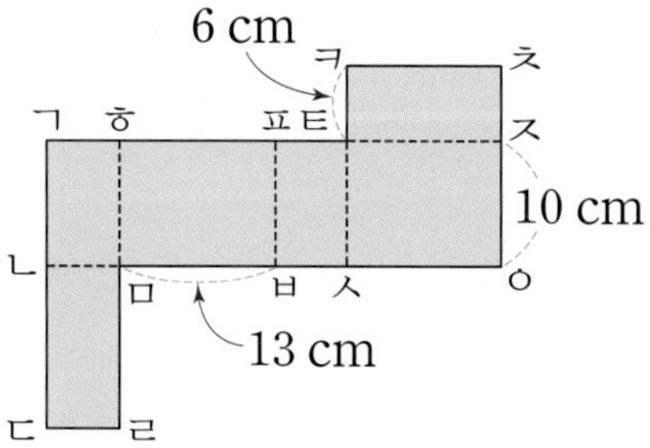

( )

AI가 뽑은 정답률 낮은 문제

17 직육면체의 모든 모서리의 길이의 합이 92 cm일 때, □ 안에 알맞은 수를 써넣으세요.

101쪽 유형 8

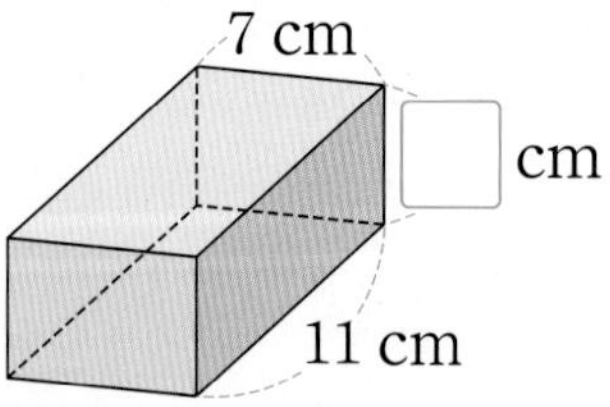

18 전개도를 접어서 만든 정육면체를 찾아보세요.

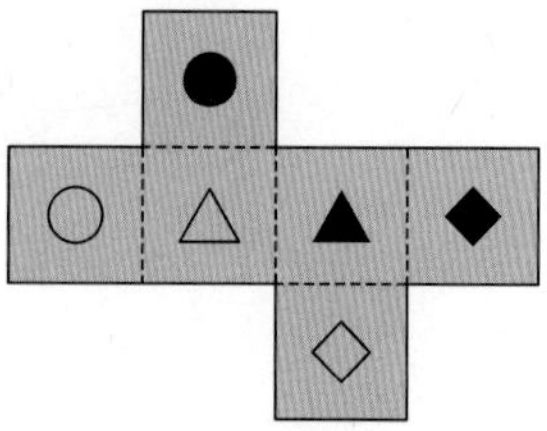

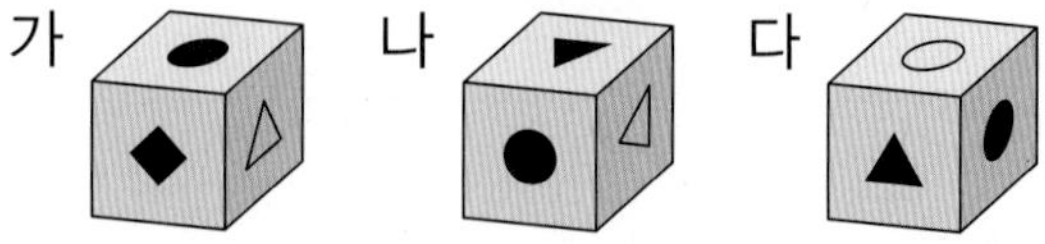

( )

19 다음과 같은 직육면체를 빈틈없이 여러 개 쌓아서 가장 작은 정육면체를 만들었습니다. 만든 정육면체의 한 모서리의 길이는 몇 cm지 구해 보세요.

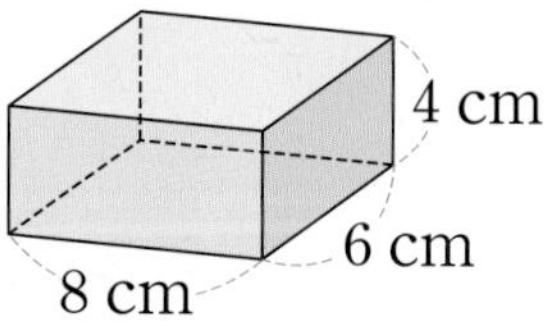

( )

AI가 뽑은 정답률 낮은 문제

20 그림과 같이 직육면체의 겨냥도에 선을 그었습니다. 겨냥도를 보고 직육면체의 전개도에 나머지 선을 그어 보세요.

103쪽 유형 11

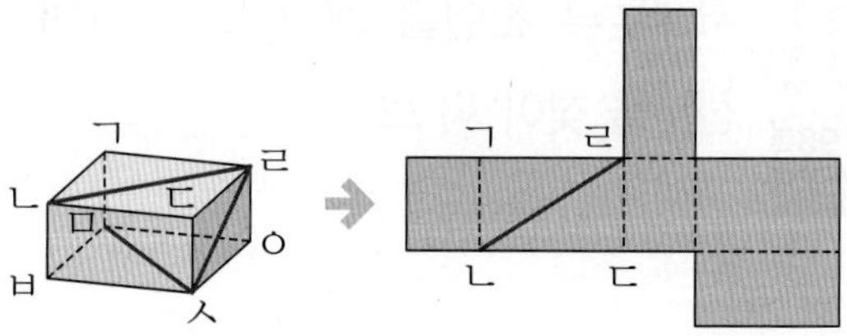

점수

98~103쪽에서 같은 유형의 문제를 더 풀 수 있어요.

01 오른쪽 그림을 보고 [ ] 안에 알맞은 말을 써넣으세요.

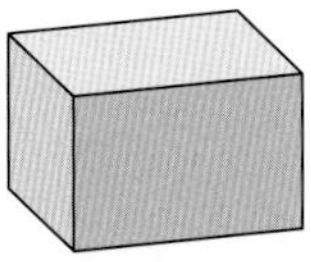

직사각형 6개로 둘러싸인 도형을 [ ](이)라고 합니다.

02 정육면체를 찾아 ○표 해 보세요.

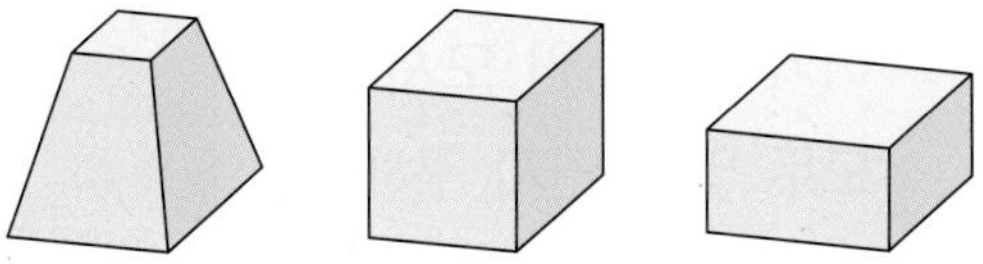

( ) ( ) ( )

03 직육면체의 면이 될 수 있는 도형을 모두 찾아 기호를 써 보세요.

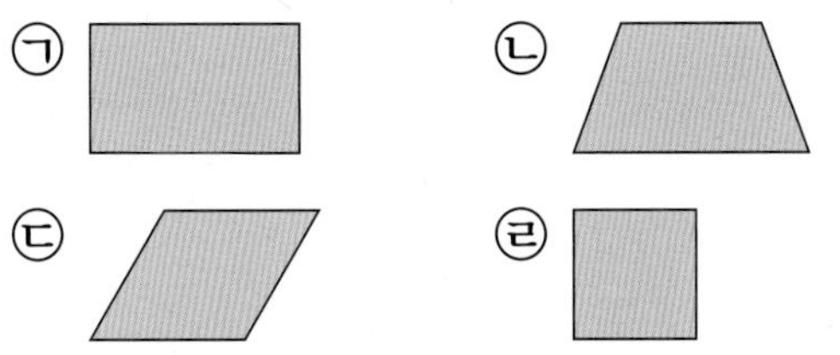

( )

04 오른쪽 직육면체를 보고 꼭짓점은 모두 몇 개인지 구해 보세요.

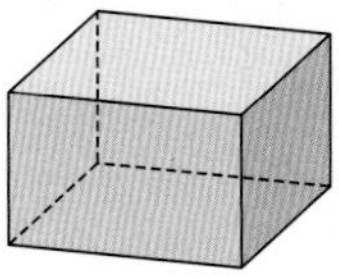

( )

05~06 직육면체를 보고 물음에 답해 보세요.

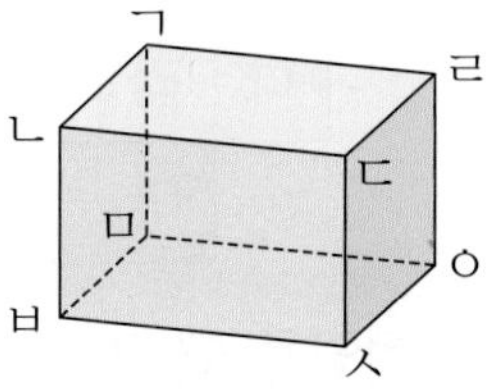

05 면 ㄴㅂㅅㄷ과 평행한 면을 찾아 써 보세요.

( )

06 면 ㄷㅅㅇㄹ과 수직인 면이 아닌 것은 어느 것인가요? ( )

① 면 ㄱㄴㄷㄹ　② 면 ㄴㅂㅅㄷ
③ 면 ㄱㅁㅇㄹ　④ 면 ㄴㅂㅁㄱ
⑤ 면 ㅁㅂㅅㅇ

07 정육면체의 겨냥도를 바르게 그린 것을 찾아보세요.

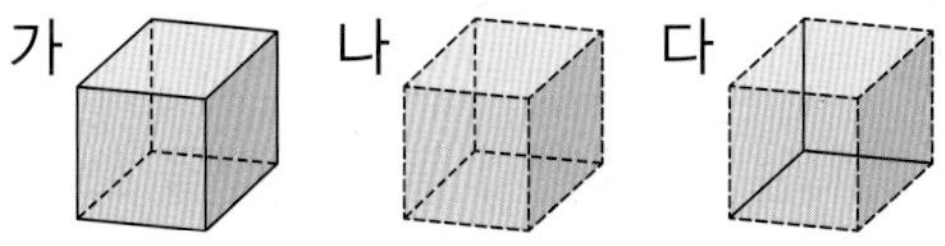

( )

08 정육면체를 보고 [ ] 안에 알맞은 수를 써넣으세요.

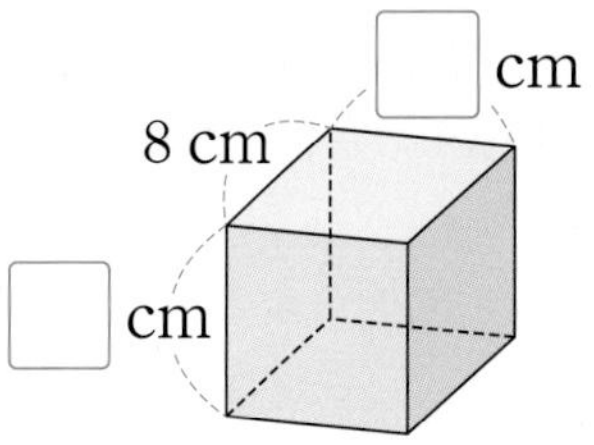

09~10 정육면체의 전개도를 보고 물음에 답해 보세요.

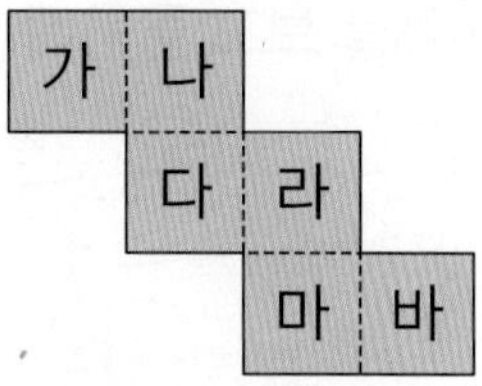

09 전개도를 접었을 때 면 나와 평행한 면을 찾아 써 보세요.

(　　　　　　　　　　)

10 전개도를 접었을 때 면 가와 수직인 면을 모두 찾아 써 보세요.

(　　　　　　　　　　)

AI가 뽑은 정답률 낮은 문제　　서술형

11 직육면체의 겨냥도에서 보이지 않는 모서리의 수와 보이지 않는 꼭짓점의 수의 차는 몇 개인지 풀이 과정을 쓰고 답을 구해 보세요.

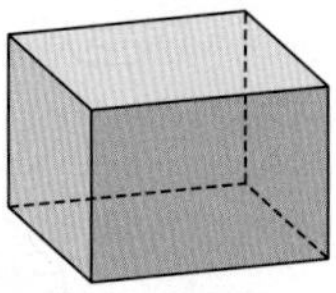

99쪽 유형 3

풀이

답

12 연주는 모양과 크기가 같은 면이 4개인 직육면체를 가지고 있습니다. 연주가 가지고 있는 직육면체를 찾아보세요.

가

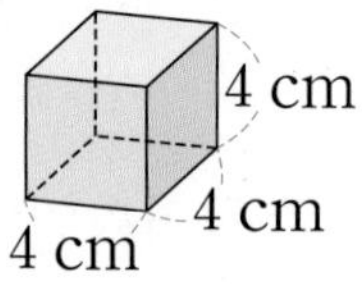

나

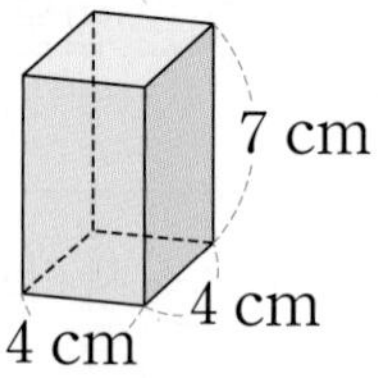

(　　　　　　　　　　)

13 오른쪽 직육면체에서 길이가 6 cm인 모서리는 모두 몇 개인지 구해 보세요.

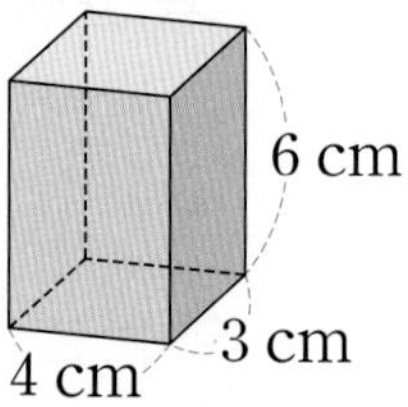

(　　　　　　　　　　)

14 오른쪽 직육면체의 전개도를 그려 보세요.

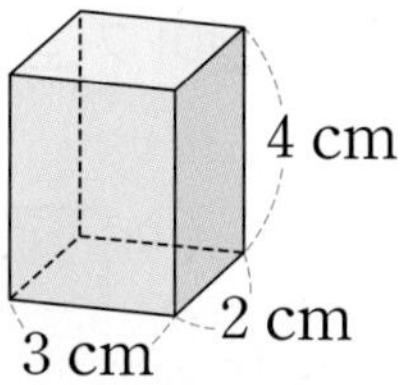

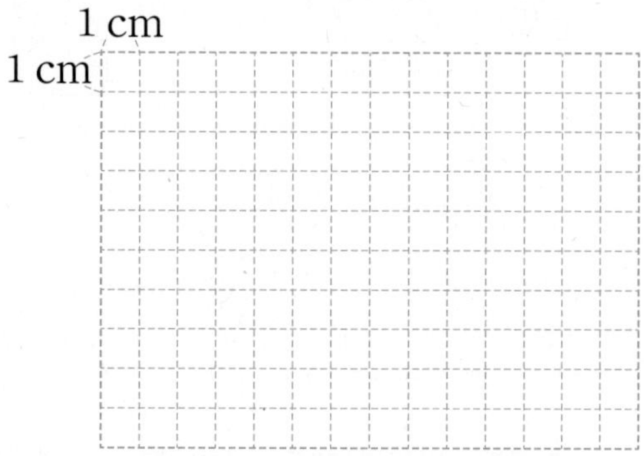

AI가 뽑은 정답률 낮은 문제

15 오른쪽 정육면체의 모든 모서리의 길이의 합은 몇 cm인지 구해 보세요.

100쪽 유형 6

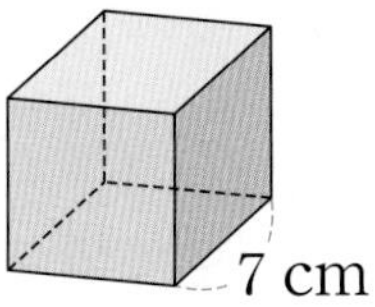

(　　　　　　　　)

서술형

16 직육면체의 전개도를 접었을 때 면 ㅂㅅㅇㅈ과 평행한 면의 넓이는 몇 cm^2인지 풀이 과정을 쓰고 답을 구해 보세요.

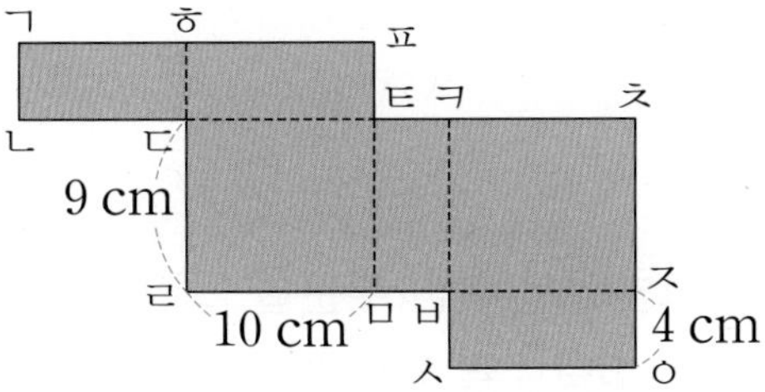

풀이

답

AI가 뽑은 정답률 낮은 문제

17 주사위에서 서로 평행한 두 면의 눈의 수의 합은 7입니다. 주사위의 전개도의 빈 곳에 주사위의 눈을 알맞게 그려 보세요.

101쪽 유형 7

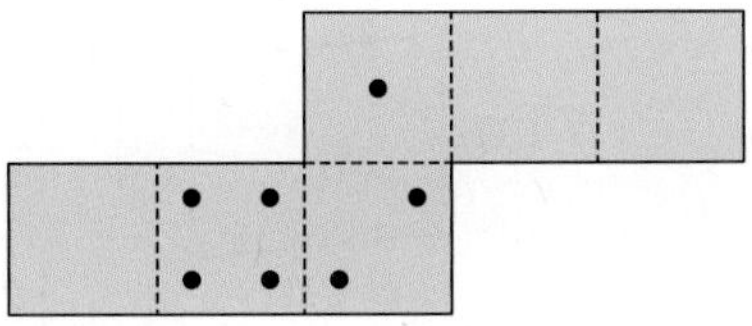

18 직육면체의 면 ㉠과 정육면체의 면 ㉡의 모서리의 길이의 합의 차는 몇 cm인지 구해 보세요.

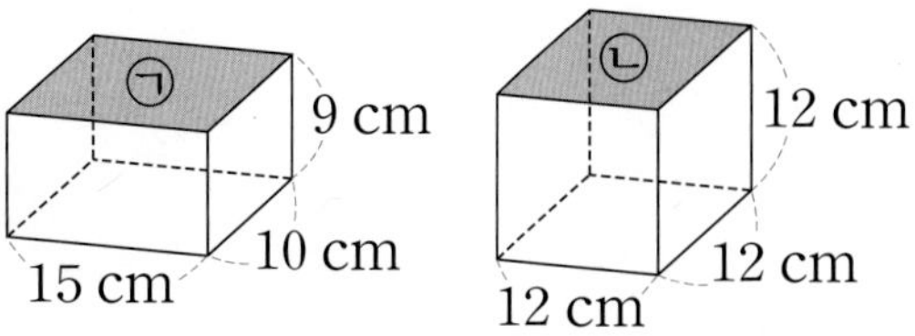

(　　　　　　　　)

AI가 뽑은 정답률 낮은 문제

19 직육면체 모양의 상자를 그림과 같이 끈으로 묶었습니다. 매듭으로 사용한 끈의 길이가 35 cm일 때, 상자를 묶는 데 사용한 끈의 길이는 모두 몇 cm인지 구해 보세요.

102쪽 유형 10

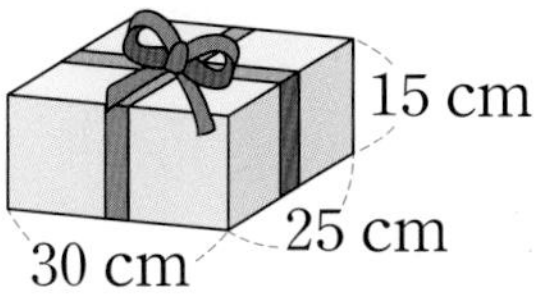

(　　　　　　　　)

AI가 뽑은 정답률 낮은 문제

20 직육면체의 전개도의 둘레는 몇 cm인지 구해 보세요.

103쪽 유형 12

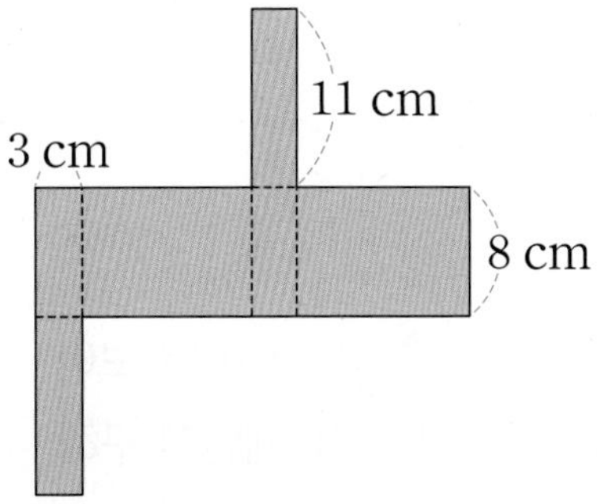

(　　　　　　　　)

5 단원

점수

98~103쪽에서 같은 유형의 문제를 더 풀 수 있어요.

01~02 도형을 보고 물음에 답해 보세요.

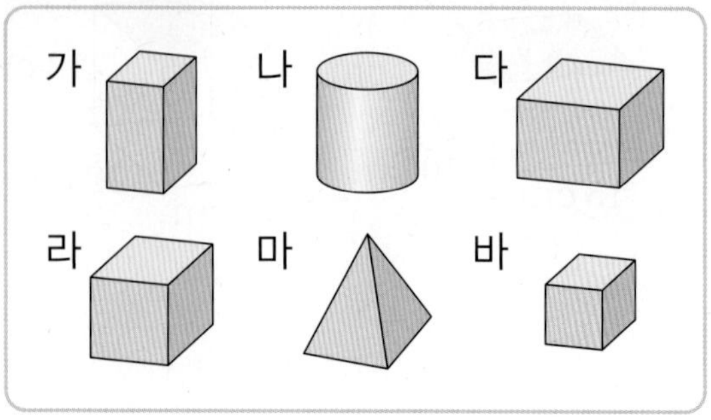

01 직육면체는 모두 몇 개인지 구해 보세요.

(　　　　　　　　　)

02 정육면체는 모두 몇 개인지 구해 보세요.

(　　　　　　　　　)

03 직육면체에서 면, 모서리, 꼭짓점을 나타내는 것을 각각 찾아 기호를 써 보세요.

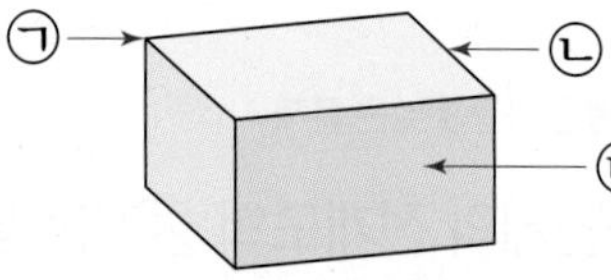

면	모서리	꼭짓점

04 직육면체의 겨냥도에서 보이지 않는 면은 몇 개인지 구해 보세요.

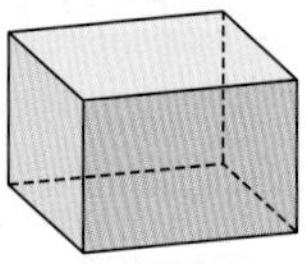

(　　　　　　　　　)

05 오른쪽 직육면체에서 색칠한 면과 평행한 면을 바르게 색칠한 것을 찾아 기호를 써 보세요.

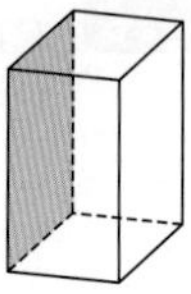

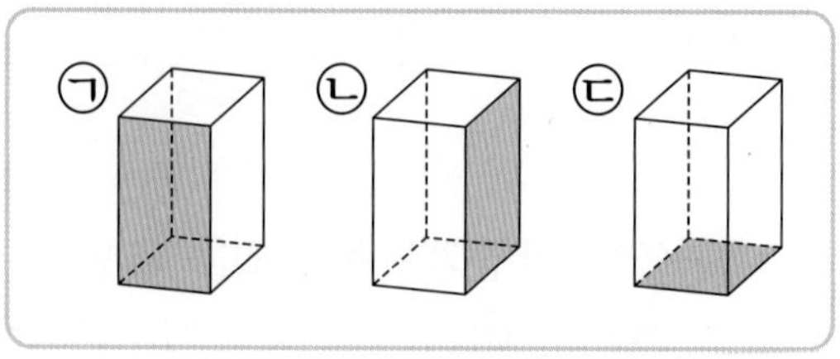

(　　　　　　　　　)

06 그림에서 빠진 부분을 그려 넣어 직육면체의 겨냥도를 완성해 보세요.

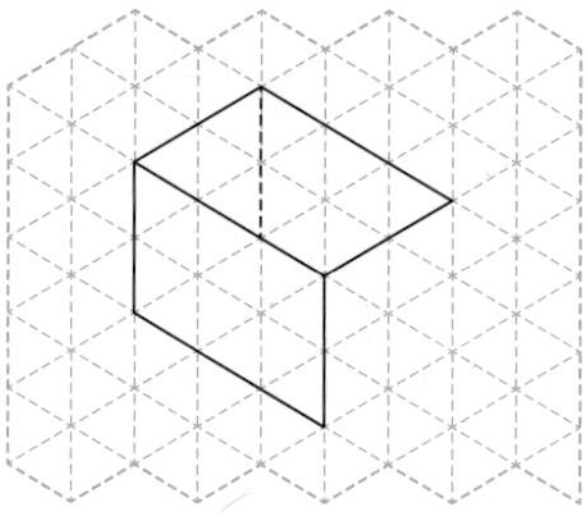

07 직육면체를 보고 □ 안에 알맞은 수를 써넣으세요.

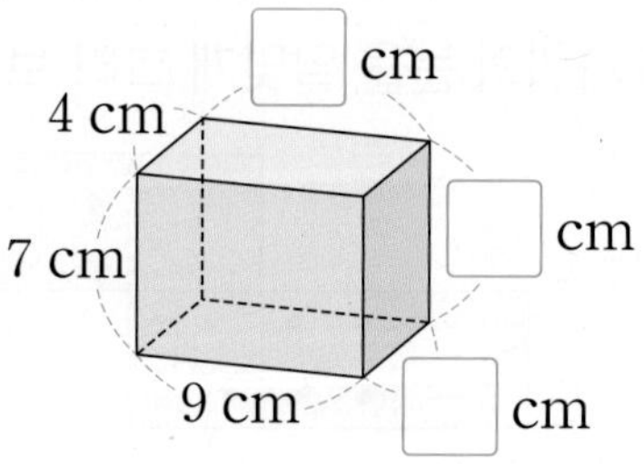

서술형

08 다음 그림이 정육면체의 전개도가 아닌 이유를 써 보세요.

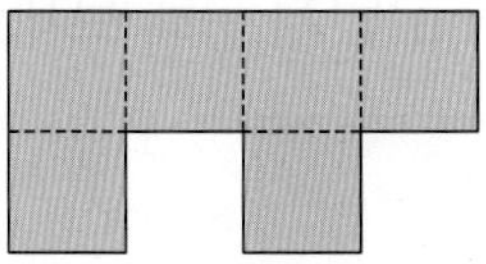

이유 ▶

11 직육면체에 대한 설명으로 틀린 것을 찾아 기호를 써 보세요.

㉠ 서로 평행한 면은 모두 3쌍입니다.
㉡ 한 꼭짓점에서 만나는 면은 모두 3개입니다.
㉢ 한 면과 수직으로 만나는 면은 모두 2개입니다.

(　　　　　　　　)

09~10 직육면체의 전개도를 보고 물음에 답해 보세요.

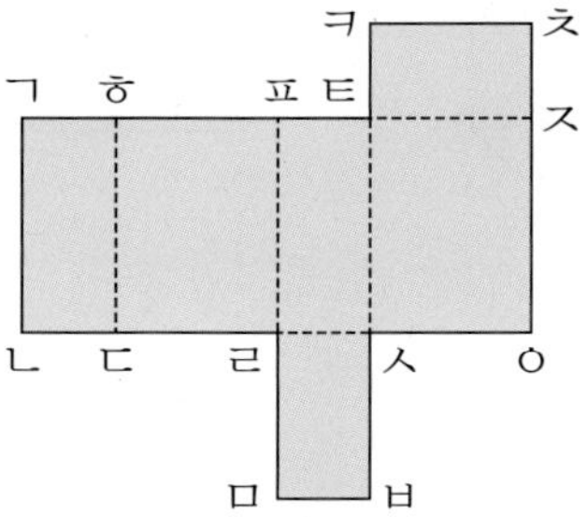

09 전개도를 접었을 때 면 ㄱㄴㄷㅎ과 평행한 면을 찾아 써 보세요.

(　　　　　　　　)

AI가 뽑은 정답률 낮은 문제

10 전개도를 접었을 때 선분 ㅁㅂ과 겹치는 선분을 찾아 써 보세요.

98쪽 유형 2

(　　　　　　　　)

AI가 뽑은 정답률 낮은 문제

12 직육면체의 겨냥도에서 보이지 않는 면의 수와 보이는 꼭짓점의 수의 합은 몇 개인지 구해 보세요.

99쪽 유형 3

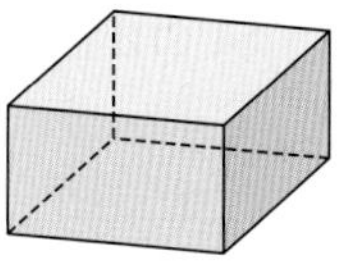

(　　　　　　　　)

13 오른쪽 정육면체에서 색칠한 면의 둘레는 몇 cm인지 구해 보세요.

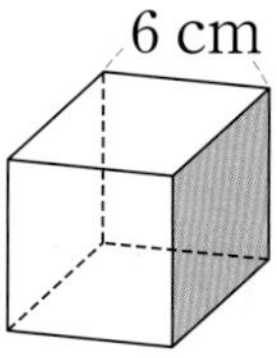

(　　　　　　　　)

AI가 뽑은 정답률 낮은 문제

14 주사위에서 서로 평행한 두 면의 눈의 수의 합은 7입니다. 눈의 수가 6인 면과 수직인 면들의 눈의 수를 모두 구해 보세요.

99쪽 유형 4

(　　　　　　　　)

15 직육면체 모양의 나무토막을 잘라서 만들 수 있는 가장 큰 정육면체의 한 모서리의 길이는 몇 cm인지 구해 보세요.

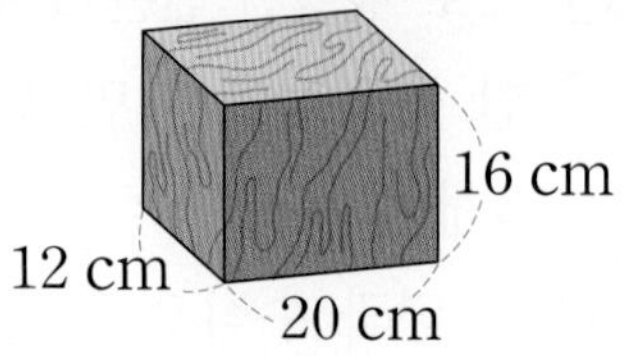

(　　　　　　　　　　)

AI가 뽑은 정답률 낮은 문제　서술형

16 직육면체의 모든 모서리의 길이의 합은 몇 cm인지 풀이 과정을 쓰고 답을 구해 보세요.

100쪽 유형 6

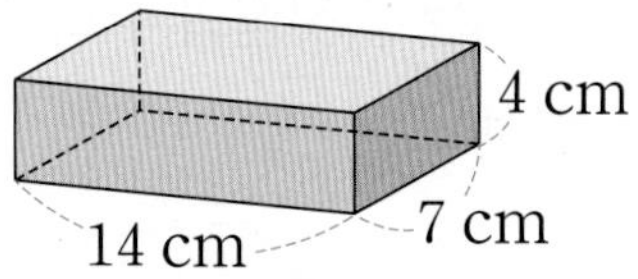

풀이 ▶

답 ▶

17 직육면체의 전개도에서 선분 ㄱㄴ의 길이가 32 cm일 때, □ 안에 알맞은 수를 써넣으세요.

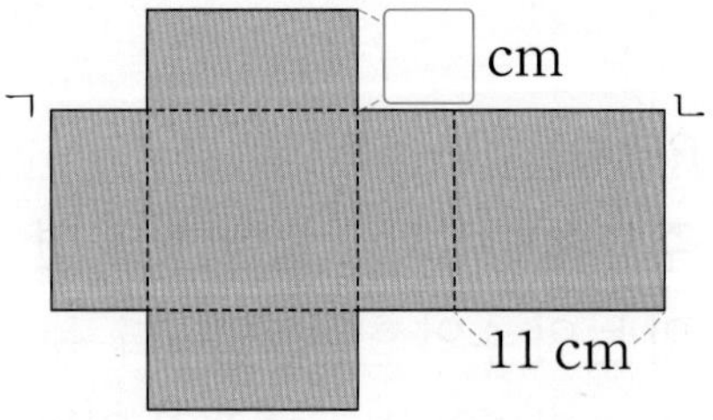

AI가 뽑은 정답률 낮은 문제

18 어떤 직육면체를 앞과 옆에서 본 모양입니다. 이 직육면체를 위에서 본 모양의 둘레는 몇 cm인지 구해 보세요.

102쪽 유형 9

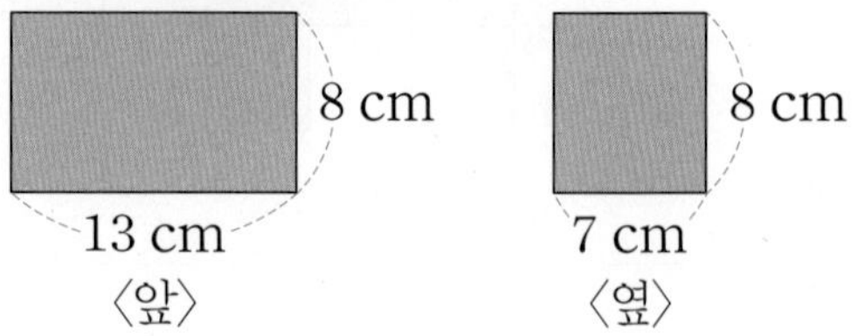

(　　　　　　　　　　)

AI가 뽑은 정답률 낮은 문제

19 그림과 같이 정육면체의 겨냥도에 선을 그었습니다. 겨냥도를 보고 정육면체의 전개도에 나머지 선을 그어 보세요.

103쪽 유형 11

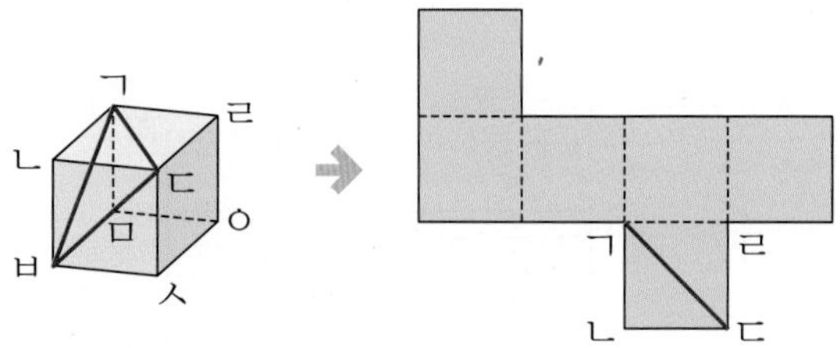

20 가로가 32 cm, 세로가 20 cm인 직사각형 모양의 종이에 직육면체의 전개도를 꼭 맞게 그린 다음 오려 내고 남은 것입니다. 이 전개도를 접어서 만든 직육면체의 세 모서리의 길이는 각각 몇 cm인지 구해 보세요.

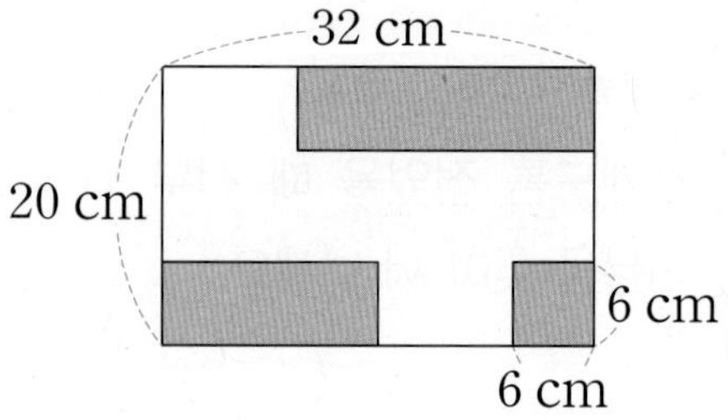

(　　　　　　　　　　)

98~103쪽에서 같은 유형의 문제를 더 풀 수 있어요.

01 오른쪽 그림과 같이 정사각형 6개로 둘러싸인 도형을 무엇이라고 하는지 써 보세요.

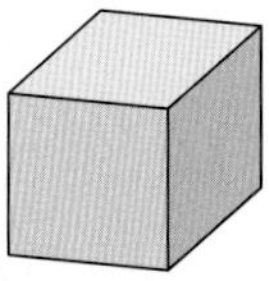

(　　　　　　　　　　)

02 직육면체를 모두 고르세요.

(　　　　　　　　　　)

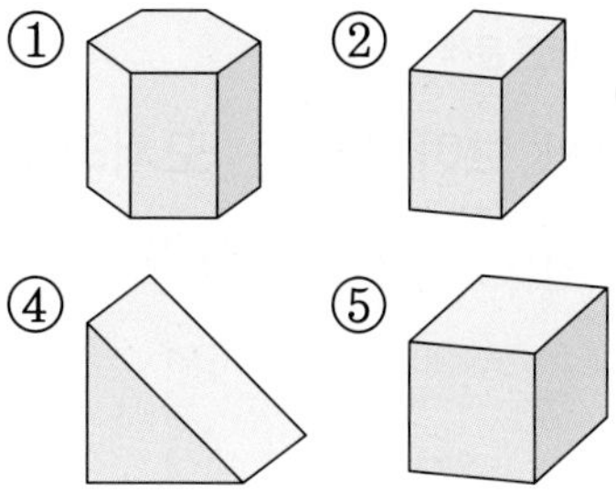

03 오른쪽 정육면체에서 보이는 면, 모서리, 꼭짓점의 수를 빈칸에 알맞게 써넣으세요.

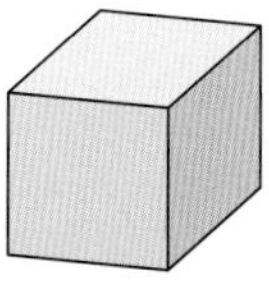

면의 수(개)	모서리의 수(개)	꼭짓점의 수(개)

04 직육면체에서 색칠한 면이 한 밑면일 때, 다른 밑면을 찾아 써 보세요.

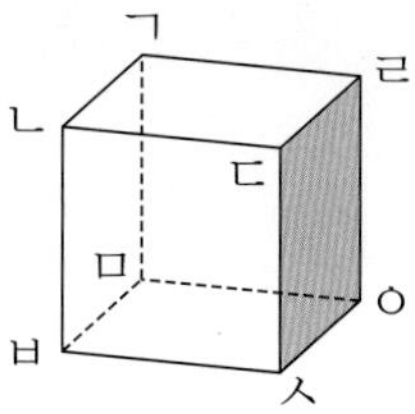

(　　　　　　　　　　)

05 직육면체에서 보이지 않는 모서리를 점선으로 그려 넣으세요.

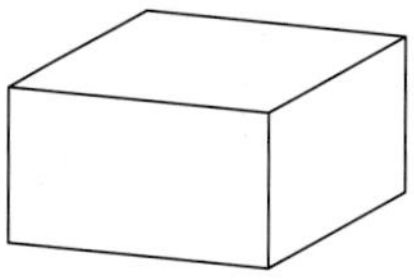

06 직육면체에서 서로 평행한 면은 모두 몇 쌍인지 구해 보세요.

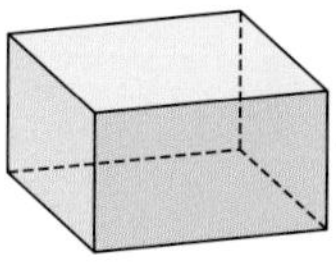

(　　　　　　　　　　)

07 전개도를 접어서 정육면체를 만들 때, 면 가와 만나지 않는 면을 찾아 써 보세요.

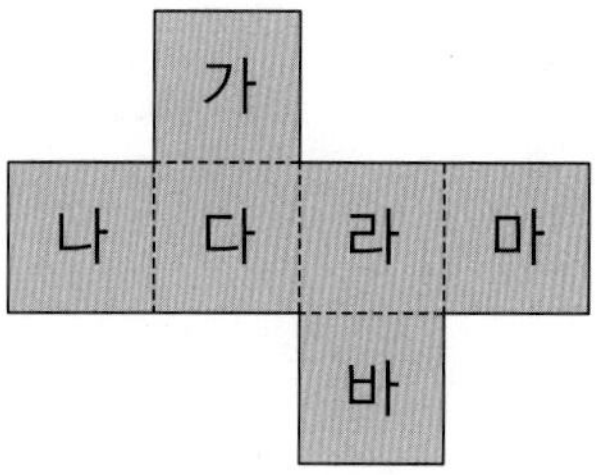

(　　　　　　　　　　)

08 전개도를 접어서 직육면체를 만들 때, 색칠한 면과 수직인 면을 모두 찾아 색칠해 보세요.

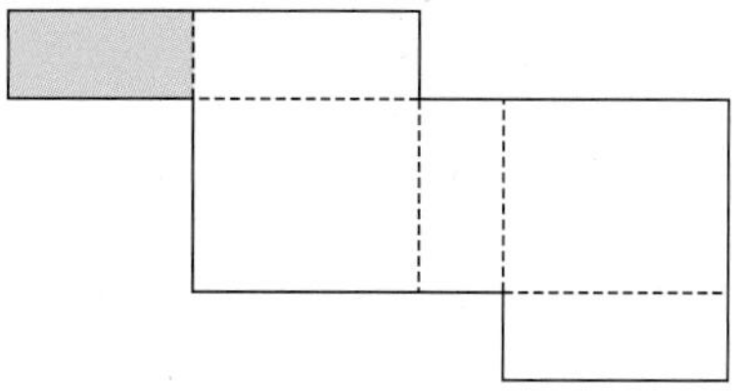

AI가 뽑은 정답률 낮은 문제 · 서술형

09 직육면체와 정육면체의 같은 점과 다른 점을 각각 써 보세요.

98쪽 유형 1

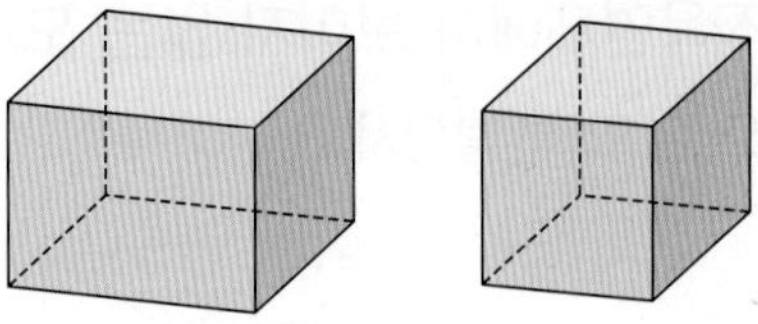

같은 점 ▶ ______________________

____

다른 점 ▶ ______________________

____

10 직육면체에서 모서리 ㄱㄴ과 길이가 같은 모서리를 모두 찾아 써 보세요.

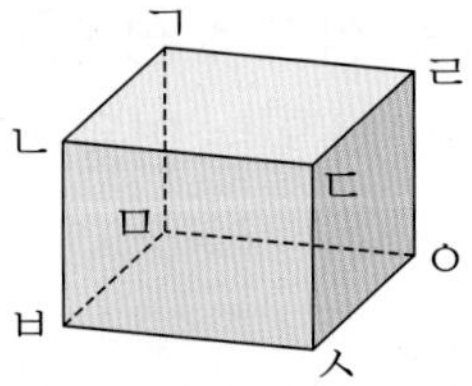

(   )

11 직육면체에서 면, 모서리, 꼭짓점의 수의 합은 모두 몇 개인지 구해 보세요.

(   )

12 직육면체의 전개도를 그린 것입니다. □ 안에 알맞은 기호를 써넣으세요.

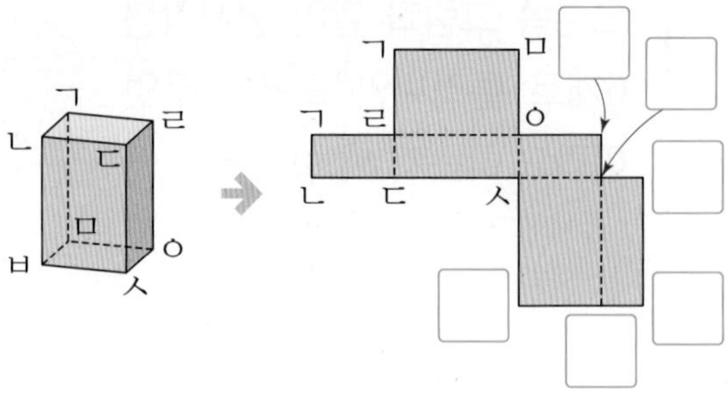

AI가 뽑은 정답률 낮은 문제

13 직육면체에서 보이지 않는 모서리의 길이의 합은 몇 cm인지 구해 보세요.

100쪽 유형 5

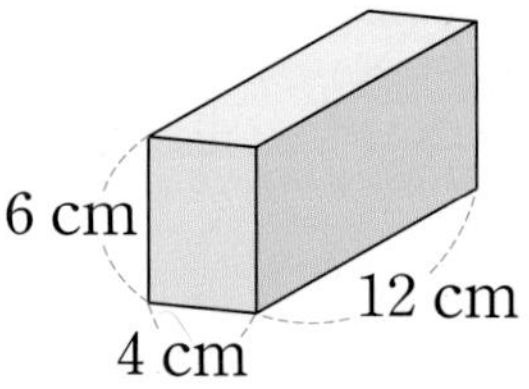

(   )

14 직육면체에서 색칠한 두 면에 공통으로 수직인 면을 모두 찾아 써 보세요.

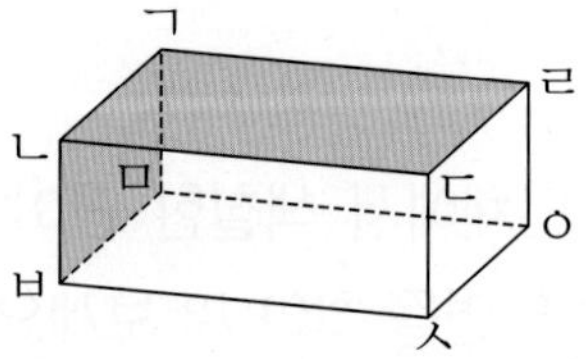

(   )

서술형

15 주사위에서 서로 평행한 두 면의 눈의 수의 합은 7입니다. 오른쪽 주사위에서 보이지 않는 면에 있는 눈의 수의 합은 얼마인지 풀이 과정을 쓰고 답을 구해 보세요.

풀이

답

AI가 뽑은 정답률 낮은 문제

16 직육면체의 모든 모서리의 길이의 합이 132 cm일 때, □ 안에 알맞은 수를 써넣으세요.

101쪽 유형 8

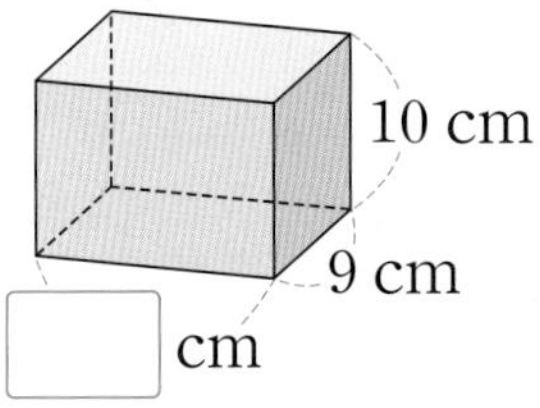

AI가 뽑은 정답률 낮은 문제

17 정육면체의 전개도의 둘레는 몇 cm인지 구해 보세요.

103쪽 유형 12

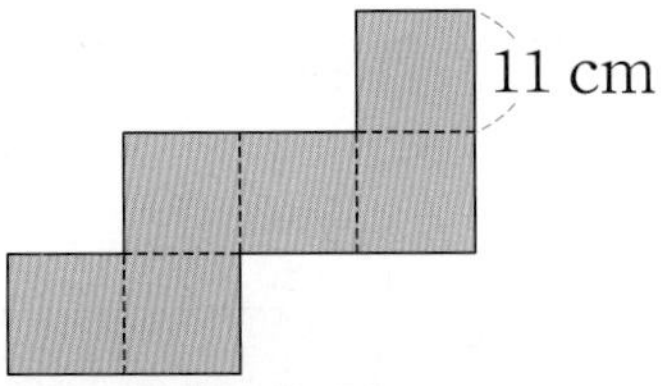

(   )

18 전개도를 접어서 만든 직육면체의 모든 모서리의 길이의 합은 몇 cm인지 구해 보세요.

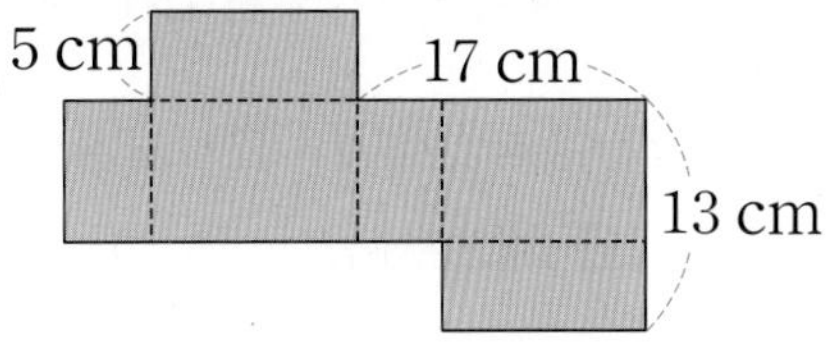

(   )

AI가 뽑은 정답률 낮은 문제

19 직육면체 모양의 상자를 그림과 같이 끈으로 묶었습니다. 사용한 끈의 길이가 모두 268 cm일 때, 매듭으로 사용한 끈의 길이는 몇 cm인지 구해 보세요.

102쪽 유형 10

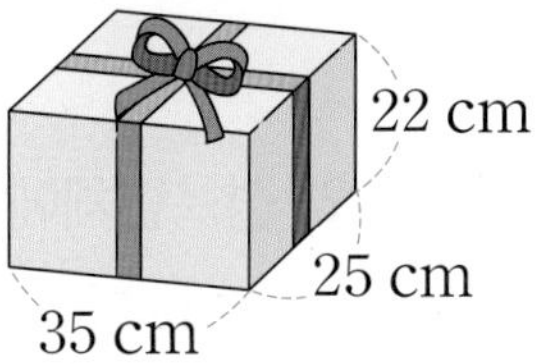

(   )

20 각 면에 1부터 6까지의 수가 쓰인 정육면체를 세 방향에서 본 것입니다. 5가 쓰인 면과 평행한 면에 쓰인 수는 무엇인지 구해 보세요. (단, 수가 쓰인 방향은 생각하지 않습니다.)

(   )

5 단원

1회 8번 4회 9번

유형 1 직육면체와 정육면체의 비교

직육면체와 정육면체에 대한 설명입니다. 옳은 것에 ○표 해 보세요.

직육면체의 면은 모양과 크기가 모두 같습니다. (   )

정육면체의 면은 모양과 크기가 모두 같습니다. (   )

Tip 직육면체는 직사각형 6개로 둘러싸인 도형이고, 정육면체는 정사각형 6개로 둘러싸인 도형이에요.

1-1 직육면체와 정육면체에 대한 설명입니다. 틀린 것에 ×표 해 보세요.

직육면체는 정육면체라고 할 수 있습니다. (   )

정육면체는 직육면체라고 할 수 있습니다. (   )

1-2 직육면체와 정육면체의 같은 점을 찾아 기호를 써 보세요.

㉠ 면이 모두 합동입니다.
㉡ 모서리의 길이가 모두 같습니다.
㉢ 꼭짓점이 8개입니다.

(   )

1회 11번 3회 10번

유형 2 전개도를 접었을 때 겹치는 선분 찾기

직육면체의 전개도를 접었을 때 선분 ㄱㅎ과 겹치는 선분을 찾아 써 보세요.

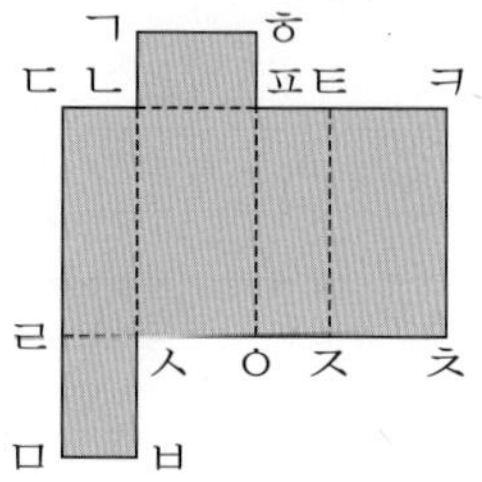

(   )

Tip 먼저 전개도를 접었을 때 만나는 점을 생각해요.

2-1 정육면체의 전개도를 접었을 때 선분 ㄱㄴ과 겹치는 선분을 찾아 써 보세요.

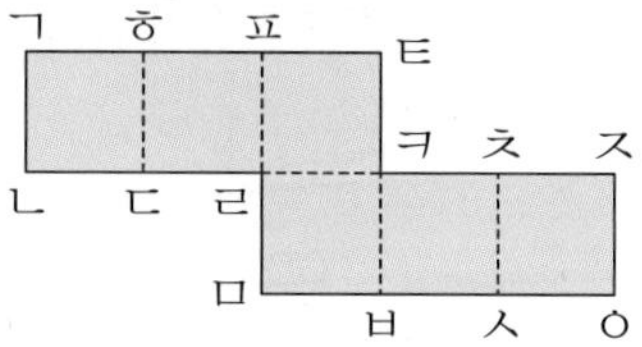

(   )

2-2 직육면체의 전개도를 접었을 때 선분 ㄷㄹ, 선분 ㅍㅎ과 겹치는 선분을 각각 찾아 써 보세요.

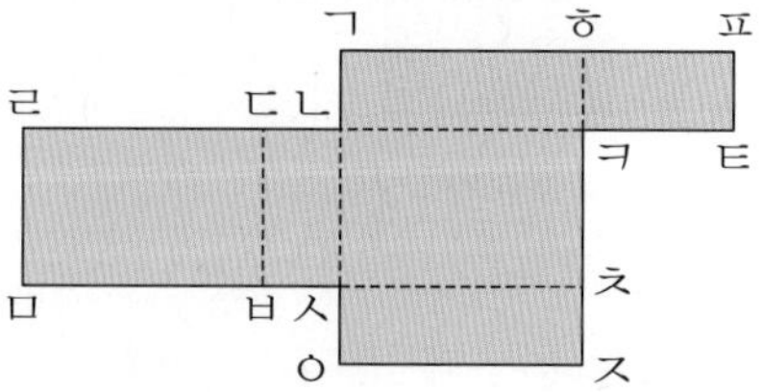

선분 ㄷㄹ (   )
선분 ㅍㅎ (   )

2회 11번 3회 12번

유형 3 구성 요소의 수의 합(차) 구하기

직육면체의 겨냥도에서 보이는 모서리의 수와 보이지 않는 모서리 수의 차는 몇 개인지 구해 보세요.

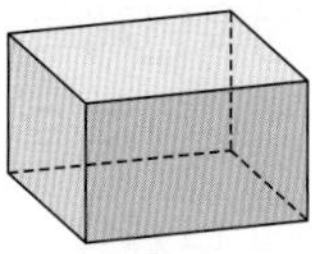

(   )

Tip

	보이는 부분	보이지 않는 부분
면의 수	3개	3개
모서리의 수	9개	3개
꼭짓점의 수	7개	1개

3-1 정육면체의 겨냥도에서 보이는 꼭짓점의 수와 보이지 않는 꼭짓점의 수의 차는 몇 개인지 구해 보세요.

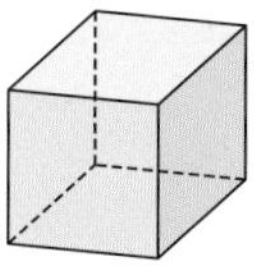

(   )

3-2 정육면체의 겨냥도에서 보이는 면의 수와 보이지 않는 모서리의 수의 합은 몇 개인지 구해 보세요.

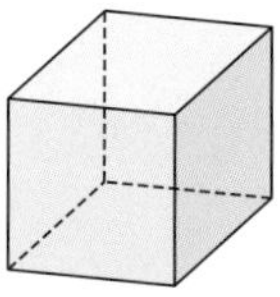

(   )

3-3 직육면체의 겨냥도에서 보이지 않는 면, 모서리, 꼭짓점의 수의 합은 몇 개인지 구해 보세요.

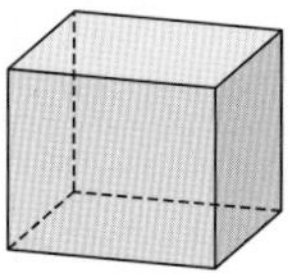

(   )

3회 14번

유형 4 주사위에서 수직인 면 찾기

주사위에서 서로 평행한 두 면의 눈의 수의 합은 7입니다. 눈의 수가 4인 면과 수직인 면들의 눈의 수를 모두 구해 보세요.

(   )

Tip 직육면체에서 수직인 면은 모두 4개예요.

4-1 주사위에서 서로 평행한 두 면의 눈의 수의 합은 7입니다. 눈의 수가 1인 면과 수직인 면들의 눈의 수를 모두 구해 보세요.

(   )

4-2 주사위에서 서로 평행한 두 면의 눈의 수의 합은 7입니다. 눈의 수가 2인 면과 수직인 면들의 눈의 수를 모두 구해 보세요.

(   )

4-3 주사위에서 서로 평행한 두 면의 눈의 수의 합은 7입니다. 눈의 수가 3인 면과 수직인 면 중에서 가장 큰 수와 가장 작은 수의 차는 얼마인지 구해 보세요.

(   )

1회 14번 4회 13번

유형 5 보이지 않는(보이는) 모서리의 길이의 합 구하기

직육면체에서 보이지 않는 모서리의 길이의 합은 몇 cm인지 구해 보세요.

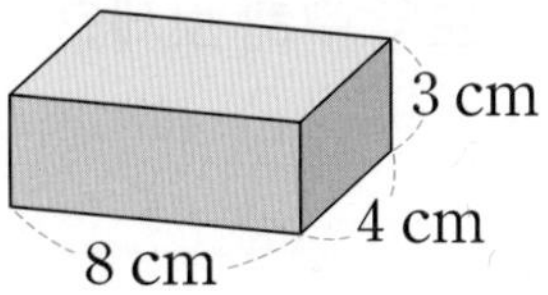

(　　　　　　　　)

Tip 직육면체에서 보이지 않는 모서리는 3개예요.

5-1 직육면체에서 보이지 않는 모서리의 길이의 합은 몇 cm인지 구해 보세요.

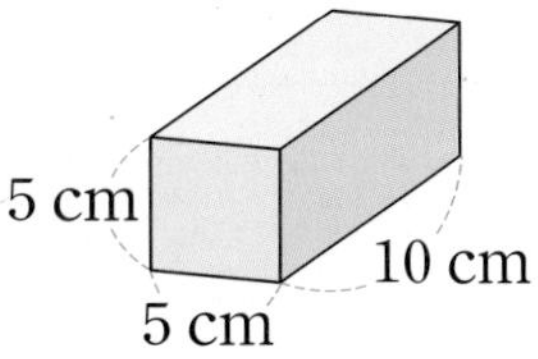

(　　　　　　　　)

5-2 정육면체에서 보이는 모서리의 길이의 합은 몇 cm인지 구해 보세요.

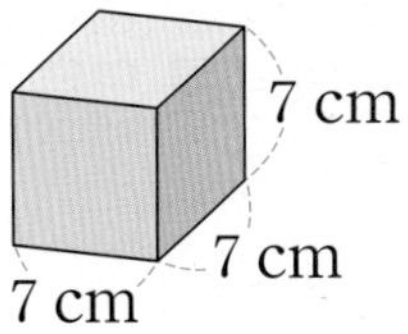

(　　　　　　　　)

5-3 직육면체에서 보이지 않는 모서리의 길이의 합이 25 cm일 때, 모든 모서리의 길이의 합은 몇 cm인지 구해 보세요.

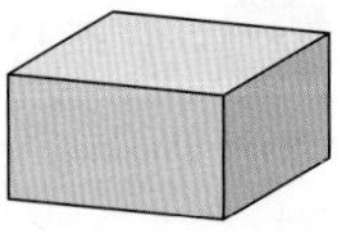

(　　　　　　　　)

2회 15번 3회 16번

유형 6 모든 모서리의 길이의 합 구하기

정육면체의 모든 모서리의 길이의 합은 몇 cm인지 구해 보세요.

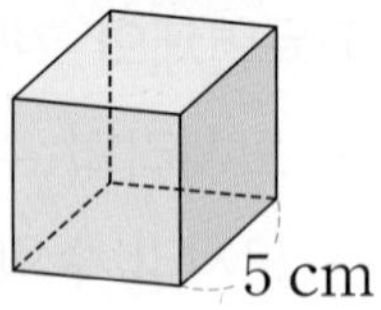

(　　　　　　　　)

Tip 정육면체에는 길이가 같은 모서리가 12개 있어요.

6-1 한 모서리의 길이가 11 cm인 정육면체의 모든 모서리의 길이의 합은 몇 cm인지 구해 보세요.

(　　　　　　　　)

6-2 직육면체의 모든 모서리의 길이의 합은 몇 cm인지 구해 보세요.

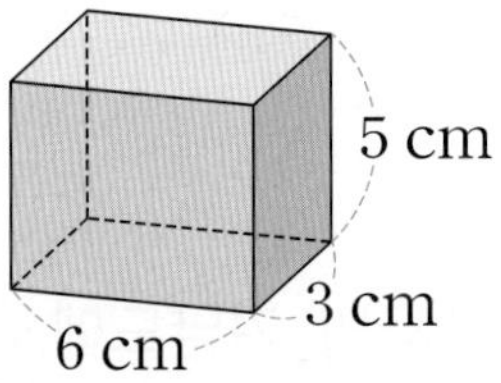

(　　　　　　　　)

6-3 직육면체 가와 정육면체 나 중에서 모든 모서리의 길이의 합이 더 긴 것을 찾아보세요.

가

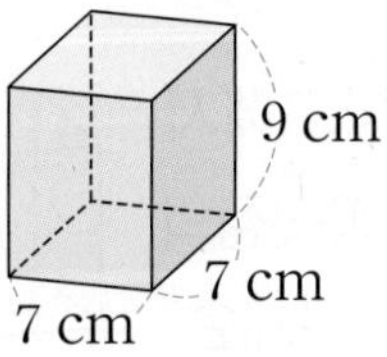

나

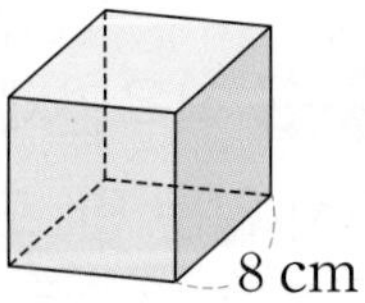

(　　　　　　　　)

2회 17번

유형 7 주사위의 전개도 완성하기

주사위에서 서로 평행한 두 면의 눈의 수의 합은 7입니다. 주사위의 전개도의 빈 곳에 주사위의 눈을 알맞게 그려 보세요.

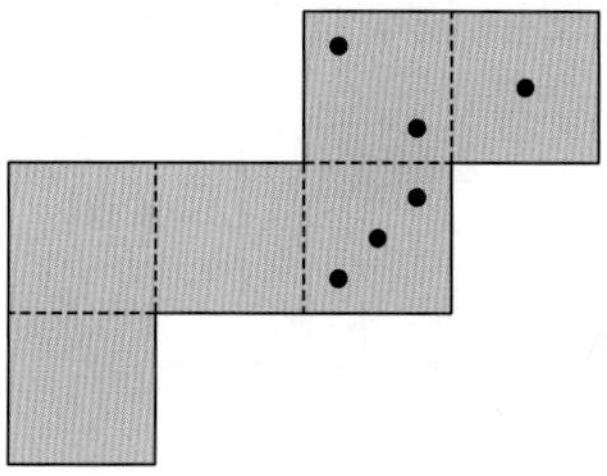

Tip 먼저 전개도를 접었을 때 서로 평행한 면을 찾아요.

7-1 주사위에서 서로 평행한 두 면의 눈의 수의 합은 7입니다. 주사위의 전개도의 빈 곳에 주사위의 눈을 알맞게 그려 보세요.

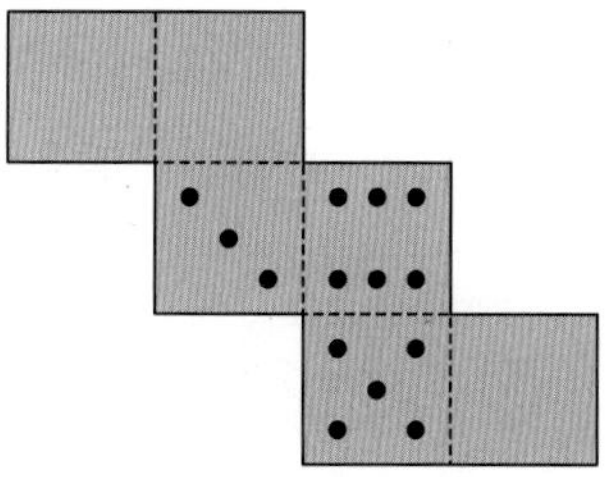

7-2 다음 정육면체의 전개도를 접었을 때 서로 평행한 두 면에 적힌 수의 합은 모두 같습니다. ㉠과 ㉡에 알맞은 수를 각각 구해 보세요.

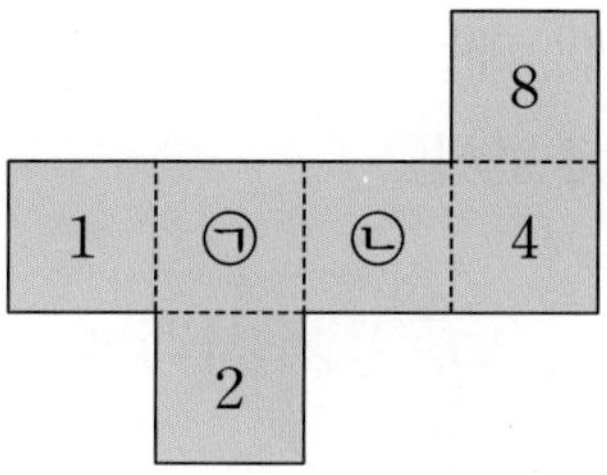

㉠ (　　　　　　　　)

㉡ (　　　　　　　　)

1회 17번 4회 16번

유형 8 한 모서리의 길이 구하기

모든 모서리의 길이의 합이 108 cm인 정육면체가 있습니다. 이 정육면체의 한 모서리의 길이는 몇 cm인지 구해 보세요.

(　　　　　　　　)

Tip 정육면체에는 길이가 같은 모서리가 12개 있어요.

8-1 직육면체의 모든 모서리의 길이의 합이 68 cm일 때, □ 안에 알맞은 수를 써넣으세요.

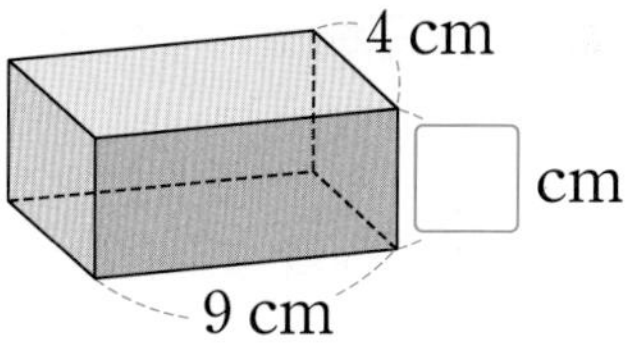

8-2 직육면체의 모든 모서리의 길이의 합이 116 cm일 때, □ 안에 알맞은 수를 써넣으세요.

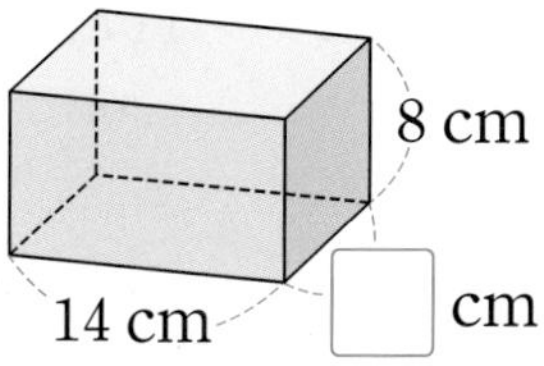

8-3 모든 모서리의 길이의 합이 같은 직육면체와 정육면체가 있습니다. 정육면체의 한 모서리의 길이는 몇 cm인지 구해 보세요.

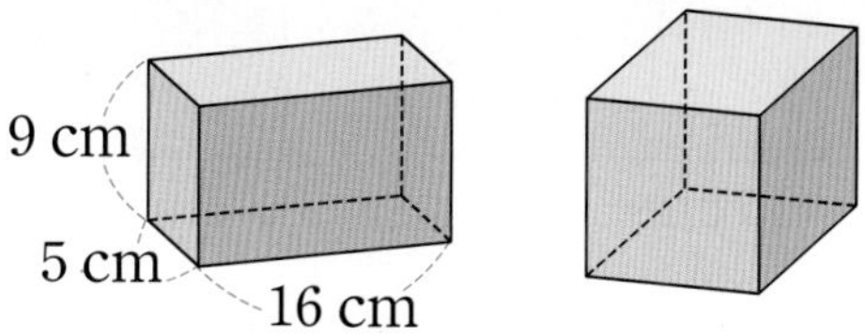

(　　　　　　　　)

5 단원

3회 18번

유형 9 앞과 옆에서 본 모양을 보고 위에서 본 모양 알기

어떤 직육면체를 앞과 옆에서 본 모양입니다. 이 직육면체를 위에서 본 모양의 둘레는 몇 cm인지 구해 보세요.

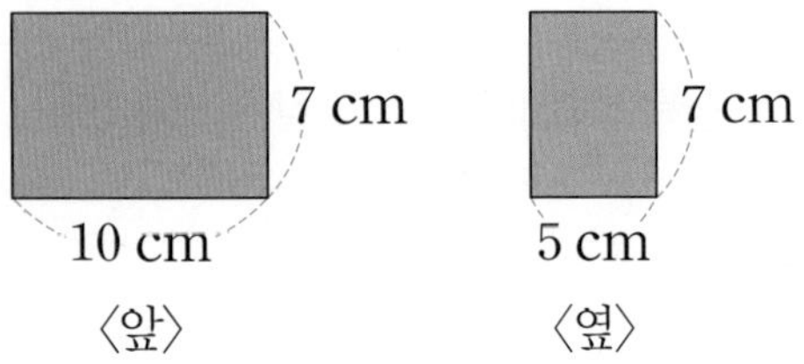

(　　　　　　　　)

Tip 앞과 옆에서 본 모양이 만나는 모서리를 찾아 위에서 본 모양을 구해요.

9-1 어떤 직육면체를 앞과 옆에서 본 모양입니다. 이 직육면체를 위에서 본 모양의 둘레는 몇 cm인지 구해 보세요.

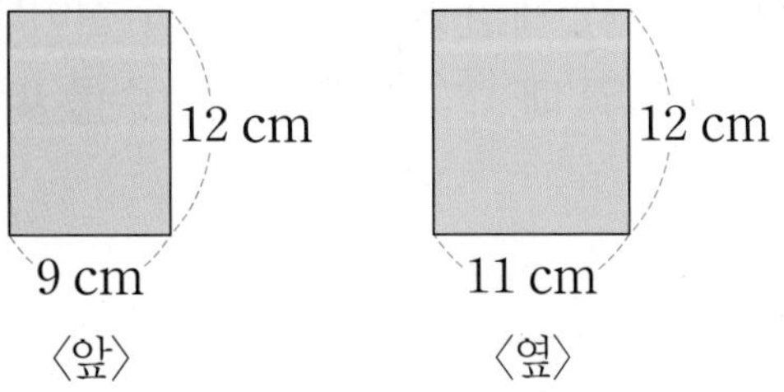

(　　　　　　　　)

9-2 어떤 직육면체를 앞과 옆에서 본 모양입니다. 이 직육면체의 모든 모서리의 길이의 합은 몇 cm인지 구해 보세요.

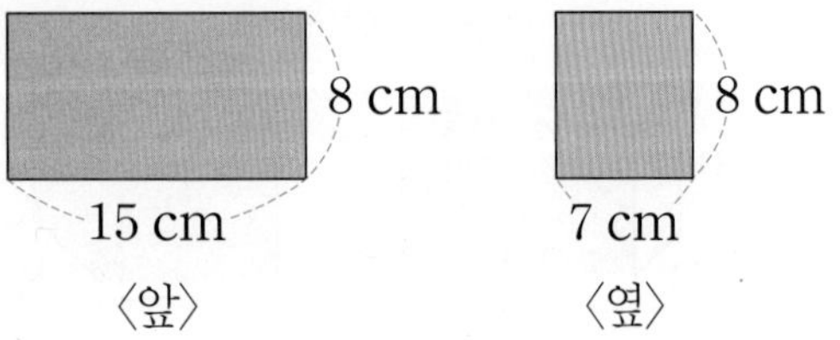

(　　　　　　　　)

2회 19번 4회 19번

유형 10 사용한 끈의 길이 구하기

직육면체 모양의 상자를 그림과 같이 끈으로 묶었습니다. 매듭으로 사용한 끈의 길이가 30 cm일 때, 상자를 묶는 데 사용한 끈의 길이는 모두 몇 cm인지 구해 보세요.

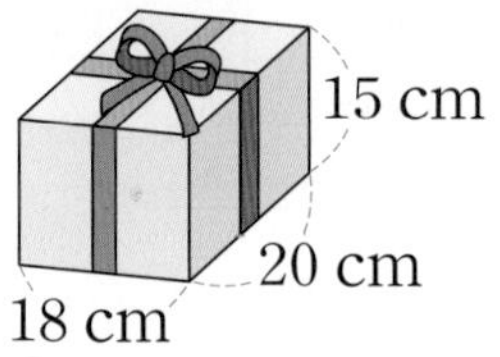

(　　　　　　　　)

Tip 먼저 각각의 모서리와 길이가 같은 부분을 끈으로 몇 번 둘렀는지 구해요.

10-1 직육면체 모양의 상자를 그림과 같이 끈으로 묶었습니다. 매듭으로 사용한 끈의 길이가 25 cm일 때, 상자를 묶는 데 사용한 끈의 길이는 모두 몇 cm인지 구해 보세요.

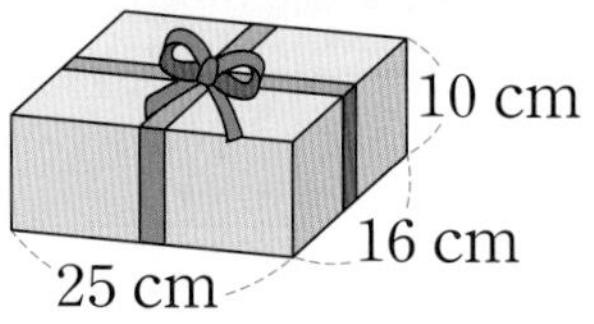

(　　　　　　　　)

10-2 직육면체 모양의 상자를 그림과 같이 끈으로 묶었습니다. 사용한 끈의 길이가 모두 171 cm일 때, 매듭으로 사용한 끈의 길이는 몇 cm인지 구해 보세요.

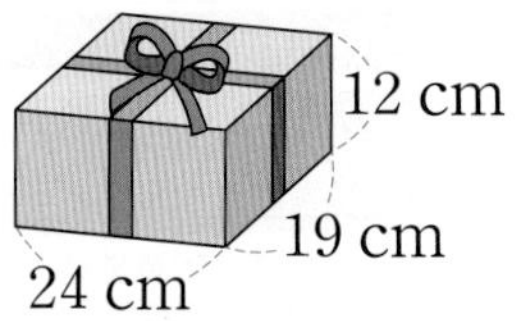

(　　　　　　　　)

1회 20번 3회 19번

유형 11 전개도에 선이 지나간 자리 긋기

그림과 같이 직육면체의 겨냥도에 선을 그었습니다. 겨냥도를 보고 직육면체의 전개도에 나머지 선을 그어 보세요.

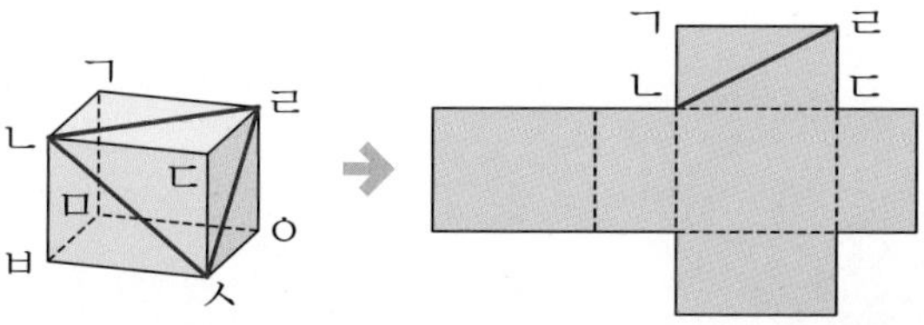

Tip 전개도에 먼저 각 꼭짓점의 위치를 표시하고, 직육면체의 면에 그은 선이 지나는 꼭짓점을 확인하여 전개도에 선을 그어요.

11-1 그림과 같이 직육면체의 겨냥도에 선을 그었습니다. 겨냥도를 보고 직육면체의 전개도에 나머지 선을 그어 보세요.

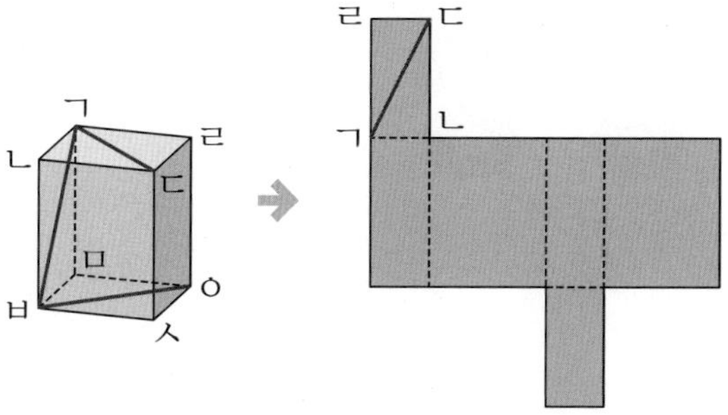

11-2 그림과 같이 정육면체의 전개도에 선을 그었습니다. 이 전개도를 접어 오른쪽 정육면체를 만들었을 때, 정육면체의 겨냥도에 선이 지나간 자리를 그어 보세요.

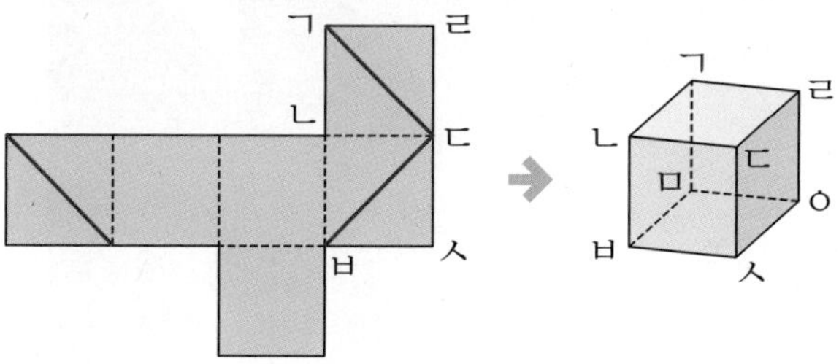

2회 20번 4회 17번

유형 12 전개도의 둘레 구하기

정육면체의 전개도의 둘레는 몇 cm인지 구해 보세요.

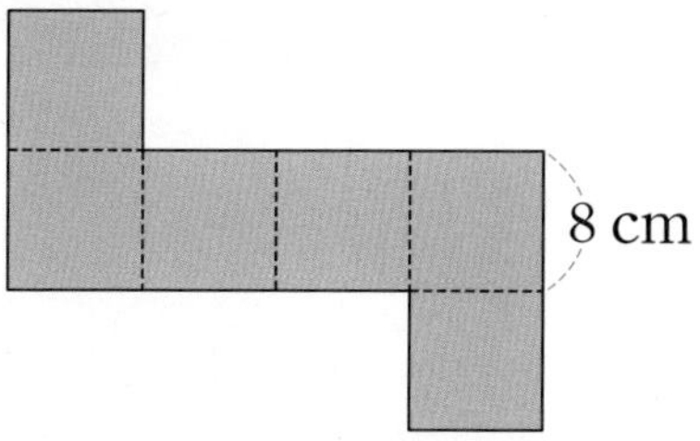

(　　　　　　　　)

Tip 전개도를 접었을 때 겹치는 선분의 길이는 같아요.

12-1 직육면체의 전개도의 둘레는 몇 cm인지 구해 보세요.

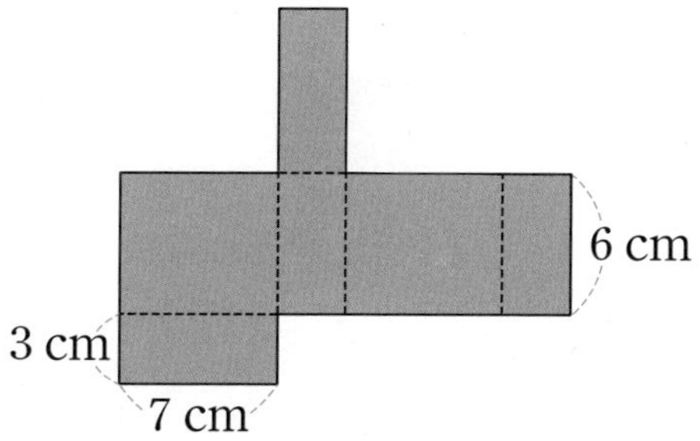

(　　　　　　　　)

12-2 한 면의 둘레가 52 cm인 정육면체의 전개도입니다. 전개도의 둘레는 몇 cm인지 구해 보세요.

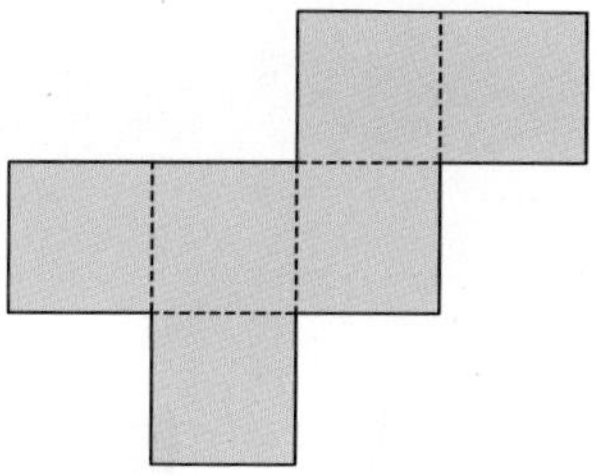

(　　　　　　　　)

6 평균과 가능성

개념정리 6단원 평균과 가능성

개념 1 평균

각 자료의 값을 모두 더하여 자료의 수로 나눈 값을 그 자료를 대표하는 값으로 정할 수 있습니다. 이 값을 □(이)라고 합니다.

개념 2 평균 구하기

◆ **학급별 학생 수의 평균 구하기**

학급별 학생 수

학급	1반	2반	3반	4반
학생 수(명)	20	19	21	20

방법 ① 자료의 값을 고르게 하기

학급별 학생 수를 고르게 하면 20명이 되므로 학급별 학생 수의 평균은 20명입니다.

방법 ② 자료의 값을 모두 더해 자료의 수로 나누기

(평균)=(20+19+21+20)÷4=□(명)

> (평균)=(자료의 값의 합)÷(자료의 수)

개념 3 평균의 활용

◆ **미주의 2회의 줄넘기 기록 구하기**

미주의 줄넘기 기록

회	1회	2회	3회	4회	평균
기록(회)	46		41	45	43

(1회부터 4회까지 기록의 합)=43×4
=172(회)

→ (2회의 기록)=172−(46+41+45)
=□(회)

개념 4 일이 일어날 가능성을 말로 표현하기

- 어떠한 상황에서 특정한 일이 일어나길 기대할 수 있는 정도를 □(이)라고 합니다.
- 가능성의 정도는 '불가능하다', '~아닐 것 같다', '반반이다', '~일 것 같다', '확실하다' 등으로 표현할 수 있습니다.

개념 5 일이 일어날 가능성 비교하기

◆ **화살이 파란색에 멈출 가능성 비교하기**

	가	나	다
회전판	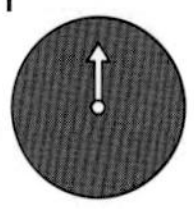		
가능성	불가능하다	반반이다	확실하다

화살이 파란색에 멈출 가능성이 높은 회전판부터 차례대로 쓰면 다, □, □입니다.

← 일이 일어날 가능성이 낮습니다. | 일이 일어날 가능성이 높습니다. →

~아닐 것 같다	~일 것 같다

불가능하다 반반이다 확실하다

개념 6 일이 일어날 가능성을 수로 표현하기

일이 일어날 가능성을 0, $\frac{1}{2}$, 1과 같은 수로 표현할 수 있습니다.

불가능하다	반반이다	확실하다
0	$\frac{1}{2}$	□

정답 ❶ 평균 ❷ 20 ❸ 40 ❹ 가능성 ❺ 나, 가 ❻ 1

6 단원

AI가 추천한 단원 평가 1회

점수

118~123쪽에서 같은 유형의 문제를 더 풀 수 있어요.

01 □ 안에 알맞은 말을 써넣으세요.

각 자료의 값을 모두 더해 자료의 수로 나눈 값을 □(이)라고 합니다.

02~03 지후네 모둠의 훌라후프 돌리기 기록을 조사하여 나타낸 표입니다. 물음에 답해 보세요.

지후네 모둠의 훌라후프 돌리기 기록

이름	지후	세연	호철	미래
기록(번)	24	37	31	28

02 지후네 모둠의 훌라후프 돌리기 기록의 합은 모두 몇 번인지 구해 보세요.

( )

03 지후네 모둠의 훌라후프 돌리기 기록의 평균은 몇 번인지 구해 보세요.

( )

04 일이 일어날 가능성을 수로 표현하려고 합니다. □ 안에 알맞은 수를 써넣으세요.

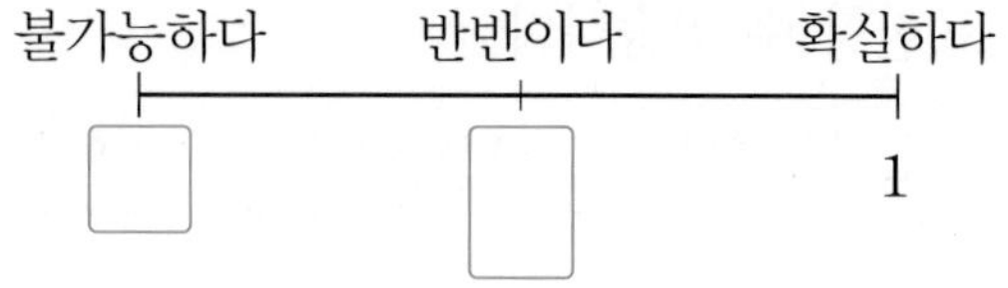

05 일이 일어날 가능성이 '확실하다'인 것에 ○표 해 보세요.

월요일 다음은 일요일일 것입니다.	내일 해는 동쪽에서 뜰 것입니다.
( )	( )

06 지혜가 과녁 맞히기 놀이에서 얻은 점수를 조사하여 나타낸 표입니다. 지혜의 과녁 맞히기 놀이 점수의 평균은 몇 점인지 구해 보세요.

지혜의 과녁 맞히기 놀이 점수

회	1회	2회	3회	4회
점수(점)	14	17	16	21

( )

07~08 오른쪽과 같은 주머니에서 공을 1개 꺼냈습니다. 물음에 답해 보세요.

07 꺼낸 공이 흰색일 가능성을 수로 표현해 보세요.

( )

08 꺼낸 공이 검은색일 가능성을 수로 표현해 보세요.

( )

AI가 뽑은 정답률 낮은 문제

09 정민이가 모은 칭찬 도장의 수를 조사하여 나타낸 표입니다. 알맞은 말에 ○표 해 보세요.

118쪽 유형 1

정민이가 모은 칭찬 도장의 수

월	9월	10월	11월	12월
도장의 수(개)	8	3	4	9

9월에 모은 칭찬 도장의 수는 평균보다 (많습니다 , 적습니다).

10 송이네 가족은 주말에 316 km 떨어져 있는 할머니 댁에 다녀왔습니다. 자동차를 타고 할머니 댁에 가는 데 4시간이 걸렸다면 1시간 동안 평균 몇 km를 갔는지 구해 보세요.

( )

서술형

11 일이 일어날 가능성이 '불가능하다'인 상황을 주변에서 찾아 써 보세요.

답

12 ○× 문제를 풀고 있습니다. ○라고 답했을 때, 정답을 맞혔을 가능성을 말과 수로 각각 표현해 보세요.

말 ( )
수 ( )

13 일이 일어날 가능성이 '~아닐 것 같다'인 것을 찾아 기호를 써 보세요.

㉠ 내년은 370일일 것입니다.
㉡ 오늘 우리 반에 전학생이 올 것입니다.
㉢ 1과 1을 더하면 2일 것입니다.

( )

AI가 뽑은 정답률 낮은 문제

14 어느 빵집의 5일 동안의 식빵 판매량을 조사하여 나타낸 표입니다. 5일 동안 식빵 판매량의 평균이 19개일 때, 화요일의 식빵 판매량은 몇 개인지 구해 보세요.

120쪽 유형 6

식빵 판매량

요일	월	화	수	목	금
판매량(개)	20		23	15	24

( )

6 단원

서술형

15 정후의 월별 독서량을 조사하여 나타낸 표입니다. 6월에 독서량이 8권 더 많았다면 독서량의 평균은 몇 권 더 많아지는지 풀이 과정을 쓰고 답을 구해 보세요.

정후의 월별 독서량

월	6월	7월	8월	9월
독서량(권)	5	10	12	9

풀이

답

16 동전 한 개를 던져서 그림면이 나올 가능성과 일이 일어날 가능성이 비슷한 것의 기호를 써 보세요.

㉠ 검은색 구슬만 5개 들어 있는 주머니에서 꺼낸 구슬은 검은색일 것입니다.
㉡ 은행에서 뽑은 대기 번호표의 번호는 짝수일 것입니다.

( )

AI가 뽑은 정답률 낮은 문제

17 121쪽 유형 7

어느 두 지역의 농장별 버섯 생산량의 평균을 나타낸 표입니다. 두 지역 전체의 버섯 생산량의 평균은 몇 kg인지 구해 보세요.

가 지역 농장 3곳	415 kg
나 지역 농장 5곳	407 kg

( )

AI가 뽑은 정답률 낮은 문제

18 122쪽 유형 9

봉지에 빨간색 젤리 3개와 파란색 젤리 3개가 들어 있습니다. 봉지에서 젤리를 1개 꺼낼 때 파란색 젤리를 꺼낼 가능성과 회전판을 돌릴 때 화살이 초록색에 멈출 가능성이 같도록 회전판을 색칠해 보세요.

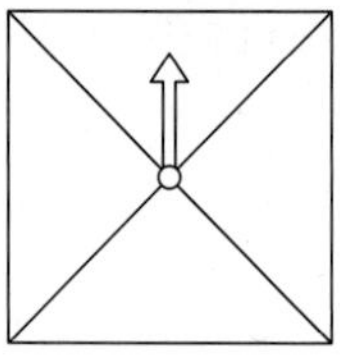

19 주희의 100 m 달리기 경기 기록을 4회까지 나타낸 것입니다. 5회까지 기록의 평균이 16초 이하가 되어야 준결승에 올라갈 수 있습니다. 주희가 준결승에 올라가려면 5회에 적어도 몇 초를 기록해야 하는지 구해 보세요.

17초, 15초, 16초, 17초

( )

AI가 뽑은 정답률 낮은 문제

20 123쪽 유형 11

세 자연수 ㉠, ㉡, ㉢이 있습니다. ㉠과 ㉡의 평균은 10, ㉡과 ㉢의 평균은 16, ㉢과 ㉠의 평균은 20입니다. ㉠, ㉡, ㉢을 각각 구해 보세요.

㉠ ( )
㉡ ( )
㉢ ( )

01~02 연주가 바구니에 넣은 공의 수만큼 ○를 그려 나타냈습니다. 물음에 답해 보세요.

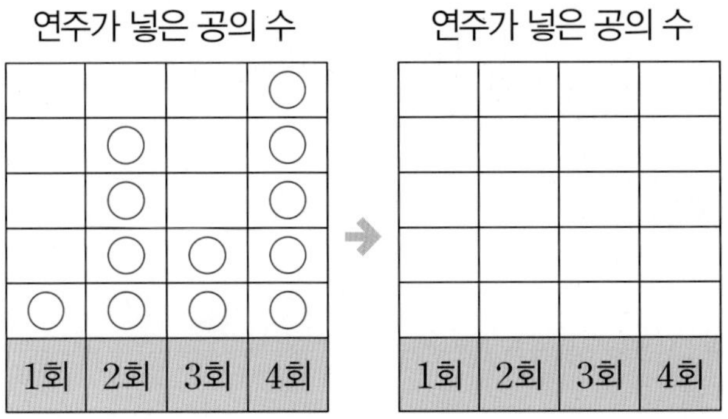

01 오른쪽 그래프에 ○를 옮겨 연주가 넣은 공의 수를 고르게 나타내어 보세요.

02 연주가 넣은 공의 수의 평균은 몇 개인지 구해 보세요.

(　　　　　　　　)

03 1분 동안 뛴 재준이의 맥박 수의 평균을 구하려고 합니다. □ 안에 알맞은 수를 써넣으세요.

1분 동안 뛴 재준이의 맥박 수

회	1회	2회	3회	4회
맥박 수(회)	106	98	110	102

$(106+98+\square+\square)\div 4$

$=\square\div 4=\square$(회)

04 □ 안에 일이 일어날 가능성을 알맞게 써넣으세요.

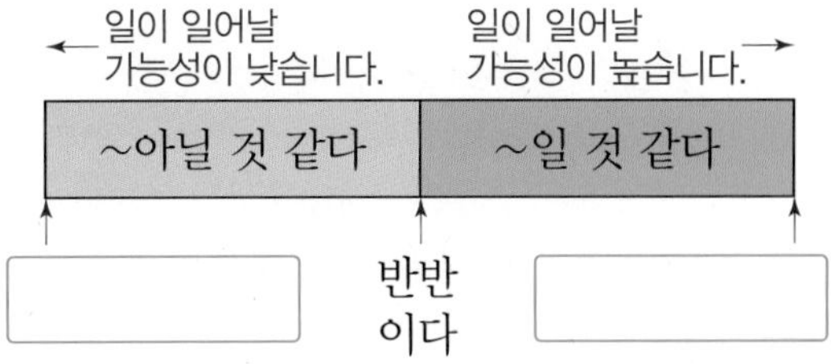

05~06 일이 일어날 가능성을 알맞게 표현한 곳에 ○표 해 보세요.

05

내일 공룡이 우리 집에 놀러 올 것입니다.

불가능하다	~아닐 것 같다	반반이다	~일 것 같다	확실하다

06

10월 30일 다음 날은 10월 31일일 것입니다.

불가능하다	~아닐 것 같다	반반이다	~일 것 같다	확실하다

07 네 수의 평균을 구해 보세요.

15　　24　　37　　12

(　　　　　　　　)

AI가 뽑은 정답률 낮은 문제

08 딸기 맛 사탕만 들어 있는 사탕 봉지에서 사탕 1개를 꺼낼 때 딸기 맛 사탕이 나올 가능성을 수직선에 ↓로 나타내어 보세요.

118쪽 유형 2

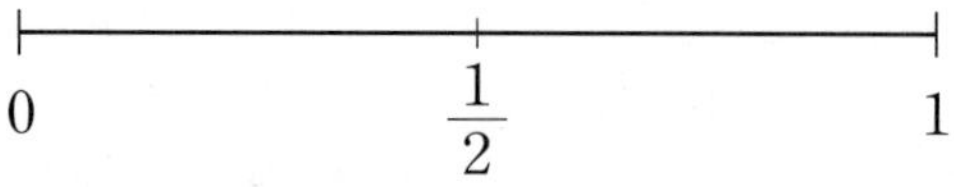

09~10 수진이네 모둠의 윗몸 말아 올리기 기록을 조사하여 나타낸 표입니다. 물음에 답해 보세요.

수진이네 모둠의 윗몸 말아 올리기 기록

이름	수진	도형	지혜	진우
기록(회)	28	13	18	25

09 수진이네 모둠의 윗몸 말아 올리기 기록의 평균은 몇 회인지 구해 보세요.

( )

10 건주가 수진이네 모둠이 되었습니다. 건주의 윗몸 말아 올리기 기록이 26회일 때, 건주를 포함한 수진이네 모둠의 윗몸 말아 올리기 기록의 평균은 몇 회인지 구해 보세요.

( )

AI가 뽑은 정답률 낮은 문제

11 경아의 한 달 용돈의 평균은 15000원입니다. 경아가 1년 동안 받는 용돈은 모두 얼마인지 구해 보세요.

119쪽 유형 3

( )

서술형

12 일이 일어날 가능성이 '불가능하다'인 경우의 기호를 쓰고, 가능성이 '확실하다'가 되도록 바꿔 보세요.

㉠ 주사위 1개를 굴릴 때 눈의 수가 7이 나올 것입니다.
㉡ 내 짝은 남자일 것입니다.

답

13 검은색 바둑돌만 4개 들어 있는 주머니에서 바둑돌을 1개 꺼낼 때 꺼낸 바둑돌이 검은색이 아닐 가능성을 수로 표현해 보세요.

( )

AI가 뽑은 정답률 낮은 문제

14 채희네 모둠과 근호네 모둠의 학생 수와 컴퓨터 사용 시간의 합을 조사하여 나타낸 표입니다. 어느 모둠이 컴퓨터를 더 오래 사용했다고 할 수 있는지 구해 보세요.

120쪽 유형 5

	학생 수(명)	컴퓨터 사용 시간의 합(분)
채희네 모둠	4	180
근호네 모둠	3	147

( )

15 회전판을 60번 돌려서 화살이 멈춘 횟수를 조사하여 나타낸 표입니다. 일이 일어날 가능성이 가장 비슷한 회전판을 찾아 기호를 써 보세요.

색깔	보라	주황	연두
횟수(번)	30	15	15

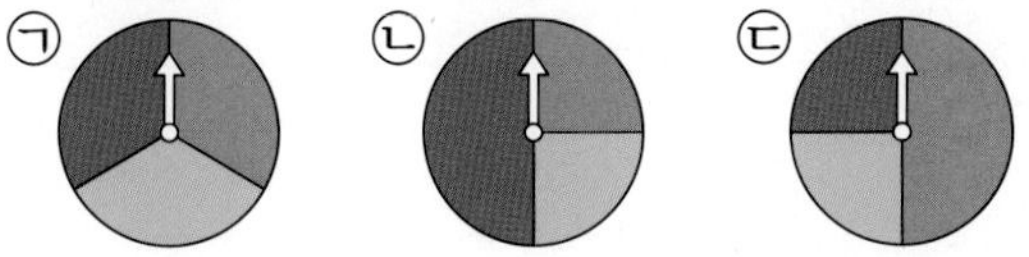

( )

16 재아의 수학 점수를 조사하여 나타낸 표입니다. 재아의 수학 점수의 평균이 85점일 때, 수학 점수가 가장 높은 때는 몇 회인지 구해 보세요.

재아의 수학 점수

회	1회	2회	3회	4회
점수(점)	75		80	90

( )

AI가 뽑은 정답률 낮은 문제

17 수 카드 4장 중에서 한 장을 뽑을 때 일이 일어날 가능성이 높은 것부터 차례대로 기호를 써 보세요.

121쪽 유형 8

1 2 3 4

㉠ 0이 나올 가능성
㉡ 5보다 작은 수가 나올 가능성
㉢ 홀수가 나올 가능성

( )

서술형

18 윤아네 반 학생들이 미술 시간에 만든 리본을 길이별로 조사하여 나타낸 표입니다. 학생들이 만든 리본 길이의 평균은 몇 m인지 풀이 과정을 쓰고 답을 구해 보세요.

만든 리본 길이별 학생 수

길이(m)	1	2	4
학생 수(명)	10	5	5

풀이

답

AI가 뽑은 정답률 낮은 문제

19 어느 가게의 음료수 판매량을 조사하여 나타낸 표입니다. 금요일의 음료수 판매량을 더하여 판매량의 평균을 구했더니 목요일까지의 판매량 평균보다 4개 더 늘어났습니다. 금요일에 판매한 음료수는 몇 개인지 구해 보세요.

122쪽 유형10

음료수 판매량

요일	월	화	수	목
판매량(개)	36	46	38	40

( )

AI가 뽑은 정답률 낮은 문제

20 상자에 노란색 공 4개, 분홍색 공 4개, 갈색 공 몇 개가 들어 있습니다. 상자에서 공을 1개 꺼낼 때 갈색 공이 나올 가능성을 수로 표현하면 $\frac{1}{2}$입니다. 상자에 들어 있는 공은 모두 몇 개인지 구해 보세요.

123쪽 유형12

( )

점수

118~123쪽에서 같은 유형의 문제를 더 풀 수 있어요.

01~03 상자에 들어 있는 사탕의 수를 세어 나타낸 표입니다. 물음에 답해 보세요.

상자에 들어 있는 사탕의 수

상자	가	나	다	라	마
사탕 수(개)	39	41	42	38	40

01 한 상자에 들어 있는 사탕의 수를 대표하는 값을 정하려고 합니다. 올바른 방법에 ○표 해 보세요.

(가장 큰 수 , 고르게 한 수)로 정할 수 있습니다.

02 각 상자에 들어 있는 사탕 수를 고르게 하면 몇 개인지 구해 보세요.

( )

03 상자에 들어 있는 사탕 수의 평균은 몇 개인지 구해 보세요.

( )

04 □ 안에 알맞은 말을 써넣으세요.

가능성의 정도는 '불가능하다', '~아닐 것 같다', '□', '~일 것 같다', '확실하다' 등으로 표현할 수 있습니다.

05~06 흰색 바둑돌만 들어 있는 통에서 바둑돌을 1개 꺼낼 때 일이 일어날 가능성을 찾아 기호를 써 보세요.

㉠ 불가능하다 ㉡ 반반이다 ㉢ 확실하다

05 꺼낸 바둑돌은 흰색일 것입니다.

( )

06 꺼낸 바둑돌은 검은색일 것입니다.

( )

07 지난주 교실의 실내 온도를 매일 낮 12시에 조사하여 나타낸 표입니다. 지난주 교실의 실내 온도의 평균은 몇 °C인지 구해 보세요.

지난주 교실의 실내 온도

요일	월	화	수	목	금
온도(°C)	17	21	19	20	23

( )

08 100원짜리 동전만 들어 있는 저금통에서 동전을 1개 꺼낼 때 꺼낸 동전이 500원짜리일 가능성을 말로 표현해 보세요.

( )

09~10 대화를 보고 물음에 답해 보세요.

- 서희: 고양이는 알을 낳을 거야.
- 준서: 3과 3을 곱하면 9가 될 거야.
- 민재: 아이가 한 명 태어날 때 여자일 거야.

09 일이 일어날 가능성이 '불가능하다'인 경우를 말한 사람은 누구인지 이름을 써 보세요.

(　　　　　　　　)

서술형

10 민재가 말하는 일이 일어날 가능성을 수로 표현하려고 합니다. 풀이 과정을 쓰고 답을 구해 보세요.

풀이

답

AI가 뽑은 정답률 낮은 문제

11 어느 회사의 월별 불량품 수를 조사하여 나타낸 표입니다. 불량품 수의 평균보다 불량품이 더 많이 나온 달을 모두 찾아 써 보세요.

118쪽 유형 1

월별 불량품 수

월	1월	2월	3월	4월
불량품 수(개)	36	44	31	25

(　　　　　　　　)

AI가 뽑은 정답률 낮은 문제

12 다음과 같은 카드 6장 중에서 보지 않고 한 장을 뽑을 때  카드가 나올 가능성을 수로 표현해 보세요.

119쪽 유형 4

(　　　　　　　　)

13 구슬 2개가 들어 있는 상자에서 구슬 1개를 꺼낼 때 꺼낸 구슬이 빨간색일 가능성이 0이 되도록 구슬을 색칠해 보세요.

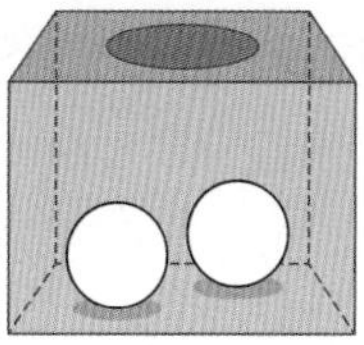

14 희준이네 모둠이 하루 동안 사용한 물의 양을 조사하여 나타낸 표입니다. 민하가 사용한 물의 양이 수현이가 사용한 물의 양보다 14 L 더 적다면 희준이네 모둠이 하루 동안 사용한 물의 양의 평균은 몇 L인지 구해 보세요.

희준이네 모둠이 사용한 물의 양

이름	희준	민하	수현	조이
물의 양(L)	85		96	77

(　　　　　　　　)

6 단원

AI가 뽑은 정답률 낮은 문제

15 회전판을 돌릴 때 화살이 파란색에 멈출 가능성이 높은 회전판부터 차례대로 써 보세요.

121쪽 유형 8

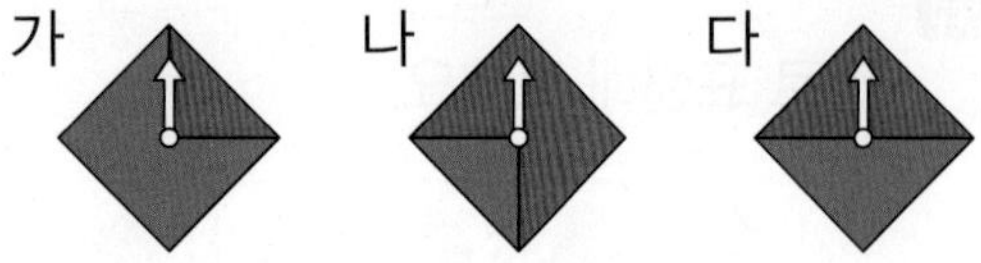

(　　　　　　　　　　)

서술형

16 정우, 시현, 민환 세 사람이 지난달에 읽은 책 수의 평균은 11권이고, 도희가 읽은 책 수를 포함한 네 사람이 읽은 책 수의 평균은 10권입니다. 도희가 지난달에 읽은 책은 몇 권인지 풀이 과정을 쓰고 답을 구해 보세요.

풀이

답

17 **조건**에 맞는 회전판이 되도록 색칠할 때, ㉢에 알맞은 색깔은 무엇인지 구해 보세요.

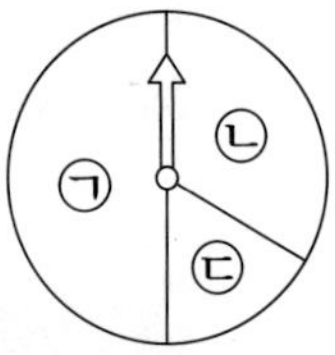

조건
- 화살이 노란색에 멈출 가능성이 가장 높습니다.
- 화살이 파란색에 멈출 가능성은 빨간색에 멈출 가능성의 반입니다.

(　　　　　　　　　　)

AI가 뽑은 정답률 낮은 문제

18 현주네 모둠의 단체 줄넘기 기록을 조사하여 나타낸 표입니다. 5회까지 기록의 평균이 4회까지 기록의 평균보다 3회 더 높으려면 5회의 기록은 몇 회여야 하는지 구해 보세요.

122쪽 유형10

현주네 모둠의 단체 줄넘기 기록

회	1회	2회	3회	4회
기록(회)	35	20	29	32

(　　　　　　　　　　)

19 소 15마리 중에서 9마리가 암컷입니다. 소 15마리의 몸무게의 평균은 212 kg이고, 암컷 9마리의 몸무게의 평균은 204 kg입니다. 수컷의 몸무게의 평균은 몇 kg인지 구해 보세요.

(　　　　　　　　　　)

AI가 뽑은 정답률 낮은 문제

20 상자에 연두색 공 20개와 분홍색 공 몇 개가 들어 있습니다. 이 상자에서 분홍색 공 5개를 꺼냈습니다. 남은 공 중 1개를 꺼낼 때 연두색 공을 꺼낼 가능성과 분홍색 공을 꺼낼 가능성이 같다면 처음 상자에 들어 있던 분홍색 공은 몇 개인지 구해 보세요.

123쪽 유형12

(　　　　　　　　　　)

118~123쪽에서 같은 유형의 문제를 더 풀 수 있어요.

01~02 예주네 모둠의 줄넘기 이중 뛰기 기록을 조사하여 나타낸 표입니다. 물음에 답해 보세요.

예주네 모둠의 줄넘기 이중 뛰기 기록

이름	예주	해찬	아영	서준
기록(회)	4	5	3	4

01 예주네 모둠의 줄넘기 이중 뛰기 기록만큼 종이띠를 이어 붙였습니다. 종이띠를 나누어 4등분이 되도록 각각 ⬭로 묶어 보세요.

★	★	★	★	★	★	★	★	★	★	★	★	★	★	★	★

02 예주네 모둠의 줄넘기 이중 뛰기 기록의 평균은 몇 회인지 구해 보세요.

(　　　　　　　　)

03 일이 일어날 가능성을 알맞게 표현한 것에 ○표 해 보세요.

> 내년에는 1월이 30일까지 있을 것입니다.

(불가능하다 , 반반이다 , 확실하다)

04 마을별 학생 수의 평균을 구하려고 합니다. □ 안에 알맞은 수를 써넣으세요.

마을별 학생 수

마을	가	나	다	라
학생 수(명)	29	38	24	33

$(29+38+\square+\square)\div 4$

$=\square\div 4=\square$(명)

05~07 상자에서 공을 1개 꺼내려고 합니다. 물음에 답해 보세요.

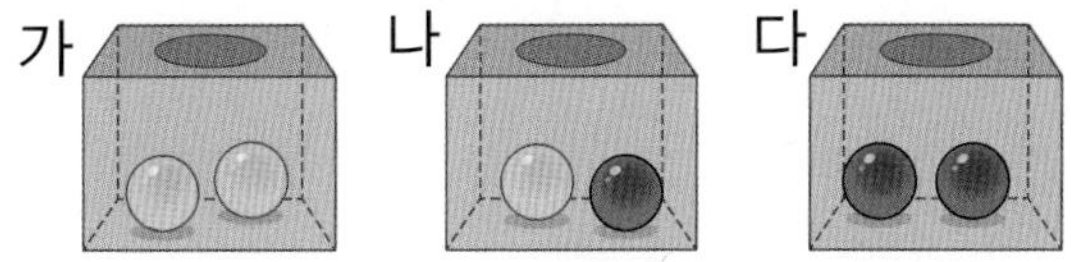

05 가 상자에서 꺼낸 공이 보라색일 가능성을 말로 표현해 보세요.

(　　　　　　　　)

06 나 상자에서 꺼낸 공이 노란색일 가능성을 말로 표현해 보세요.

(　　　　　　　　)

07 꺼낸 공이 보라색일 가능성이 '확실하다'인 상자를 찾아 써 보세요.

(　　　　　　　　)

08~09 서후네 모둠의 휴대 전화 사용 시간을 조사하여 나타낸 표입니다. 물음에 답해 보세요.

서후네 모둠의 휴대 전화 사용 시간

이름	서후	민지	보현	루아	재민
사용 시간(분)	36	20	29	41	34

08 서후네 모둠의 휴대 전화 사용 시간의 평균은 몇 분인지 구해 보세요.

( )

09 휴대 전화 사용 시간이 가장 많은 사람과 가장 적은 사람을 빼면 휴대 전화 사용 시간의 평균은 몇 분인지 구해 보세요.

( )

AI가 뽑은 정답률 낮은 문제

10 주사위 1개를 굴릴 때 눈의 수가 짝수가 나올 가능성을 수직선에 ↓로 나타내어 보세요.

118쪽 유형 2

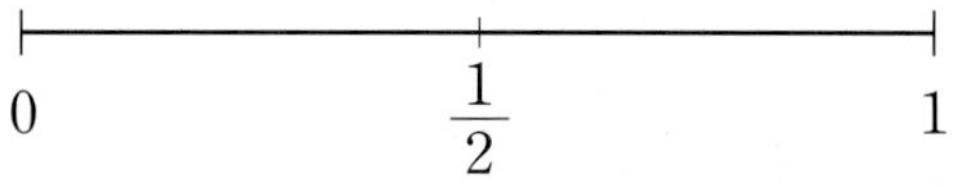

AI가 뽑은 정답률 낮은 문제

11 세훈이는 일주일 동안 매일 우유를 마셨습니다. 하루 평균 300 mL씩 마셨다면 세훈이가 일주일 동안 마신 우유는 몇 mL인지 구해 보세요.

119쪽 유형 3

( )

서술형

12 우리나라에서 다음의 일이 일어날 가능성을 잘못 말한 사람의 이름을 쓰고, 그 이유를 써 보세요.

- 유진: 12월에 밤이 낮보다 길 가능성은 '확실하다'입니다.
- 태우: 5월에 눈이 내릴 가능성은 '반반이다'입니다.

답

13~14 농장별 오이 수확량을 조사하여 나타낸 표입니다. 물음에 답해 보세요.

농장별 오이 수확량

농장 \ 연도	2020년	2021년	2022년	2023년
가	740	700	620	660
나	530	840	660	710
다	910	580	490	

(단위: kg)

13 2022년 세 농장의 오이 수확량의 평균은 몇 kg인지 구해 보세요.

( )

AI가 뽑은 정답률 낮은 문제

14 나 농장과 다 농장의 4년 동안 오이 수확량의 평균을 비교하면 다 농장이 나 농장보다 15 kg 더 많습니다. 다 농장의 2023년 오이 수확량은 몇 kg인지 구해 보세요.

120쪽 유형 6

( )

AI가 뽑은 정답률 낮은 문제 서술형

15 영우네 모둠 4명의 수학 점수의 합은 360점이고, 라희네 모둠 5명의 수학 점수의 합은 425점입니다. 어느 모둠이 수학 점수가 더 높다고 할 수 있는지 풀이 과정을 쓰고 답을 구해 보세요.

120쪽 유형 5

풀이

답

AI가 뽑은 정답률 낮은 문제

16 일이 일어날 가능성이 높은 것부터 차례대로 기호를 써 보세요.

121쪽 유형 8

㉠ 흰색 구슬 4개가 들어 있는 상자에서 구슬 1개를 꺼낼 때 꺼낸 구슬이 흰색일 가능성
㉡ 검은색 구슬 4개가 들어 있는 상자에서 구슬 1개를 꺼낼 때 꺼낸 구슬이 흰색일 가능성
㉢ 흰색 구슬 4개, 검은색 구슬 4개가 들어 있는 상자에서 구슬 1개를 꺼낼 때 꺼낸 구슬이 흰색일 가능성

( )

17 수 카드 3장을 한 번씩만 사용하여 세 자리 수를 만들 때 만든 수가 짝수일 가능성을 수로 표현해 보세요.

3 5 9

( )

18 윤아네 모둠의 한글 타자 기록을 조사하여 나타낸 표입니다. 윤아네 모둠에서 한글 타자 기록이 평균보다 낮은 학생들의 평균은 몇 타인지 구해 보세요.

윤아네 모둠의 한글 타자 기록

이름	윤아	예준	효진	훈재	미주
기록(타)	130	115	150	120	110

( )

AI가 뽑은 정답률 낮은 문제

19 정희와 태주의 키의 평균은 151 cm, 태주와 성미의 키의 평균은 158 cm, 성미와 정희의 키의 평균은 147 cm입니다. 태주의 키는 몇 cm인지 구해 보세요.

123쪽 유형 11

( )

20 마을별 보리 생산량을 조사하여 나타낸 표입니다. 네 마을의 보리 생산량의 평균이 205 kg이고 나 마을의 생산량이 라 마을의 생산량보다 30 kg 더 많다면 나 마을의 보리 생산량은 몇 kg인지 구해 보세요.

마을별 보리 생산량

마을	가	나	다	라
생산량(kg)	230		190	

( )

1회 9번 3회 11번

유형 1 평균과 비교하기

서준이네 모둠의 제기차기 기록을 조사하여 나타낸 표입니다. 알맞은 말에 ○표 해 보세요.

서준이네 모둠의 제기차기 기록

이름	서준	승희	재호	민아
기록(개)	9	11	12	8

서준이의 기록은
평균보다 (높습니다 , 낮습니다).

Tip 먼저 평균을 구한 다음 서준이의 기록과 비교해요.

1-1 어느 독서 모임 회원의 나이를 조사하여 나타낸 표입니다. 알맞은 말에 ○표 해 보세요.

독서 모임 회원의 나이

이름	정아	민우	희진	세호
나이(살)	13	9	14	16

희진이의 나이는
평균보다 (많습니다 , 적습니다).

1-2 혜진이네 모둠의 키를 조사하여 나타낸 표입니다. 모둠 키의 평균보다 키가 큰 학생의 이름을 모두 써 보세요.

혜진이네 모둠의 키

이름	혜진	승우	지유	현호
키(cm)	148	155	160	153

(   )

2회 8번 4회 10번

유형 2 일이 일어날 가능성을 수직선에 나타내기

오른쪽 주머니에서 바둑돌을 1개 꺼낼 때 검은색 바둑돌이 나올 가능성을 수직선에 ↓로 나타내어 보세요.

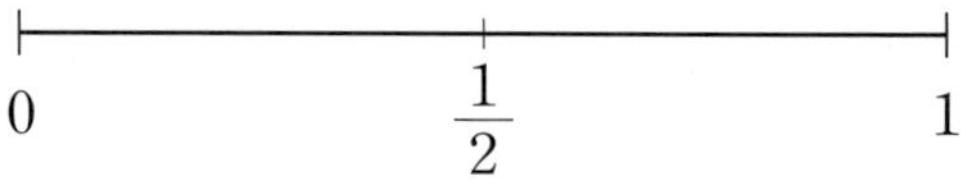

Tip 먼저 일이 일어날 가능성을 말로 표현해요.

2-1 주머니에서 구슬을 1개 꺼낼 때 빨간색 구슬이 나올 가능성을 수직선에 ↓로 나타내어 보세요.

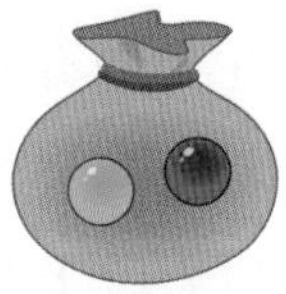

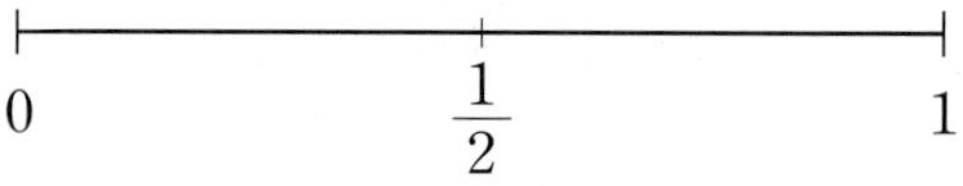

2-2 당첨 제비만 6개 들어 있는 상자에서 제비 1개를 뽑을 때 당첨 제비가 아닌 제비가 나올 가능성을 수직선에 ↓로 나타내어 보세요.

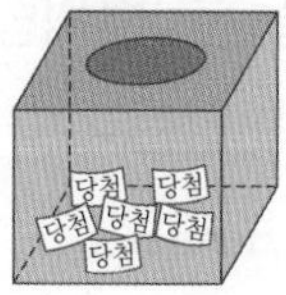

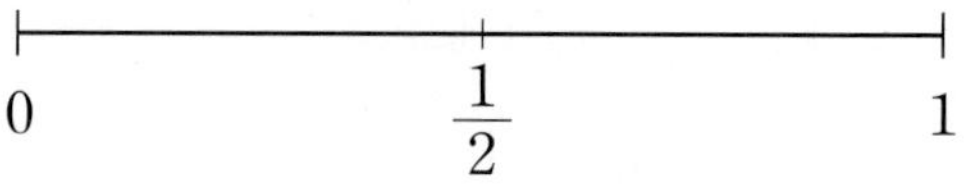

2회 11번 4회 11번

유형 3 평균을 이용하여 자료의 값의 합 구하기

어느 인형 공장에서 인형을 하루에 평균 250개 만든다고 합니다. 이 공장에서 5일 동안 만든 인형은 모두 몇 개인지 구해 보세요.

(　　　　　　　　　)

Tip (평균)=(자료의 값의 합)÷(자료의 수)
→ (자료의 값의 합)=(평균)×(자료의 수)

3-1 어느 미술관에는 하루에 평균 78명이 입장한다고 합니다. 이 미술관에 7일 동안 입장한 사람은 모두 몇 명인지 구해 보세요.

(　　　　　　　　　)

3-2 세진이는 11월 한 달 동안 매일 운동을 했습니다. 하루에 평균 35분씩 운동을 했다면 세진이가 11월 한 달 동안 운동한 시간은 모두 몇 분인지 구해 보세요.

(　　　　　　　　　)

3-3 어느 과수원에는 배나무가 54그루 있고, 배나무 한 그루에 배가 평균 60개씩 열렸습니다. 이 배를 모두 수확하여 한 상자에 18개씩 포장했다면 배는 모두 몇 상자가 되는지 구해 보세요.

(　　　　　　　　　)

3회 12번

유형 1 카드가 나올 가능성을 수로 표현하기

다음과 같은 카드 4장 중에서 보지 않고 한 장을 뽑을 때 ♥ 카드가 나올 가능성을 수로 표현해 보세요.

★ ♥ ★ ♥

(　　　　　　　　　)

Tip 먼저 일이 일어날 가능성을 판단해요.

4-1 다음과 같은 카드 6장 중에서 보지 않고 한 장을 뽑을 때 ◆ 카드가 나올 가능성을 수로 표현해 보세요.

★ ★ ★ ★ ★ ★

(　　　　　　　　　)

4-2 다음과 같은 수 카드 4장 중에서 보지 않고 한 장을 뽑을 때 2의 배수가 적힌 카드가 나올 가능성을 수로 표현해 보세요.

3 4 6 9

(　　　　　　　　　)

4-3 다음과 같은 수 카드 5장 중에서 보지 않고 한 장을 뽑을 때 1 이상인 수가 적힌 카드가 나올 가능성을 수로 표현해 보세요.

1 2 3 4 5

(　　　　　　　　　)

2회 14번 | 4회 15번

유형 5 두 자료의 평균 비교하기

현주네 모둠과 지훈이네 모둠이 고리 던지기를 하고, 두 모둠의 학생 수와 건 고리 수의 합을 조사하여 나타낸 표입니다. 어느 모둠이 더 잘했다고 할 수 있는지 구해 보세요.

	학생 수(명)	건 고리 수의 합(개)
현주네 모둠	5	35
지훈이네 모둠	6	36

(　　　　　　　　)

Tip 자료의 수가 다를 때에는 자료의 값의 합이 아니라 평균을 비교해요.

5-1 민우네 밭과 선아네 밭의 넓이와 감자 수확량을 조사하여 나타낸 표입니다. 누구네 밭에서 감자를 더 잘 수확했다고 할 수 있는지 구해 보세요.

	밭의 넓이(m^2)	감자 수확량(kg)
민우네 밭	90	180
선아네 밭	50	150

(　　　　　　　　)

5-2 세희와 준서가 한 회에 10개씩 농구공을 던져 넣은 기록을 조사하여 나타낸 것입니다. 세희는 4회, 준서는 5회 던졌을 때, 누가 농구공을 더 잘 넣었다고 할 수 있는지 구해 보세요.

- 세희: 7개, 4개, 6개, 3개
- 준서: 9개, 4개, 5개, 5개, 7개

(　　　　　　　　)

1회 14번 | 4회 14번

유형 6 평균을 이용하여 모르는 자료의 값 구하기

서희네 모둠의 공 던지기 기록의 평균이 16 m일 때, 은수의 기록은 몇 m인지 구해 보세요.

서희네 모둠의 공 던지기 기록

이름	서희	재준	은수	호준	현아
기록(m)	17	11		23	14

(　　　　　　　　)

Tip 모르는 자료의 값은 전체 자료의 값의 합에서 아는 자료의 값의 합을 빼서 구해요.

6-1 우석이가 5일 동안 읽은 과학책 쪽수의 평균이 26쪽일 때, 목요일에는 몇 쪽을 읽었는지 구해 보세요.

우석이가 읽은 과학책 쪽수

요일	월	화	수	목	금
쪽수(쪽)	21	32	29		25

(　　　　　　　　)

6-2 형주와 윤아의 팔 굽혀 펴기 기록의 평균이 같을 때, 윤아의 1회의 기록은 몇 개인지 구해 보세요.

형주의 팔 굽혀 펴기 기록

회	1회	2회	3회	4회
기록(개)	10	7	8	11

윤아의 팔 굽혀 펴기 기록

회	1회	2회	3회	4회	5회
기록(개)		8	13	6	9

(　　　　　　　　)

유형 7 전체 자료의 평균 구하기

1회 17번

국어, 수학, 과학의 평균 점수는 88점이고, 사회의 점수는 92점입니다. 국어, 수학, 과학, 사회의 점수의 평균은 몇 점인지 구해 보세요.

(　　　　　　　　　　)

Tip (평균)=(자료의 값의 합)÷(자료의 수)

7-1 ㉮, ㉯, ㉰, ㉱ 과수원의 귤 수확량의 평균은 745상자이고, ㉲ 과수원의 귤 수확량은 690상자입니다. ㉮, ㉯, ㉰, ㉱, ㉲ 과수원의 귤 수확량의 평균은 몇 상자인지 구해 보세요.

(　　　　　　　　　　)

7-2 수진이네 반 남학생과 여학생의 몸무게의 평균을 각각 나타낸 표입니다. 수진이네 반 전체 학생의 몸무게의 평균은 몇 kg인지 구해 보세요.

남학생 12명	37 kg
여학생 8명	32 kg

(　　　　　　　　　　)

7-3 우준이네 모둠 남학생과 여학생이 모은 헌 종이 무게의 평균을 나타낸 표입니다. 우준이네 모둠 전체 학생이 모은 헌 종이 무게의 평균은 몇 kg인지 구해 보세요.

남학생 4명	20 kg
여학생 5명	29 kg

(　　　　　　　　　　)

유형 8 일이 일어날 가능성 비교하기

2회 17번 3회 15번 4회 16번

회전판을 돌릴 때 화살이 노란색에 멈출 가능성이 높은 회전판부터 차례대로 써 보세요.

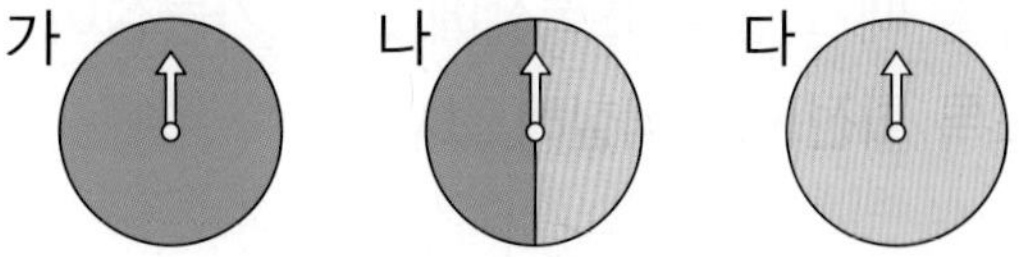

(　　　　　　　　　　)

Tip 해당하는 부분의 넓이가 넓을수록 화살이 멈출 가능성이 높아요.

8-1 회전판을 돌릴 때 화살이 빨간색에 멈출 가능성이 높은 회전판부터 차례대로 써 보세요.

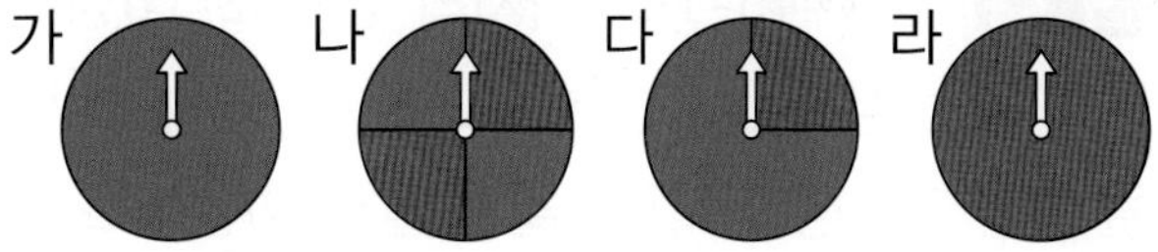

(　　　　　　　　　　)

8-2 주사위 1개를 한 번 굴릴 때 일이 일어날 가능성이 더 높은 것의 기호를 써 보세요.

㉠ 눈의 수가 짝수가 나올 가능성
㉡ 눈의 수가 7이 나올 가능성

(　　　　　　　　　　)

8-3 주사위 1개를 한 번 굴릴 때 일이 일어날 가능성이 더 높은 것의 기호를 써 보세요.

㉠ 눈의 수가 홀수가 나올 가능성
㉡ 눈의 수가 1 이상 6 이하로 나올 가능성

(　　　　　　　　　　)

6 단원

1회 18번

유형 9 일이 일어날 가능성이 같도록 회전판 색칠하기

수요일 다음이 목요일일 가능성과 회전판을 돌릴 때 화살이 초록색에 멈출 가능성이 같도록 회전판을 색칠해 보세요.

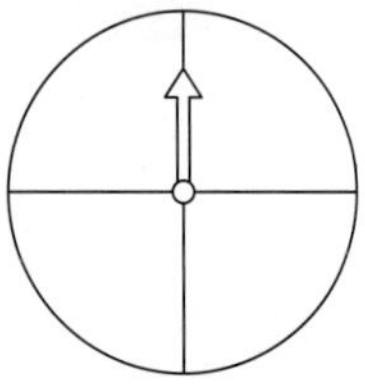

Tip 먼저 일이 일어날 가능성을 말 또는 수로 표현해요.

9-1 1번부터 10번까지의 번호표 10장이 들어 있는 상자에서 번호표 1장을 뽑을 때 20번을 뽑을 가능성과 회전판을 돌릴 때 화살이 노란색에 멈출 가능성이 같도록 회전판을 색칠해 보세요.

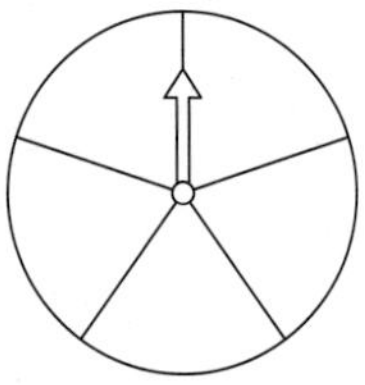

9-2 동전을 한 개 던질 때 숫자면이 나올 가능성과 화살이 파란색에 멈출 가능성이 같도록 회전판을 색칠해 보세요.

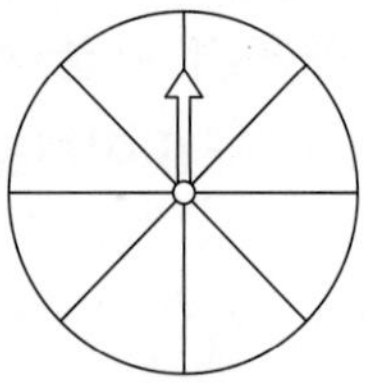

2회 19번 3회 18번

유형 11 평균을 높이는 방법 알아보기

어느 야구 팀이 다섯 경기 동안 얻은 점수의 평균이 네 경기 동안 얻은 점수의 평균보다 1점 더 높으려면 다섯 번째 경기에서는 몇 점을 얻어야 하는지 구해 보세요.

야구 팀이 경기별 얻은 점수

경기	첫 번째	두 번째	세 번째	네 번째
점수(점)	4	8	10	6

(　　　　　　　　　)

Tip (다섯 번째 경기의 점수)
=(다섯 번의 경기 동안 얻은 점수의 합)
−(네 번의 경기 동안 얻은 점수의 합)

10-1 성우의 5회까지 15 m 왕복 오래달리기 기록의 평균이 4회까지 기록의 평균보다 2회 더 높으려면 5회의 기록은 몇 회여야 하는지 구해 보세요.

성우의 15 m 왕복 오래달리기 기록

회	1회	2회	3회	4회
기록(회)	26	21	16	29

(　　　　　　　　　)

10-2 주아의 금요일까지 독서 시간의 평균이 4일 동안의 독서 시간의 평균보다 5분 더 길어지려면 금요일에 독서를 몇 분 해야 하는지 구해 보세요.

주아의 독서 시간

요일	월	화	수	목
시간(분)	20	35	25	40

(　　　　　　　　　)

1회 20번 | 4회 19번

유형 11 평균을 이용하여 세 수 구하기

세 자연수 ㉠, ㉡, ㉢이 있습니다. ㉠과 ㉡의 평균은 19, ㉡과 ㉢의 평균은 16, ㉢과 ㉠의 평균은 13입니다. ㉠, ㉡, ㉢을 각각 구해 보세요.

㉠ ( )
㉡ ( )
㉢ ( )

Tip (㉠+㉡)+(㉡+㉢)+(㉢+㉠)
=(㉠+㉡+㉢)×2

11-1 세 자연수 ㉠, ㉡, ㉢이 있습니다. ㉠과 ㉡의 평균은 20, ㉡과 ㉢의 평균은 29, ㉢과 ㉠의 평균은 18입니다. ㉠, ㉡, ㉢을 각각 구해 보세요.

㉠ ( )
㉡ ( )
㉢ ( )

11-2 연아와 성우의 수학 점수의 평균은 90점이고, 성우와 유주의 수학 점수의 평균은 88점이고, 유주와 연아의 수학 점수의 평균은 86점입니다. 연아, 성우, 유주의 수학 점수는 각각 몇 점인지 구해 보세요.

연아 ( )
성우 ( )
유주 ( )

2회 20번 | 3회 20번

유형 12 가능성을 이용하여 개수 구하기

주머니에 빨간색 공깃돌 5개, 노란색 공깃돌 5개, 파란색 공깃돌 몇 개가 들어 있습니다. 주머니에서 공깃돌을 1개 꺼낼 때 파란색 공깃돌이 나올 가능성을 수로 표현하면 $\frac{1}{2}$입니다. 주머니에 들어 있는 파란색 공깃돌은 몇 개인지 구해 보세요.

( )

Tip 공깃돌을 1개 꺼낼 때 파란색일 가능성이 $\frac{1}{2}$이면 전체 공깃돌의 반이 파란색이에요.

12-1 상자에 보라색 구슬 4개, 초록색 구슬 2개, 분홍색 구슬 몇 개가 들어 있습니다. 상자에서 구슬을 1개 꺼낼 때 분홍색 구슬이 나올 가능성을 수로 표현하면 $\frac{1}{2}$입니다. 상자에 들어 있는 분홍색 구슬은 몇 개인지 구해 보세요.

( )

12-2 주머니에 검은색 바둑돌 10개와 흰색 바둑돌 몇 개가 들어 있습니다. 주머니에서 흰색 바둑돌 1개를 꺼내 동생에게 주었습니다. 남은 바둑돌 중 1개를 꺼낼 때 검은색 바둑돌이 나올 가능성과 흰색 바둑돌이 나올 가능성이 같다면 처음 주머니에 들어 있던 흰색 바둑돌은 몇 개인지 구해 보세요.

( )

M E M O

정답 및 풀이

1단원 수의 범위와 어림하기

6~8쪽 AI가 추천한 단원 평가 1회

01 이상　02 30.7, 32
03 15.8, 23, 16.2　04 520
05 3.17　06 ㉡　07 재호, 지유
08 2명
09 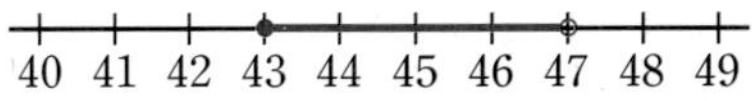

10 ①, ③　11 풀이 참고, 6개
12 13000명　13 2명　14 6000원
15 17명　16 풀이 참고, 100
17 44　18 30, 36, 42, 48
19 720, 730　20 249권

02 30보다 큰 수는 30.7, 32입니다.

03 23보다 작거나 같은 수는 15.8, 23, 16.2입니다.

04 519 → 520

05 3.176 → 3.17

06 ㉠ 2684 → 2700　㉡ 3219 → 3200

07 기록이 13초 이상인 학생은 재호(14.0초), 지유(13.8초)입니다.

08 기록이 12초 미만인 학생은 선희(11.0초), 준서(11.2초)로 모두 2명입니다.

09 43은 ●으로, 47은 ○으로 표시하고 두 수 사이를 선으로 잇습니다.

10 버림하여 천의 자리까지 나타냅니다.
① 3002 → 3000　② 4008 → 4000
③ 3980 → 3000　④ 2070 → 2000
⑤ 2000 → 2000

11 예 수직선에 나타낸 수의 범위는 75 이상 80 이하인 수입니다.」❶
75보다 크거나 같고 80보다 작거나 같은 자연수는 75, 76, 77, 78, 79, 80으로 모두 6개입니다.」❷

채점 기준

❶ 수직선에 나타낸 수의 범위 알아보기	2점
❷ 수직선에 나타낸 수의 범위에 속하는 자연수의 개수 구하기	3점

12 12548 → 13000

13 휴대 전화 사용 시간이 100분 초과 150분 이하인 학생은 미희(150분), 아름(135분)으로 모두 2명입니다.

14 1000원보다 적은 돈은 지폐로 바꿀 수 없으므로 6100을 버림하여 천의 자리까지 나타내면 6000입니다.
따라서 최대 6000원까지 바꿀 수 있습니다.

15 버스의 정원은 26명 미만이므로 25명까지 탈 수 있습니다.
따라서 이 버스에 최대 25－8＝17(명)이 더 탈 수 있습니다.

16 예 8415를 올림하여 백의 자리까지 나타내면 8500이고, 버림하여 백의 자리까지 나타내면 8400입니다.」❶
따라서 두 수의 차는 8500－8400＝100입니다.」❷

채점 기준

❶ 8415를 올림하여 백의 자리까지 나타내고, 버림하여 백의 자리까지 나타내기	4점
❷ 어림하여 나타낸 두 수의 차 구하기	1점

17 수직선에 나타낸 수의 범위는 37 초과 ㉠ 미만인 수이고, 이 수의 범위에 속하는 자연수 6개를 작은 수부터 차례대로 쓰면 38, 39, 40, 41, 42, 43입니다.
따라서 수의 범위에 43까지 속해야 하고 ㉠은 속하지 않으므로 ㉠에 알맞은 자연수는 44입니다.

18 29 이상 54 미만인 자연수는 29, 30, 31, ……, 51, 52, 53입니다. 이 중 6으로 나누어떨어지는 수는 30, 36, 42, 48입니다.

19 버림하여 십의 자리까지 나타내면 720이 되는 수는 720보다 크거나 같고 730보다 작은 수입니다.
따라서 어떤 수가 될 수 있는 수의 범위는 720 이상 730 미만입니다.

20 반올림하여 백의 자리까지 나타내면 200이 되는 수의 범위는 150 이상 250 미만이므로 재민이네 학교 학생은 150명 이상 249명 이하입니다.
따라서 학생 수는 최대 249명이므로 공책이 모자라지 않으려면 공책을 적어도 249권 준비해야 합니다.

9~11쪽 AI가 추천한 단원 평가 2회

01 14, 20　02 ①, ⑤　03 2210
04 73.5　05 40.6, 38　06 이하
07 ㉢　08 유리　09 ㉠, ㉢
10 풀이 참고, 2개　11 ㉢
12 >　13 20000원　14 9개
15 0, 1, 2, 3, 4　16 77, 85
17 풀이 참고, 70 cm　18 5100
19 28　20 721, 750

03 2219 → 2210

04 73.539 → 73.5

05 38보다 크거나 같고 45보다 작은 수는 40.6, 38 입니다.

06 수직선에 나타낸 수의 범위는 28보다 작거나 같은 수이므로 28 이하인 수입니다.

07 648 → 700

08 50 미만인 수는 50보다 작은 수이므로 50을 포함하지 않습니다.
따라서 50 미만인 수를 잘못 나타낸 사람은 50을 포함한 유리입니다.

09 33을 포함하는 수의 범위는 ㉠ 33 이상인 수, ㉢ 33 이하인 수입니다.

10 예 10 kg 초과는 10 kg보다 무거운 무게이므로 10 kg 초과인 수화물은 가(11 kg), 라(12 kg)입니다.」❶
따라서 추가 요금을 내야 하는 수화물은 모두 2개입니다.」❷

채점 기준

❶ 10 kg 초과인 무게 모두 찾기	3점
❷ 초과 요금을 내야 하는 수화물의 개수 구하기	2점

11 • 버림하여 백의 자리까지 나타낸 수:
519 → 500(㉠)
• 버림하여 십의 자리까지 나타낸 수:
519 → 510(㉡)

12 • 1548을 올림하여 백의 자리까지 나타낸 수:
1548 → 1600
• 1548을 반올림하여 백의 자리까지 나타낸 수:
1548 → 1500
➔ 1600 > 1500

13 12살인 승우는 어린이이므로 8000원이고, 43살인 승우 아빠는 어른이므로 12000원입니다.
➔ 8000+12000=20000(원)

14 접시 한 개에 쿠키를 10개씩 모두 담아야 하므로 88을 올림하여 십의 자리까지 나타내면 90입니다.
따라서 접시는 최소 90÷10=9(개)가 필요합니다.

15 13□을/를 반올림하여 십의 자리까지 나타낸 수가 130이므로 □ 안에 들어갈 수 있는 숫자는 버림이 되는 0, 1, 2, 3, 4입니다.

16 78 이상인 자연수는 78보다 크거나 같은 자연수이므로 77 초과인 자연수와 같고, 86 미만인 자연수는 86보다 작은 자연수이므로 85 이하인 자연수와 같습니다.

17 예 정사각형의 둘레는 17×4=68(cm)입니다.」❶
따라서 정사각형의 둘레를 반올림하여 십의 자리까지 나타내면 70 cm입니다.」❷

채점 기준

❶ 정사각형의 둘레 구하기	2점
❷ 정사각형의 둘레를 반올림하여 십의 자리까지 나타내기	3점

18 0<5<6<9이므로 만들 수 있는 가장 작은 네 자리 수는 5069입니다.
따라서 5069를 올림하여 백의 자리까지 나타내면 5100입니다.

19 버림하여 십의 자리까지 나타내면 250이 되는 자연수는 250부터 259까지이고, 이 중 9로 나누어 떨어지는 수는 252입니다.
따라서 어떤 자연수는 252÷9=28입니다.

20 • 오이의 수가 가장 많은 경우는 오이를 한 상자에 30개씩 상자 25개에 담았을 때이므로 30×25=750(개)입니다.
• 오이의 수가 가장 적은 경우는 오이를 한 상자에 30개씩 상자 24개에 담고 1개가 남는 때이므로 30×24+1=721(개)입니다.
따라서 수확한 오이의 수는 721개부터 750개까지 될 수 있으므로 721개 이상 750개 이하입니다.

12~14쪽 AI가 추천한 단원 평가 3회

01 초과	02 50, 52	03 4.08
04 3200, 3100, 3100		05 ㉢
06 7005	07 5 cm	08 재우, 미래
09 승효	10 올림, 반올림	
11 6개	12 풀이 참고, ㉢	
13 18개	14 이상, 미만	15 4개
16 풀이 참고, 580명		17 1799, 1700
18 81	19 4개	
20 455, 456, 457, 458, 459, 460		

03 4.071 → 4.08

04 • 올림: 3148 → 3200
• 버림: 3148 → 3100
• 반올림: 3148 → 3100

05 ㉠ 40 초과인 수 ㉡ 40 이하인 수
㉢ 40 이상인 수

06 버림하여 천의 자리까지 나타냅니다.
6107 → 6000, 7005 → 7000, 6783 → 6000

07 지우개의 길이는 4.8 cm이므로 반올림하여 일의 자리까지 나타내면 5 cm입니다.

08 팔 굽혀 펴기 횟수가 10회 이상 16회 미만인 학생은 재우(10회), 미래(15회)입니다.

09 반 대표로 뽑아야 하는 학생은 팔 굽혀 펴기 횟수가 20회 초과인 22회를 한 승효입니다.

10 9177을 올림하여 백의 자리까지 나타내거나 반올림하여 백의 자리까지 나타내면 모두 9200이 됩니다.

11 18보다 크고 24보다 작거나 같은 자연수는 19, 20, 21, 22, 23, 24로 모두 6개입니다.

12 예 84501을 반올림하여 각각 주어진 자리까지 나타내어 봅니다.
㉠ 84501 → 84500 ㉡ 84501 → 84500
㉢ 84501 → 85000 ㉣ 84501 → 80000」❶
따라서 가장 큰 수는 ㉢ 85000입니다.」❷

채점 기준

❶ 84501을 반올림하여 각각 주어진 자리까지 나타내기	4점
❷ 가장 큰 수를 찾아 기호 쓰기	1점

13 10 cm가 안 되는 색 테이프로는 리본을 만들 수 없으므로 184를 버림하여 십의 자리까지 나타내면 180입니다. 따라서 만들 수 있는 리본은 최대 $180 \div 10 = 18$(개)입니다.

14 주어진 수에 54는 포함되고 59는 포함되지 않으므로 54 이상 59 미만인 자연수입니다.

15 • 28 초과 35 이하인 자연수:
29, 30, 31, 32, 33, 34, 35
• 25 이상 33 미만인 자연수:
25, 26, 27, 28, 29, 30, 31, 32
따라서 공통으로 포함되는 자연수는
29, 30, 31, 32로 모두 4개입니다.

16 예 주아네 학교 전체 학생은 $295 + 277 = 572$(명)입니다.」❶
따라서 주아네 학교 학생 수를 올림하여 십의 자리까지 나타내면 580명입니다.」❷

채점 기준

❶ 주아네 학교 학생 수 구하기	2점
❷ 주아네 학교 학생 수를 올림하여 십의 자리까지 나타내기	3점

17 버림하여 백의 자리까지 나타내면 1700이 되는 자연수는 1700부터 1799까지이므로 가장 큰 수는 1799, 가장 작은 수는 1700입니다.

18 수직선에 나타낸 수의 범위는 76 초과 ㉠ 이하인 수이고, 이 수의 범위에 속하는 자연수 5개를 작은 수부터 차례대로 쓰면 77, 78, 79, 80, 81입니다. 따라서 수의 범위에 81까지 속해야 하고 ㉠도 속해야 하므로 ㉠에 알맞은 자연수는 81입니다.

19 일의 자리에 올 수 있는 숫자: 4, 5
소수 첫째 자리에 올 수 있는 숫자: 7, 8
따라서 만들 수 있는 소수 한 자리 수는 4.7, 4.8, 5.7, 5.8로 모두 4개입니다.

20 • 올림하여 십의 자리까지 나타낼 때 460이 되는 자연수는
451, 452, 453, ……, 458, 459, 460입니다.
• 반올림하여 십의 자리까지 나타낼 때 460이 되는 자연수는
455, 456, 457, ……, 462, 463, 464입니다.
따라서 조건을 만족하는 자연수는
455, 456, 457, 458, 459, 460입니다.

15~17쪽 AI가 추천한 단원 평가 4회

01 50, 55.4, 61　02 39, 41
03 8600, 9000　04 　05 주희
06 ①, ②　07 ㉢
08 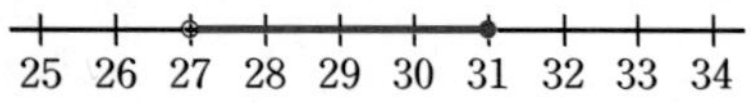

09 민수　10 2명　11 ㉠
12 400 cm　13 풀이 참고, 95
14 ㉠　15 6, 2　16 22001
17 풀이 참고, 8400　18 57, 58, 59
19 6000원　20 121, 140

01 50보다 크거나 같은 수는 50, 55.4, 61입니다.

02 35보다 크고 42보다 작은 수는 39, 41입니다.

03 8621 → 8600, 8621 → 9000

04 5419 → 5500, 5528 → 5600

05 • 서준: 2387 → 2000
• 주희: 4950 → 4000

06 수직선에 나타낸 수의 범위는 65 초과인 수입니다. 따라서 65보다 큰 수에 속하지 않는 수는 ① 64, ② 65입니다.

07 수를 반올림하여 소수 첫째 자리까지 나타냅니다.
㉠ 3.14 → 3.1　㉡ 3.27 → 3.3　㉢ 3.19 → 3.2

08 27은 ○으로, 31은 ●으로 표시하고 두 수 사이를 선으로 잇습니다.

09 현우는 34.0 kg이므로 플라이급에 속합니다. 따라서 플라이급에 속하는 학생은 33.5 kg인 민수입니다.

10 밴텀급은 34 kg 초과 36 kg 이하입니다. 따라서 밴텀급에 속하는 학생은 명호(35.6 kg), 도형(36.0 kg)으로 모두 2명입니다.

11 • 올림하여 천의 자리까지 나타낸 수:
6653 → 7000(㉢)
• 올림하여 백의 자리까지 나타낸 수:
6653 → 6700
• 올림하여 십의 자리까지 나타낸 수:
6653 → 6660(㉡)

12 369를 반올림하여 백의 자리까지 나타내면 400이므로 400 cm입니다.

13 예 16 초과 22 미만인 자연수는 17, 18, 19, 20, 21입니다.」❶
따라서 16 초과 22 미만인 자연수를 모두 더하면 17+18+19+20+21=95입니다.」❷

채점 기준

❶ 16 초과 22 미만인 자연수 모두 구하기	3점
❷ 16 초과 22 미만인 자연수의 합 구하기	2점

14 각 범위에 속하는 자연수의 개수를 알아봅니다.
㉠ 36, 37, 38, 39, 40 → 5개
㉡ 38, 39, 40 → 3개
㉢ 36, 37, 38, 39 → 4개
따라서 수의 범위에 속하는 자연수가 가장 많은 것은 ㉠입니다.

15 버림하여 백의 자리까지 나타내면 6200이 되는 자연수는 6200부터 6299까지입니다.
따라서 구하는 수는 6298입니다.

16 올림하여 천의 자리까지 나타내면 23000이 되는 자연수는 22001부터 23000까지이므로 가장 작은 수는 22001입니다.

17 예 8>4>2>1이므로 만들 수 있는 가장 큰 네 자리 수는 8421입니다.」❶
따라서 8421을 반올림하여 백의 자리까지 나타내면 8400입니다.」❷

채점 기준

❶ 만들 수 있는 가장 큰 네 자리 수 구하기	2점
❷ 만든 수를 반올림하여 백의 자리까지 나타내기	3점

18 56 초과 64 이하인 자연수는 57, 58, 59, 60, 61, 62, 63, 64입니다.
이 중 버림하여 십의 자리까지 나타내면 50이 되는 수는 57, 58, 59입니다.

19 도화지를 10장씩 묶음으로 사야 하므로 98을 올림하여 십의 자리까지 나타내면 100입니다.
따라서 문구점에서 도화지를 산다면 최소 600×10=6000(원)이 필요합니다.

20 • 학생 수가 가장 많은 경우는 놀이기구 한 대에 20명씩 7번 운행했을 때이므로 20×7=140(명)입니다.
• 학생 수가 가장 적은 경우는 놀이기구 한 대에 20명씩 6번 운행하고 1명이 남는 때이므로 20×6+1=121(명)입니다.
따라서 학생 수는 121명부터 140명까지 될 수 있으므로 121명 이상 140명 이하입니다.

18~23쪽 틀린 유형 다시 보기

유형 1 48.3, 46　1-1 30.2, 27　1-2 17, 20.9
1-3 3개　유형 2 ㉡　2-1 ㉠
2-2 ㉡　2-3 ㉡, 91000
유형 3 6개　3-1 10개　3-2 7개
3-3 8개　유형 4 ㉡　4-1 ㉠
4-2 ㉢　4-3 ㉡, ㉣　유형 5 10대
5-1 6000원　5-2 4000원　5-3 60봉지
유형 6 11, 12, 13　6-1 27, 28
6-2 59, 60　6-3 5개　유형 7 5299
7-1 13001　7-2 7634
7-3 3389, 3380　유형 8 8500
8-1 2560　8-2 9500　8-3 21000
유형 9 32　9-1 39　9-2 63
9-3 44　유형 10 245, 255
10-1 700, 800　10-2 800, 810
10-3 

유형 11 315, 316, 317, 318, 319, 320
11-1 500, 501, 502, 503, 504　11-2 9개
유형 12 101, 125　12-1 881, 900
12-2 281, 289

유형 1 46보다 크거나 같고 60보다 작거나 같은 수는 48.3, 46입니다.

1-1 25보다 크고 31보다 작은 수는 30.2, 27입니다.

1-2 15보다 크거나 같고 28보다 작은 수는 17, 20.9입니다.

1-3 50보다 크고 60보다 작거나 같은 수는 55, 59.6, 60으로 모두 3개입니다.

유형 2 ㉠ 7250 → 7300　㉡ 5413 → 5400

2-1 ㉠ 836 → 840　㉡ 169 → 170

2-2 ㉠ 20137 → 20000　㉡ 49857 → 49000

2-3 ㉠ 32598 → 33000　㉡ 91065 → 91000

유형 3 26 이상 32 미만인 수는 26보다 크거나 같고 32보다 작은 수이므로 이 범위에 속하는 자연수는 26, 27, 28, 29, 30, 31로 모두 6개입니다.

3-1 55 초과 65 이하인 수는 55보다 크고 65보다 작거나 같은 수이므로 이 범위에 속하는 자연수는 56, 57, 58, 59, 60, 61, 62, 63, 64, 65로 모두 10개입니다.

3-2 88 초과 96 미만인 수는 88보다 크고 96보다 작은 수이므로 이 범위에 속하는 자연수는 89, 90, 91, 92, 93, 94, 95로 모두 7개입니다.

3-3 수직선에 나타낸 수의 범위는 43 이상 50 이하인 수입니다. 43 이상 50 이하인 수는 43보다 크거나 같고 50보다 작거나 같은 수이므로 이 범위에 속하는 자연수는 43, 44, 45, 46, 47, 48, 49, 50으로 모두 8개입니다.

유형 4
- 올림하여 천의 자리까지 나타낸 수: 1547 → 2000(㉢)
- 올림하여 백의 자리까지 나타낸 수: 1547 → 1600(㉠)
- 올림하여 십의 자리까지 나타낸 수: 1547 → 1550

4-1
- 버림하여 천의 자리까지 나타낸 수: 7628 → 7000
- 버림하여 백의 자리까지 나타낸 수: 7628 → 7600(㉢)
- 버림하여 십의 자리까지 나타낸 수: 7628 → 7620(㉡)

4-2
- 반올림하여 천의 자리까지 나타낸 수: 6643 → 7000(㉡)
- 반올림하여 백의 자리까지 나타낸 수: 6643 → 6600
- 반올림하여 십의 자리까지 나타낸 수: 6643 → 6640(㉠)

4-3
- 반올림하여 만의 자리까지 나타낸 수: 12458 → 10000
- 반올림하여 천의 자리까지 나타낸 수: 12458 → 12000
- 반올림하여 백의 자리까지 나타낸 수: 12458 → 12500(㉢)
- 반올림하여 십의 자리까지 나타낸 수: 12458 → 12460(㉠)

유형 5 케이블카는 한 대에 10명씩 탈 수 있으므로 96을 올림하여 십의 자리까지 나타내면 100입니다. 따라서 케이블카는 최소 100÷10=10(대)가 필요합니다.

5-1 1000원짜리 지폐로만 내야 하므로 5500을 올림하여 천의 자리까지 나타내면 6000입니다. 따라서 최소 6000원을 내야 합니다.

5-2 1000원보다 적은 돈은 지폐로 바꿀 수 없으므로 4800을 버림하여 천의 자리까지 나타내면 4000입니다.
따라서 최대 4000원까지 바꿀 수 있습니다.

5-3 (만든 사탕 수)=263+342=605(개)
사탕은 한 봉지에 10개씩 담아 판매하므로 605를 버림하여 십의 자리까지 나타내면 600입니다.
따라서 사탕은 최대 600÷10=60(봉지)까지 팔 수 있습니다.

유형 6
- 10 초과 16 이하인 자연수:
  11, 12, 13, 14, 15, 16
- 8 이상 14 미만인 자연수:
  8, 9, 10, 11, 12, 13

따라서 공통으로 포함되는 자연수는 11, 12, 13입니다.

6-1
- 23 이상 29 미만인 자연수:
  23, 24, 25, 26, 27, 28
- 26 초과 31 이하인 자연수:
  27, 28, 29, 30, 31

따라서 공통으로 포함되는 자연수는 27, 28입니다.

6-2
- 55 이상 61 미만인 자연수:
  55, 56, 57, 58, 59, 60
- 58 초과 63 이하인 자연수:
  59, 60, 61, 62, 63

따라서 공통으로 포함되는 자연수는 59, 60입니다.

6-3
- 65 이상 72 이하인 자연수:
  65, 66, 67, 68, 69, 70, 71, 72
- 67 초과 75 미만인 자연수:
  68, 69, 70, 71, 72, 73, 74

따라서 공통으로 포함되는 자연수는 68, 69, 70, 71, 72로 모두 5개입니다.

유형 7 버림하여 백의 자리까지 나타내면 5200이 되는 자연수는 5200부터 5299까지이므로 가장 큰 수는 5299입니다.

7-1 올림하여 천의 자리까지 나타내면 14000이 되는 자연수는 13001부터 14000까지이므로 가장 작은 수는 13001입니다.

7-2 반올림하여 십의 자리까지 나타내면 7630이 되는 자연수는 7625부터 7634까지이므로 가장 큰 수는 7634입니다.

7-3 버림하여 십의 자리까지 나타내면 3380이 되는 자연수는 3380부터 3389까지이므로 가장 큰 수는 3389, 가장 작은 수는 3380입니다.

유형 8 8>4>3>1이므로 만들 수 있는 가장 큰 네 자리 수는 8431입니다. 따라서 8431을 올림하여 백의 자리까지 나타내면 8500입니다.

8-1 2<5<6<7이므로 만들 수 있는 가장 작은 네 자리 수는 2567입니다. 따라서 2567을 버림하여 십의 자리까지 나타내면 2560입니다.

8-2 9>5>3>1이므로 만들 수 있는 가장 큰 네 자리 수는 9531입니다. 따라서 9531을 반올림하여 백의 자리까지 나타내면 9500입니다.

8-3 0<2<5<6<8이므로 만들 수 있는 가장 작은 다섯 자리 수는 20568입니다. 따라서 20568을 반올림하여 천의 자리까지 나타내면 21000입니다.

유형 9 수직선에 나타낸 수의 범위는 28 이상 ㉠ 미만인 수이고, 이 수의 범위에 속하는 자연수 4개를 작은 수부터 차례대로 쓰면 28, 29, 30, 31입니다.
따라서 수의 범위에 31까지 속해야 하고 ㉠은 속하지 않으므로 ㉠에 알맞은 자연수는 32입니다.

9-1 수직선에 나타낸 수의 범위는 33 초과 ㉠ 이하인 수이고, 이 수의 범위에 속하는 자연수 6개를 작은 수부터 차례대로 쓰면 34, 35, 36, 37, 38, 39입니다.
따라서 수의 범위에 39까지 속해야 하고 ㉠도 속해야 하므로 ㉠에 알맞은 자연수는 39입니다.

9-2 수직선에 나타낸 수의 범위는 59 이상 ㉠ 이하인 수이고, 이 수의 범위에 속하는 자연수 5개를 작은 수부터 차례대로 쓰면 59, 60, 61, 62, 63입니다.
따라서 수의 범위에 63까지 속해야 하고 ㉠도 속해야 하므로 ㉠에 알맞은 자연수는 63입니다.

9-3 수직선에 나타낸 수의 범위는 ㉠ 이상 51 미만인 수이고, 이 수의 범위에 속하는 자연수 7개를 큰 수부터 차례대로 쓰면 50, 49, 48, 47, 46, 45, 44입니다.
따라서 수의 범위에 44까지 속해야 하고 ㉠도 속해야 하므로 ㉠에 알맞은 자연수는 44입니다.

유형 10 반올림하여 십의 자리까지 나타내면 250이 되는 수는 245보다 크거나 같고 255보다 작은 수이므로 어떤 수가 될 수 있는 수의 범위는 245 이상 255 미만입니다.

10-1 버림하여 백의 자리까지 나타내면 700이 되는 수는 700보다 크거나 같고 800보다 작은 수이므로 어떤 수가 될 수 있는 수의 범위는 700 이상 800 미만인 수입니다.

10-2 올림하여 십의 자리까지 나타내면 810이 되는 수는 800보다 크고 810보다 작거나 같은 수이므로 어떤 수가 될 수 있는 수의 범위는 800 초과 810 이하인 수입니다.

10-3 반올림하여 백의 자리까지 나타내면 1600이 되는 수는 1550보다 크거나 같고 1650보다 작은 수이므로 어떤 수가 될 수 있는 수의 범위는 1550 이상 1650 미만입니다.
따라서 1550은 ●으로, 1650은 ○으로 표시하고 두 수 사이를 선으로 잇습니다.

유형 11
- 올림하여 십의 자리까지 나타낼 때 320이 되는 자연수는
  311, 312, 313, ……, 318, 319, 320입니다.
- 반올림하여 십의 자리까지 나타낼 때 320이 되는 자연수는
  315, 316, 317, ……, 322, 323, 324입니다.

따라서 조건을 만족하는 자연수는
315, 316, 317, 318, 319, 320입니다.

11-1
- 버림하여 백의 자리까지 나타낼 때 500이 되는 자연수는
  500, 501, 502, ……, 597, 598, 599입니다.
- 반올림하여 십의 자리까지 나타낼 때 500이 되는 자연수는
  495, 496, 497, ……, 502, 503, 504입니다.

따라서 조건을 만족하는 자연수는
500, 501, 502, 503, 504입니다.

11-2
- 올림하여 십의 자리까지 나타낼 때 440이 되는 자연수는
  431, 432, 433, ……, 438, 439, 440입니다.
- 버림하여 십의 자리까지 나타낼 때 430이 되는 자연수는
  430, 431, 432, ……, 437, 438, 439입니다.

따라서 조건을 만족하는 자연수는
431, 432, ……, 438, 439로 모두 9개입니다.

유형 12
- 학생 수가 가장 많은 경우는 버스 한 대에 25명씩 5대에 탔을 때이므로
  $25 \times 5 = 125$(명)입니다.
- 학생 수가 가장 적은 경우는 버스 한 대에 25명씩 4대에 타고 1명이 남는 때이므로
  $25 \times 4 + 1 = 101$(명)입니다.

따라서 학생 수는 101명부터 125명까지 될 수 있으므로 101명 이상 125명 이하입니다.

12-1
- 참외의 수가 가장 많은 경우는 참외를 한 상자에 20개씩 상자 45개에 담았을 때이므로
  $20 \times 45 = 900$(개)입니다.
- 참외의 수가 가장 적은 경우는 참외를 한 상자에 20개씩 상자 44개에 담고 1개가 남는 때이므로 $20 \times 44 + 1 = 881$(개)입니다.

따라서 참외의 수는 881개부터 900개까지 될 수 있으므로 881개 이상 900개 이하입니다.

12-2
- 학생 수가 가장 많은 경우는 긴 의자 한 개에 8명씩 36개에 앉을 때이므로
  $8 \times 36 = 288$(명)입니다.
- 학생 수가 가장 적은 경우는 의자 한 개에 8명씩 35개에 앉고 1명이 남는 때이므로
  $8 \times 35 + 1 = 281$(명)입니다.

따라서 학생 수는 281명부터 288명까지 될 수 있으므로 281명 이상 289명 미만입니다.

2단원 분수의 곱셈

26~28쪽 AI가 추천한 단원 평가 1회

01 3　02 2, 8, 1, 1

03 7, 7, 49, 3, 4

04 $\frac{15}{28}$　05 $11\frac{1}{3}$　06 $\frac{7}{60}$

07 예 $1\frac{5}{6}\times8=\frac{11}{\underset{3}{\cancel{6}}}\times\overset{4}{\cancel{8}}=\frac{44}{3}=14\frac{2}{3}$

08 >　09 ㉠　10 $4\frac{2}{3}$

11 풀이 참고, $1\frac{1}{2}$　12 $4\frac{1}{5}$ kg

13 $\frac{1}{4}$　14 $50\frac{2}{5}$ cm^2　15 $\frac{1}{4}$

16 풀이 참고, 성우　17 $19\frac{5}{9}$ km

18 2, 3　19 54 cm　20 60명

09 ㉠ $1\frac{4}{9}\times3=\frac{13}{\underset{3}{\cancel{9}}}\times\overset{1}{\cancel{3}}=\frac{13}{3}=4\frac{1}{3}$

㉡ $2\times2\frac{5}{6}=\overset{1}{\cancel{2}}\times\frac{17}{\underset{3}{\cancel{6}}}=\frac{17}{3}=5\frac{2}{3}$

10 $\overset{2}{\cancel{8}}\times\frac{7}{\underset{3}{\cancel{12}}}=\frac{14}{3}=4\frac{2}{3}$

11 예 $3\frac{3}{8}>1\frac{4}{5}>\frac{4}{9}$이므로 가장 큰 수는 $3\frac{3}{8}$,

가장 작은 수는 $\frac{4}{9}$입니다.」❶

따라서 가장 큰 수와 가장 작은 수의 곱은

$3\frac{3}{8}\times\frac{4}{9}=\frac{\overset{3}{\cancel{27}}}{\underset{2}{\cancel{8}}}\times\frac{\overset{1}{\cancel{4}}}{\underset{1}{\cancel{9}}}=\frac{3}{2}=1\frac{1}{2}$입니다.」❷

채점 기준

❶ 가장 큰 수와 가장 작은 수 각각 찾기	2점
❷ 가장 큰 수와 가장 작은 수의 곱 구하기	3점

12 (6봉지에 들어 있는 양파의 무게)

$=\frac{7}{\underset{5}{\cancel{10}}}\times\overset{3}{\cancel{6}}=\frac{21}{5}=4\frac{1}{5}$(kg)

13 지후가 먹은 피자는 전체의 $\frac{\overset{1}{\cancel{3}}}{\underset{4}{\cancel{8}}}\times\frac{\overset{1}{\cancel{2}}}{\underset{1}{\cancel{3}}}=\frac{1}{4}$입니다.

14 (직사각형의 넓이)=(가로)×(세로)

$=8\times6\frac{3}{10}=\overset{4}{\cancel{8}}\times\frac{63}{\underset{5}{\cancel{10}}}=\frac{252}{5}=50\frac{2}{5}$(cm^2)

15 빨간색을 제외한 구슬은 전체의 $1-\frac{1}{8}=\frac{7}{8}$입니다.

따라서 파란색 구슬은 전체의 $\frac{\overset{1}{\cancel{7}}}{\underset{4}{\cancel{8}}}\times\frac{\overset{1}{\cancel{2}}}{\underset{1}{\cancel{7}}}=\frac{1}{4}$입니다.

16 예 미혜와 성우가 마신 물의 양은 각각

$1\frac{5}{8}\times4=\frac{13}{\underset{2}{\cancel{8}}}\times\overset{1}{\cancel{4}}=\frac{13}{2}=6\frac{1}{2}$(L),

$2\frac{1}{3}\times3=\frac{7}{\underset{1}{\cancel{3}}}\times\overset{1}{\cancel{3}}=7$(L)입니다.」❶

따라서 $6\frac{1}{2}<7$이므로 물을 더 많이 마신 사람은 성우입니다.」❷

채점 기준

❶ 미혜와 성우가 마신 물의 양 각각 구하기	4점
❷ 물을 더 많이 마신 사람 찾기	1점

17 1시간 50분$=1\frac{50}{60}$시간$=1\frac{5}{6}$시간

(자전거로 1시간 50분 동안 달린 거리)

$=10\frac{2}{3}\times1\frac{5}{6}=\frac{\overset{16}{\cancel{32}}}{3}\times\frac{11}{\underset{3}{\cancel{6}}}=\frac{176}{9}=19\frac{5}{9}$(km)

18 $\frac{1}{7}\times\frac{1}{\square}=\frac{1}{7\times\square}$이므로 $\frac{1}{7\times\square}>\frac{1}{27}$에서

$7\times\square<27$이어야 합니다.

따라서 □ 안에 들어갈 수 있는 자연수 중에서 1보다 큰 수는 2, 3입니다.

19 (공이 두 번째로 튀어 오른 높이)

$=\overset{\overset{6}{\cancel{30}}}{\cancel{150}}\times\frac{3}{\underset{1}{\cancel{5}}}\times\frac{3}{\underset{1}{\cancel{5}}}=54$(cm)

20 (남학생 수)$=\overset{20}{\cancel{180}}\times\frac{5}{\underset{1}{\cancel{9}}}=100$(명)

(축구를 좋아하는 남학생 수)$=\overset{20}{\cancel{100}}\times\frac{2}{\underset{1}{\cancel{5}}}=40$(명)

➜ (야구를 좋아하는 남학생 수)

$=100-40=60$(명)

29~31쪽 AI가 추천한 단원 평가 2회

01 11, 44, 8, 4 02 1, 4, 8, 4

03 $\frac{7}{10}\times\frac{5}{8}=\frac{7\times5}{10\times8}=\frac{\overset{7}{\cancel{35}}}{\underset{16}{\cancel{80}}}=\frac{7}{16}$

04 $1\frac{1}{2}$ 05 $3\frac{3}{5}$ 06 ㉢

07 $11\frac{1}{4}$, $4\frac{7}{8}$ 08 20 09 $>$

10 (　　) 11 36개 12 $19\frac{1}{6}$ km
(　○　)

13 $\frac{10}{27}$ m 14 풀이 참고, $29\frac{3}{4}$

15 풀이 참고, 27살 16 15000원

17 882 cm^2 18 $11\frac{11}{30}$ 19 $\frac{3}{20}$

20 오전 7시 41분 40초

06 • ㉠ $\frac{8}{9}$ ㉡ $\frac{8}{9}$ ㉢ $\frac{2}{9}$

07 • $1\frac{7}{8}\times6=\frac{15}{\underset{4}{\cancel{8}}}\times\overset{3}{\cancel{6}}=\frac{45}{4}=11\frac{1}{4}$

• $1\frac{7}{8}\times2\frac{3}{5}=\frac{\overset{3}{\cancel{15}}}{8}\times\frac{13}{\underset{1}{\cancel{5}}}=\frac{39}{8}=4\frac{7}{8}$

08 1 m=100 cm이므로 1 m의 $\frac{1}{5}$은

$\overset{20}{\cancel{100}}\times\frac{1}{\underset{1}{\cancel{5}}}=20$(cm)입니다.

09 $\frac{7}{15}$에 1보다 큰 수를 곱한 값은 $\frac{7}{15}$보다 크고,

1보다 작은 수를 곱한 값은 $\frac{7}{15}$보다 작습니다.

10 $\frac{\overset{1}{\cancel{3}}}{5}\times\frac{\overset{2}{\cancel{4}}}{\underset{3}{\cancel{9}}}\times\frac{1}{\underset{1}{\cancel{2}}}=\frac{2}{15}$, $\frac{\overset{1}{\cancel{5}}}{\underset{3}{\cancel{9}}}\times\frac{1}{4}\times\frac{\overset{1}{\cancel{3}}}{\underset{2}{\cancel{10}}}=\frac{1}{24}$

11 (검은색 바둑돌의 수)$=\overset{12}{\cancel{60}}\times\frac{3}{\underset{1}{\cancel{5}}}=36$(개)

12 (은정이가 5일 동안 달린 거리)

$=3\frac{5}{6}\times5=\frac{23}{6}\times5=\frac{115}{6}=19\frac{1}{6}$(km)

13 (색칠한 부분의 길이)$=\frac{\overset{2}{\cancel{4}}}{9}\times\frac{5}{\underset{3}{\cancel{6}}}=\frac{10}{27}$(m)

14 예 ㉠은 $8\times3\frac{1}{4}=\overset{2}{\cancel{8}}\times\frac{13}{\underset{1}{\cancel{4}}}=26$이고,

㉡은 $\frac{5}{\underset{4}{\cancel{8}}}\times\overset{3}{\cancel{6}}=\frac{15}{4}=3\frac{3}{4}$입니다.」❶

따라서 ㉠과 ㉡의 합은 $26+3\frac{3}{4}=29\frac{3}{4}$입니다.」❷

채점 기준

❶ ㉠과 ㉡의 계산 결과 각각 구하기	4점
❷ ㉠과 ㉡의 계산 결과의 합 구하기	1점

15 예 언니는 $12\times1\frac{1}{4}=\overset{3}{\cancel{12}}\times\frac{5}{\underset{1}{\cancel{4}}}=15$(살)입니다.」❶

따라서 승희와 승희 언니 나이의 합은

$12+15=27$(살)입니다.」❷

채점 기준

❶ 언니의 나이 구하기	3점
❷ 승희와 승희 언니 나이의 합 구하기	2점

16 (할인 기간의 입장료)$=\overset{1500}{\cancel{9000}}\times\frac{5}{\underset{1}{\cancel{6}}}=7500$(원)

➡ $7500\times2=15000$(원)

17 (타일 한 장의 넓이)

$=5\frac{1}{4}\times5\frac{1}{4}=\frac{21}{4}\times\frac{21}{4}=\frac{441}{16}=27\frac{9}{16}$($cm^2$)

➡ (타일을 이어 붙인 부분의 넓이)

$=27\frac{9}{16}\times32=\frac{441}{\underset{1}{\cancel{16}}}\times\overset{2}{\cancel{32}}=882$($cm^2$)

18 만들 수 있는 가장 큰 대분수는 $6\frac{1}{5}$, 가장 작은 대분수는 $1\frac{5}{6}$입니다.

➡ $6\frac{1}{5}\times1\frac{5}{6}=\frac{31}{5}\times\frac{11}{6}=\frac{341}{30}=11\frac{11}{30}$

19 어떤 수를 □라고 하면 $□+\frac{3}{10}=\frac{4}{5}$이므로

$□=\frac{4}{5}-\frac{3}{10}=\frac{8}{10}-\frac{3}{10}=\frac{5}{10}=\frac{1}{2}$입니다.

따라서 바르게 계산하면 $\frac{1}{2}\times\frac{3}{10}=\frac{3}{20}$입니다.

20 (10일 동안 늦어지는 시간)

$=1\frac{5}{6}\times10=\frac{11}{\underset{3}{\cancel{6}}}\times\overset{5}{\cancel{10}}=\frac{55}{3}=18\frac{1}{3}$(분)

$18\frac{1}{3}$분$=18\frac{20}{60}$분$=18$분 20초

➡ 오전 8시−18분 20초=오전 7시 41분 40초

32~34쪽 AI가 추천한 단원 평가 3회

01 20
02 3, 15, 3, 3
03 $22\frac{1}{2}$
04 $4\frac{2}{3}$
05 $16\frac{1}{2}$
06 
07 $\frac{4}{21}$
08 ㉡
09 375
10 ⑤
11 $4\frac{1}{2}$ L
12 $9\frac{2}{3}$ kg
13 풀이 참고, $6\frac{4}{5}$ cm
14 $8\frac{1}{2}$
15 $\frac{1}{9}$
16 40 cm
17 풀이 참고, 7
18 135 km
19 9, 8(또는 8, 9) / $\frac{1}{72}$
20 $12\frac{3}{5}$ m

09 1 L=1000 mL이므로 1 L의 $\frac{3}{8}$은

$\overset{125}{\cancel{1000}}\times\frac{3}{\underset{1}{\cancel{8}}}=375$(mL)입니다.

10 6에 1보다 큰 수를 곱해야 계산 결과가 6보다 커지므로 계산 결과가 6보다 큰 것은 ⑤입니다.

11 (민정이가 산 음료수 15병의 양)

$=\frac{3}{\underset{2}{\cancel{10}}}\times\overset{3}{\cancel{15}}=\frac{9}{2}=4\frac{1}{2}$(L)

12 (한 상자에 들어 있는 사과의 무게)

$=1\frac{1}{6}\times8\frac{2}{7}=\frac{\overset{1}{\cancel{7}}}{\underset{3}{\cancel{6}}}\times\frac{\overset{29}{\cancel{58}}}{\underset{1}{\cancel{7}}}=\frac{29}{3}=9\frac{2}{3}$(kg)

13 예 정사각형의 둘레는 한 변의 길이에 4를 곱하여 구할 수 있으므로 $1\frac{7}{10}\times4$를 계산합니다.」❶

따라서 정사각형의 둘레는

$1\frac{7}{10}\times4=\frac{17}{\underset{5}{\cancel{10}}}\times\overset{2}{\cancel{4}}=\frac{34}{5}=6\frac{4}{5}$(cm)입니다.」❷

채점 기준	
❶ 문제에 알맞은 식 만들기	2점
❷ 정사각형의 둘레 구하기	3점

14 (어떤 수)$=\frac{2}{\underset{1}{\cancel{3}}}\times\overset{3}{\cancel{9}}=6$

➜ $6\times1\frac{5}{12}=\overset{1}{\cancel{6}}\times\frac{17}{\underset{2}{\cancel{12}}}=\frac{17}{2}=8\frac{1}{2}$

15 형에게 준 포도 맛 막대 사탕은 전체의

$\frac{\overset{1}{\cancel{\overset{2}{\cancel{8}}}}}{9}\times\frac{1}{\underset{1}{\cancel{4}}}\times\frac{1}{\underset{1}{\cancel{2}}}=\frac{1}{9}$입니다.

16 동생에게 주고 남은 철사는 전체의 $1-\frac{4}{9}=\frac{5}{9}$이고, 미술 시간에 사용한 철사는 전체의

$\frac{\overset{1}{\cancel{5}}}{9}\times\frac{2}{\underset{1}{\cancel{5}}}=\frac{2}{9}$입니다.

➜ (미술 시간에 사용한 철사)

$=\overset{20}{\cancel{180}}\times\frac{2}{\underset{1}{\cancel{9}}}=40$(cm)

17 예 $2\times3\frac{1}{8}=\overset{1}{\cancel{2}}\times\frac{25}{\underset{4}{\cancel{8}}}=\frac{25}{4}=6\frac{1}{4}$이므로 식을 간단하게 만들면 $6\frac{1}{4}<\square$입니다.」❶

따라서 □ 안에 들어갈 수 있는 가장 작은 자연수는 7입니다.」❷

채점 기준	
❶ 식을 간단하게 만들기	3점
❷ □ 안에 들어갈 수 있는 가장 작은 자연수 구하기	2점

18 2시간 15분$=2\frac{15}{60}$시간$=2\frac{1}{4}$시간

(자동차가 2시간 15분 동안 달린 거리)

$=60\times2\frac{1}{4}=\overset{15}{\cancel{60}}\times\frac{9}{\underset{1}{\cancel{4}}}=135$(km)

19 분모가 클수록 곱은 작아지므로 분모에 가장 큰 수와 두 번째로 큰 수를 놓으면 됩니다.
따라서 계산 결과가 가장 작은 곱셈식은

$\frac{1}{9}\times\frac{1}{8}=\frac{1}{72}$ 또는 $\frac{1}{8}\times\frac{1}{9}=\frac{1}{72}$입니다.

20 (색 테이프 8장의 길이의 합)

$=1\frac{3}{4}\times8=\frac{7}{\underset{1}{\cancel{4}}}\times\overset{2}{\cancel{8}}=14$(m)

(겹쳐진 부분의 길이의 합)$=\frac{1}{5}\times7=\frac{7}{5}=1\frac{2}{5}$(m)

➜ (이어 붙인 색 테이프의 전체 길이)

$=14-1\frac{2}{5}=13\frac{5}{5}-1\frac{2}{5}=12\frac{3}{5}$(m)

35~37쪽 AI가 추천한 단원 평가 4회

01 7, 63, 12, 3 02 2, 6, 5, 9, 5

03 7, 3 04 $4\frac{1}{6}$ 05 $8\frac{1}{4}$

06 

07 예 $1\frac{1}{2}\times2\frac{2}{7}=\frac{3}{\underset{1}{\cancel{2}}}\times\frac{\overset{8}{\cancel{16}}}{7}=\frac{24}{7}=3\frac{3}{7}$

08 ( )(○)( ) 09 $7\frac{7}{12}$

10 ㉠ 11 $7\frac{1}{2}$ kg 12 $\frac{2}{5}$

13 풀이 참고, $25\frac{1}{2}$ cm^2 14 4

15 풀이 참고, $4\frac{1}{2}$ 16 84

17 $\frac{16}{81}$ 18 $7\frac{4}{5}$ cm^2

19 오후 3시 18분 20 20 m^2

09 $3\frac{1}{4}\times2\frac{1}{3}=\frac{13}{4}\times\frac{7}{3}=\frac{91}{12}=7\frac{7}{12}$

10 ㉠ $7\frac{1}{3}$ ㉡ $5\frac{1}{3}$ ㉢ $6\frac{3}{5}$ ㉣ $\frac{7}{9}$

11 (먹은 쌀의 무게)$=\overset{5}{\cancel{10}}\times\frac{3}{\underset{2}{\cancel{4}}}=\frac{15}{2}=7\frac{1}{2}$(kg)

12 어제 읽은 동화책은 전체의 $\frac{\overset{2}{\cancel{4}}}{5}\times\frac{1}{\underset{1}{\cancel{2}}}=\frac{2}{5}$입니다.

13 예 평행사변형의 넓이는 밑변의 길이와 높이를 곱하여 구할 수 있으므로 $6\times4\frac{1}{4}$을 계산합니다.」❶

따라서 평행사변형의 넓이는

$6\times4\frac{1}{4}=\overset{3}{\cancel{6}}\times\frac{17}{\underset{2}{\cancel{4}}}=\frac{51}{2}=25\frac{1}{2}$(cm^2)입니다.」❷

채점 기준

❶ 문제에 알맞은 식 만들기	2점
❷ 평행사변형의 넓이 구하기	3점

14 $\frac{1}{8}\times\frac{1}{3}=\frac{1}{24}$이고, $\frac{1}{6}\times\frac{1}{\square}=\frac{1}{6\times\square}$이므로

$\frac{1}{24}=\frac{1}{6\times\square}$에서 $24=6\times\square$, $\square=4$입니다.

15 예 $2\frac{5}{11}\times2\frac{4}{9}=\frac{\overset{3}{\cancel{27}}}{\underset{1}{\cancel{11}}}\times\frac{\overset{2}{\cancel{22}}}{\underset{1}{\cancel{9}}}=6$이므로

●$=6$입니다.」❶

따라서 $\overset{3}{\cancel{6}}\times\frac{3}{\underset{2}{\cancel{4}}}=\frac{9}{2}=4\frac{1}{2}$이므로

■$=4\frac{1}{2}$입니다.」❷

채점 기준

❶ ●의 값 구하기	2점
❷ ■의 값 구하기	3점

16 만들 수 있는 가장 큰 대분수는 $8\frac{2}{5}$입니다.

➔ $8\frac{2}{5}\times10=\frac{42}{\underset{1}{\cancel{5}}}\times\overset{2}{\cancel{10}}=84$

17 어떤 수를 □라고 하면 $\frac{5}{9}-\square=\frac{1}{5}$이므로

$\square=\frac{5}{9}-\frac{1}{5}=\frac{25}{45}-\frac{9}{45}=\frac{16}{45}$입니다.

따라서 바르게 계산하면 $\frac{\overset{1}{\cancel{5}}}{9}\times\frac{16}{\underset{9}{\cancel{45}}}=\frac{16}{81}$입니다.

18 (색칠한 직사각형의 가로)

$=5\frac{1}{2}-2\frac{1}{4}=5\frac{2}{4}-2\frac{1}{4}=3\frac{1}{4}$(cm)

➔ (색칠한 부분의 넓이)

$=3\frac{1}{4}\times2\frac{2}{5}=\frac{13}{\underset{1}{\cancel{4}}}\times\frac{\overset{3}{\cancel{12}}}{5}=\frac{39}{5}=7\frac{4}{5}$(cm^2)

19 (8일 동안 빨라지는 시간)

$=2\frac{1}{4}\times8=\frac{9}{\underset{1}{\cancel{4}}}\times\overset{2}{\cancel{8}}=18$(분)

➔ 오후 3시+18분=오후 3시 18분

20 강낭콩을 심은 밭은 밭 전체의

$\frac{\overset{1}{\cancel{3}}}{\underset{1}{\cancel{4}}}\times\frac{\overset{1}{\cancel{4}}}{5}\times\frac{1}{\underset{2}{\cancel{6}}}=\frac{1}{10}$입니다.

➔ (강낭콩을 심은 밭의 넓이)

$=\overset{20}{\cancel{200}}\times\frac{1}{\underset{1}{\cancel{10}}}=20$(m^2)

34~43쪽 **틀린 유형 다시 보기**

유형 1 예) $\frac{4}{7}\times5=\frac{4\times5}{7}=\frac{20}{7}=2\frac{6}{7}$

1-1 예) $4\times2\frac{1}{6}=\overset{2}{\cancel{4}}\times\frac{13}{\underset{3}{\cancel{6}}}=\frac{26}{3}=8\frac{2}{3}$

1-2 예) $1\frac{5}{8}\times2\frac{2}{7}=\frac{13}{\underset{1}{\cancel{8}}}\times\frac{\overset{2}{\cancel{16}}}{7}=\frac{26}{7}=3\frac{5}{7}$

유형 2 50 cm 2-1 750 g 2-2 800 mL
2-3 ㉡ 유형 3 < 3-1 >
3-2 > 3-3 ㉡, ㉢, ㉠
유형 4 $9\frac{1}{5}$ cm² 4-1 $14\frac{1}{2}$ cm²
4-2 $\frac{25}{64}$ cm² 4-3 10 cm² 유형 5 $\frac{1}{6}$
5-1 $\frac{3}{7}$ 5-2 $\frac{14}{45}$ 5-3 4명
유형 6 1, 2, 3 6-1 1, 2, 3, 4, 5
6-2 10 6-3 5개 유형 7 $4\frac{2}{3}$ km
7-1 125 km 7-2 $15\frac{1}{3}$ km
7-3 20 km 유형 8 144 8-1 $14\frac{2}{3}$
8-2 $\frac{21}{64}$ 8-3 $21\frac{17}{20}$ 유형 9 $6\frac{1}{2}$
9-1 $81\frac{1}{3}$ 9-2 $\frac{3}{49}$ 9-3 $\frac{35}{48}$
유형 10 8, 6(또는 6, 8) / $\frac{1}{48}$
10-1 3, 4(또는 4, 3) / $\frac{1}{12}$
10-2 $\frac{1}{35}$ 유형 11 $112\frac{1}{2}$ cm
11-1 120 cm 11-2 $12\frac{4}{5}$ m
유형 12 오후 2시 14분
12-1 오전 8시 44분
12-2 오후 5시 17분 30초
12-3 오전 9시 37분 36초

유형 1 분자와 자연수를 곱해야 하는데 분모와 자연수를 곱했습니다.

1-1 대분수를 가분수로 나타낸 후 약분해야 하는데 약분을 먼저 했습니다.

1-2 대분수를 가분수로 나타낸 후 약분해야 하는데 약분을 먼저 했습니다.

유형 2 1 m=100 cm이므로 1 m의 $\frac{1}{2}$은
$\overset{50}{\cancel{100}}\times\frac{1}{\underset{1}{\cancel{2}}}=50$(cm)입니다.

2-1 1 kg=1000 g이므로 1 kg의 $\frac{3}{4}$은
$\overset{250}{\cancel{1000}}\times\frac{3}{\underset{1}{\cancel{4}}}=750$(g)입니다.

2-2 1 L=1000 mL이므로 1 L의 $\frac{4}{5}$는
$\overset{200}{\cancel{1000}}\times\frac{4}{\underset{1}{\cancel{5}}}=800$(mL)입니다.

2-3 ㉠ 1시간=60분이므로 1시간의 $\frac{3}{4}$은
$\overset{15}{\cancel{60}}\times\frac{3}{\underset{1}{\cancel{4}}}=45$(분)입니다.
㉡ 1 km=1000 m이므로 1 km의 $\frac{7}{8}$은
$\overset{125}{\cancel{1000}}\times\frac{7}{\underset{1}{\cancel{8}}}=875$(m)입니다.

유형 3 5에 1보다 작은 수를 곱한 값은 5보다 작습니다.

3-1 $\frac{3}{8}$에 1보다 큰 수를 곱한 값은 $\frac{3}{8}$보다 큽니다.

3-2 $1\frac{2}{3}$에 1보다 큰 수를 곱한 값은 $1\frac{2}{3}$보다 크고, 1보다 작은 수를 곱한 값은 $1\frac{2}{3}$보다 작습니다.

3-3 $\frac{4}{9}$에 곱하는 수가 클수록 계산 결과가 큽니다.
$1\frac{1}{8}>\frac{3}{7}>\frac{1}{5}$이므로
$\frac{4}{9}\times1\frac{1}{8}>\frac{4}{9}\times\frac{3}{7}>\frac{4}{9}\times\frac{1}{5}$입니다.

유형 4 $4\times2\frac{3}{10}=\overset{2}{\cancel{4}}\times\frac{23}{\underset{5}{\cancel{10}}}=\frac{46}{5}=9\frac{1}{5}$(cm²)

4-1 $4\frac{5}{6}\times3=\frac{29}{\underset{2}{\cancel{6}}}\times\overset{1}{\cancel{3}}=\frac{29}{2}=14\frac{1}{2}$(cm²)

4-2 $\frac{5}{8}\times\frac{5}{8}=\frac{25}{64}$(cm²)

4-3 $3\frac{4}{7}\times2\frac{4}{5}=\frac{\overset{5}{\cancel{25}}}{\underset{1}{\cancel{7}}}\times\frac{\overset{2}{\cancel{14}}}{\underset{1}{\cancel{5}}}=10(\text{cm}^2)$

유형 5 어제까지 읽고 남은 동화책은 전체의 $1-\frac{1}{3}=\frac{2}{3}$입니다. 따라서 오늘 읽은 동화책은 전체의 $\frac{\overset{1}{\cancel{2}}}{3}\times\frac{1}{\underset{2}{\cancel{4}}}=\frac{1}{6}$입니다.

5-1 재우가 먹고 남은 귤은 전체의 $1-\frac{2}{7}=\frac{5}{7}$입니다. 따라서 동생이 먹은 귤은 전체의 $\frac{\overset{1}{\cancel{5}}}{7}\times\frac{3}{\underset{1}{\cancel{5}}}=\frac{3}{7}$ 입니다.

5-2 수연이가 캐고 남은 밭은 전체의 $1-\frac{3}{10}=\frac{7}{10}$ 입니다. 따라서 태호가 캔 밭은 전체의 $\frac{7}{\underset{5}{\cancel{10}}}\times\frac{\overset{2}{\cancel{4}}}{9}=\frac{14}{45}$입니다.

5-3 유아네 반 여학생 수는 전체의 $1-\frac{4}{7}=\frac{3}{7}$이고, 달리기를 좋아하는 여학생 수는 전체의 $\frac{\overset{1}{\cancel{3}}}{7}\times\frac{1}{\underset{1}{\cancel{3}}}=\frac{1}{7}$입니다. 따라서 달리기를 좋아하는 여학생은 $\overset{4}{\cancel{28}}\times\frac{1}{\underset{1}{\cancel{7}}}=4$(명)입니다.

유형 6 $\frac{5}{\underset{3}{\cancel{9}}}\times\overset{2}{\cancel{6}}=\frac{10}{3}=3\frac{1}{3}$이므로 $\square<3\frac{1}{3}$입니다.
따라서 □ 안에 들어갈 수 있는 자연수는 1, 2, 3입니다.

6-1 $4\times1\frac{3}{8}=\overset{1}{\cancel{4}}\times\frac{11}{\underset{2}{\cancel{8}}}=\frac{11}{2}=5\frac{1}{2}$이므로 $5\frac{1}{2}>\square$ 입니다. 따라서 □ 안에 들어갈 수 있는 자연수는 1, 2, 3, 4, 5입니다.

6-2 $\overset{4}{\cancel{12}}\times\frac{7}{\underset{3}{\cancel{9}}}=\frac{28}{3}=9\frac{1}{3}$이므로 $9\frac{1}{3}<\square$입니다.
따라서 □ 안에 들어갈 수 있는 가장 작은 자연수는 10입니다.

6-3 $1\frac{3}{5}\times3\frac{5}{8}=\frac{\overset{1}{\cancel{8}}}{5}\times\frac{29}{\underset{1}{\cancel{8}}}=\frac{29}{5}=5\frac{4}{5}$이므로 $5\frac{4}{5}>\square\frac{3}{5}$입니다. 따라서 □ 안에 들어갈 수 있는 자연수는 1, 2, 3, 4, 5로 모두 5개입니다.

유형 7 1시간 10분$=1\frac{10}{60}$시간$=1\frac{1}{6}$시간
(민아가 1시간 10분 동안 걷는 거리)
$=4\times1\frac{1}{6}=\overset{2}{\cancel{4}}\times\frac{7}{\underset{3}{\cancel{6}}}=\frac{14}{3}=4\frac{2}{3}$(km)

7-1 1시간 40분$=1\frac{40}{60}$시간$=1\frac{2}{3}$시간
(트럭이 1시간 40분 동안 달린 거리)
$=75\times1\frac{2}{3}=\overset{25}{\cancel{75}}\times\frac{5}{\underset{1}{\cancel{3}}}=125$(km)

7-2 1시간 20분$=1\frac{20}{60}$시간$=1\frac{1}{3}$시간
(자전거로 1시간 20분 동안 달린 거리)
$=11\frac{1}{2}\times1\frac{1}{3}=\frac{23}{\underset{1}{\cancel{2}}}\times\frac{\overset{2}{\cancel{4}}}{3}=\frac{46}{3}=15\frac{1}{3}$(km)

7-3 1시간 15분$=1\frac{15}{60}$시간$=1\frac{1}{4}$시간
(자동차가 1시간 15분 동안 달린 거리)
$=80\times1\frac{1}{4}=\overset{20}{\cancel{80}}\times\frac{5}{\underset{1}{\cancel{4}}}=100$(km)
➡ (더 가야 하는 거리)$=120-100=20$(km)

유형 8 만들 수 있는 가장 큰 대분수는 $7\frac{1}{5}$입니다.
➡ $7\frac{1}{5}\times20=\frac{36}{\underset{1}{\cancel{5}}}\times\overset{4}{\cancel{20}}=144$

8-1 만들 수 있는 가장 작은 대분수는 $2\frac{4}{9}$입니다.
➡ $2\frac{4}{9}\times6=\frac{22}{\underset{3}{\cancel{9}}}\times\overset{2}{\cancel{6}}=\frac{44}{3}=14\frac{2}{3}$

8-2 만들 수 있는 진분수는 $\frac{3}{7}$, $\frac{3}{8}$, $\frac{7}{8}$이므로 가장 큰 진분수는 $\frac{7}{8}$, 가장 작은 진분수는 $\frac{3}{8}$입니다.
➡ $\frac{7}{8}\times\frac{3}{8}=\frac{21}{64}$

8-3 만들 수 있는 가장 큰 대분수는 $5\frac{3}{4}$, 가장 작은 대분수는 $3\frac{4}{5}$입니다.

➔ $5\frac{3}{4}\times3\frac{4}{5}=\frac{23}{4}\times\frac{19}{5}=\frac{437}{20}=21\frac{17}{20}$

유형 9 어떤 수를 □라고 하면 $\square+5=6\frac{3}{10}$이므로

$\square=6\frac{3}{10}-5=1\frac{3}{10}$입니다.

따라서 바르게 계산하면

$1\frac{3}{10}\times5=\frac{13}{\underset{2}{\cancel{10}}}\times\overset{1}{\cancel{5}}=\frac{13}{2}=6\frac{1}{2}$입니다.

9-1 어떤 수를 □라고 하면 $\square-8=2\frac{1}{6}$이므로

$\square=2\frac{1}{6}+8=10\frac{1}{6}$입니다.

따라서 바르게 계산하면

$10\frac{1}{6}\times8=\frac{61}{\underset{3}{\cancel{6}}}\times\overset{4}{\cancel{8}}=\frac{244}{3}=81\frac{1}{3}$입니다.

9-2 어떤 수를 □라고 하면 $\square+\frac{2}{7}=\frac{1}{2}$이므로

$\square=\frac{1}{2}-\frac{2}{7}=\frac{7}{14}-\frac{4}{14}=\frac{3}{14}$입니다.

따라서 바르게 계산하면 $\frac{3}{\underset{7}{\cancel{14}}}\times\frac{\overset{1}{\cancel{2}}}{7}=\frac{3}{49}$입니다.

9-3 어떤 수를 □라고 하면 $1\frac{3}{4}-\square=1\frac{1}{3}$이므로

$\square=1\frac{3}{4}-1\frac{1}{3}=1\frac{9}{12}-1\frac{4}{12}=\frac{5}{12}$입니다.

따라서 바르게 계산하면

$1\frac{3}{4}\times\frac{5}{12}=\frac{7}{4}\times\frac{5}{12}=\frac{35}{48}$입니다.

유형 10 분모가 클수록 곱은 작아지므로 분모에 가장 큰 수와 두 번째로 큰 수를 놓으면 됩니다.

따라서 계산 결과가 가장 작은 곱셈식은

$\frac{1}{8}\times\frac{1}{6}=\frac{1}{48}$ 또는 $\frac{1}{6}\times\frac{1}{8}=\frac{1}{48}$입니다.

10-1 분모가 작을수록 곱은 커지므로 분모에 가장 작은 수와 두 번째로 작은 수를 놓으면 됩니다.

따라서 계산 결과가 가장 큰 곱셈식은

$\frac{1}{3}\times\frac{1}{4}=\frac{1}{12}$ 또는 $\frac{1}{4}\times\frac{1}{3}=\frac{1}{12}$입니다.

10-2 분모가 클수록, 분자가 작을수록 곱은 작아집니다. 따라서 계산 결과가 가장 작은 곱은

$\frac{1\times\overset{1}{\cancel{2}}\times\overset{1}{\cancel{4}}}{5\times7\times\underset{\underset{1}{\cancel{4}}}{\cancel{8}}}=\frac{1}{35}$입니다.

유형 11 (공이 두 번째로 튀어 오른 높이)

$=\overset{\overset{25}{\cancel{50}}}{\cancel{200}}\times\frac{3}{\underset{1}{\cancel{4}}}\times\frac{3}{\underset{2}{\cancel{4}}}=\frac{225}{2}=112\frac{1}{2}$(cm)

11-1 (공이 두 번째로 튀어 오른 높이)

$=\overset{\overset{30}{\cancel{90}}}{\cancel{270}}\times\frac{2}{\underset{1}{\cancel{3}}}\times\frac{2}{\underset{1}{\cancel{3}}}=120$(cm)

11-2 (공이 세 번째로 튀어 오른 높이)

$=\overset{\overset{1}{\cancel{5}}}{\cancel{25}}\times\frac{4}{\underset{1}{\cancel{5}}}\times\frac{4}{\underset{1}{\cancel{5}}}\times\frac{4}{5}=\frac{64}{5}=12\frac{4}{5}$(m)

유형 12 (12일 동안 빨라지는 시간)

$=1\frac{1}{6}\times12=\frac{7}{\underset{1}{\cancel{6}}}\times\overset{2}{\cancel{12}}=14$(분)

➔ 오후 2시+14분=오후 2시 14분

12-1 (6일 동안 늦어지는 시간)

$=2\frac{2}{3}\times6=\frac{8}{\underset{1}{\cancel{3}}}\times\overset{2}{\cancel{6}}=16$(분)

➔ 오전 9시−16분=오전 8시 44분

12-2 (10일 동안 빨라지는 시간)

$=1\frac{3}{4}\times10=\frac{7}{\underset{2}{\cancel{4}}}\times\overset{5}{\cancel{10}}=\frac{35}{2}=17\frac{1}{2}$(분)

$17\frac{1}{2}$분$=17\frac{30}{60}$분=17분 30초

➔ 오후 5시+17분 30초=오후 5시 17분 30초

12-3 (16일 동안 늦어지는 시간)

$=1\frac{2}{5}\times16=\frac{7}{5}\times16=\frac{112}{5}=22\frac{2}{5}$(분)

$22\frac{2}{5}$분$=22\frac{24}{60}$분=22분 24초

➔ 오전 10시−22분 24초=오전 9시 37분 36초

3단원 합동과 대칭

46~48쪽 AI가 추천한 단원 평가 1회

01 다　02 나, 라, 바　03 가, 나

04 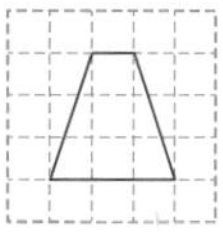　05 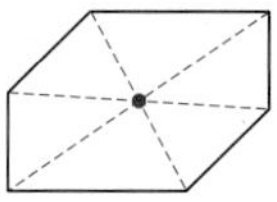

06 ㉡　07 10 cm　08 53°

09 2개　10 풀이 참고

11 (위에서부터) 30, 7

12 (왼쪽에서부터) 10, 120

13 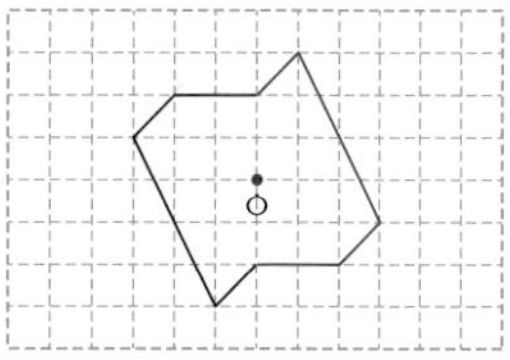

14 60°

15 11 cm

16 ㉠, ㉣

17 풀이 참고, 25 cm　18 75°

19 13 cm　20 108 cm²

05 대응점끼리 이은 선분을 그린 다음 만나는 점을 찾아 표시합니다.

07 서로 합동인 두 도형에서 대응변의 길이가 서로 같습니다. 따라서 변 ㄴㄷ의 대응변은 변 ㅂㅁ이므로 변 ㄴㄷ의 길이는 10 cm입니다.

08 서로 합동인 두 도형에서 대응각의 크기가 서로 같습니다. 따라서 각 ㄹㅂㅁ의 대응각은 각 ㄱㄴㄷ이므로 각 ㄹㅂㅁ의 크기는 53°입니다.

09 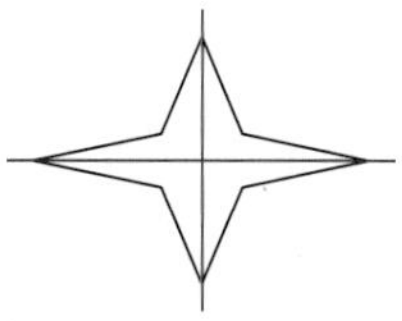

➔ 대칭축: 2개

10 예 두 사각형을 포개었을 때 완전히 겹치지 않으므로 두 사각형은 서로 합동이 아닙니다.」❶

채점 기준

❶ 합동이 아닌 이유 쓰기	5점

11 선대칭도형에서 대응변의 길이와 대응각의 크기가 각각 서로 같습니다.

12 점대칭도형에서 대응변의 길이와 대응각의 크기가 각각 서로 같습니다.

13 각 점의 대응점을 찾아 표시한 후 대응점을 차례로 이어 점대칭도형을 완성합니다.

14 (각 ㄱㄹㄷ의 크기)=(각 ㅇㅁㅂ의 크기)=100°
사각형의 네 각의 크기의 합이 360°이므로
각 ㄱㄴㄷ의 크기는
360°−130°−70°−100°=60°입니다.

15 점대칭도형에서 대칭의 중심은 대응점끼리 이은 선분을 둘로 똑같이 나눕니다.
➔ (선분 ㅁㅇ의 길이)=22÷2=11(cm)

16 어떤 점을 중심으로 180° 돌렸을 때 처음 도형과 완전히 겹치지 않는 것은 정삼각형, 사다리꼴입니다.

17 예 변 ㅁㅂ의 대응변은 변 ㄴㄱ이므로 변 ㅁㅂ의 길이는 6 cm입니다.」❶
따라서 삼각형 ㄹㅁㅂ의 둘레는
8+6+11=25(cm)입니다.」❷

채점 기준

❶ 변 ㅁㅂ의 길이 구하기	2점
❷ 삼각형 ㄹㅁㅂ의 둘레 구하기	3점

18 (각 ㄴㄷㅂ의 크기)=(각 ㅁㅂㄷ의 크기)=110°
(각 ㄷㅂㄱ의 크기)=(각 ㅂㄷㄹ의 크기)=85°
사각형의 네 각의 크기의 합이 360°이므로
각 ㅂㄱㄴ의 크기는
360°−90°−110°−85°=75°입니다.

19 선대칭도형에서 대칭축은 대응점끼리 이은 선분을 둘로 똑같이 나누므로
(변 ㄹㄷ의 길이)=(변 ㄴㄷ의 길이)=5 cm입니다.
선대칭도형에서 대응변의 길이가 같으므로
(변 ㄱㄴ의 길이)=(변 ㄱㄹ의 길이)입니다.
(변 ㄱㄴ의 길이)+(변 ㄱㄹ의 길이)
=36−5−5=26(cm)이므로
(변 ㄱㄴ의 길이)=26÷2=13(cm)입니다.

20 완성한 점대칭도형은 다음과 같습니다.

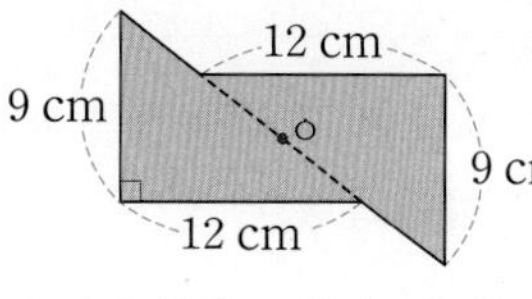

➔ (점대칭도형의 넓이)
=(처음 도형의 넓이)×2
=(12×9÷2)×2=108(cm²)

49~51쪽 AI가 추천한 단원 평가 2회

01 마　02 나

03 (　)(○)(　)　04 가, 다

05 점 ㄱ　06 각 ㄹㅁㅂ　07 ㉠

08 4쌍, 4쌍, 4쌍　09 14 cm

10 75°　11 ㉡

12 풀이 참고, 115°

13

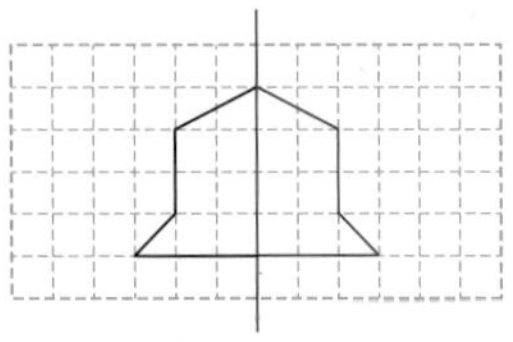

14 2개

15 18 cm

16 66 cm^2

17 풀이 참고, 35°　18 65°

19 68 cm　20 32 cm^2

05 점 ㅇ을 중심으로 180° 돌렸을 때 점 ㄹ과 겹치는 점을 찾으면 점 ㄱ입니다.

06 점 ㅇ을 중심으로 180° 돌렸을 때 각 ㄱㄴㄷ과 겹치는 각을 찾으면 각 ㄹㅁㅂ입니다.

07 도형을 ㉠을 따라 접으면 완전히 겹칩니다.

08 두 사각형은 서로 합동이므로 대응점, 대응변, 대응각은 각각 4쌍 있습니다.

09 선대칭도형에서 대응변의 길이가 서로 같습니다. 따라서 변 ㄱㄴ의 대응변은 변 ㄱㄹ이므로 변 ㄱㄴ의 길이는 14 cm입니다.

10 선대칭도형에서 대응각의 크기가 서로 같습니다. 따라서 각 ㄱㄹㄷ의 대응각은 각 ㄱㄴㄷ이므로 각 ㄱㄹㄷ의 크기는 75°입니다.

11 ㉡ 변 ㄴㄷ의 대응변은 변 ㅁㅂ입니다.

12 예 각 ㄹㅁㅂ의 대응각은 각 ㄱㄴㄷ입니다.」❶
따라서 각 ㄹㅁㅂ의 크기는 115°입니다.」❷

채점 기준

❶ 각 ㄹㅁㅂ의 대응각 찾기	3점
❷ 각 ㄹㅁㅂ의 크기 구하기	2점

13 각 점의 대응점을 찾아 표시한 후 대응점을 차례로 이어 선대칭도형을 완성합니다.

14 선대칭도형은 A, H, O, 점대칭도형은 N, H, O이므로 선대칭도형도 되고 점대칭도형도 되는 알파벳은 H, O로 모두 2개입니다.

15 선대칭도형에서 대칭축은 대응점끼리 이은 선분을 둘로 똑같이 나눕니다.
따라서 (선분 ㄹㅁ의 길이)=(선분 ㅂㅁ의 길이)
=9 cm이므로
(선분 ㄹㅂ의 길이)=9+9=18(cm)입니다.

16 (변 ㄱㄴ의 길이)=(변 ㅇㅁ의 길이)=6 cm
➜ (직사각형 ㄱㄴㄷㄹ의 넓이)
=11×6=66(cm^2)

17 예 각 ㄷㄹㄴ의 대응각은 각 ㄱㄹㄴ이므로
각 ㄷㄹㄴ의 크기는 110°입니다.」❶
삼각형의 세 각의 크기의 합이 180°이므로
각 ㄹㄴㄷ의 크기는
180°−110°−35°=35°입니다.」❷

채점 기준

❶ 각 ㄷㄹㄴ의 크기 구하기	2점
❷ 각 ㄹㄴㄷ의 크기 구하기	3점

18 (각 ㄱㄴㄷ의 크기)=(각 ㄷㄹㅁ의 크기)=65°
(각 ㅁㄷㄹ의 크기)=(각 ㄷㄱㄴ의 크기)=80°
삼각형의 세 각의 크기의 합이 180°이므로
(각 ㄱㄷㄴ의 크기)=180°−80°−65°
=35°입니다.
한 직선이 이루는 각의 크기가 180°이므로
(각 ㄱㄷㅁ의 크기)=180°−35°−80°
=65°입니다.

19 (변 ㄴㄷ의 길이)=(변 ㅁㅂ의 길이)=12 cm
(변 ㄹㅁ의 길이)=(변 ㄱㄴ의 길이)=17 cm
점대칭도형에서 대칭의 중심은 대응점끼리 이은 선분을 둘로 똑같이 나눕니다.
따라서 (선분 ㅂㅇ의 길이)=(선분 ㄷㅇ의 길이)
=8 cm이므로
(변 ㄷㄹ의 길이)=(변 ㅂㄱ의 길이)
=21−8−8=5(cm)입니다.
➜ (점대칭도형의 둘레)
=17+12+5+17+12+5=68(cm)

20

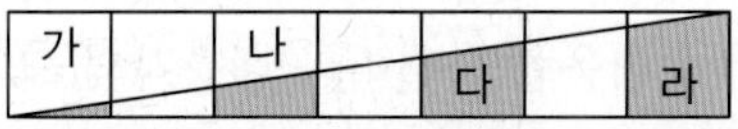

가와 라, 나와 다는 각각 서로 합동이므로 색칠한 부분의 넓이의 합은 정사각형 2개의 넓이와 같습니다.
➜ (색칠한 부분의 넓이)=(4×4)×2=32(cm^2)

52~54쪽 AI가 추천한 단원 평가 3회

01 합동 02 다 03 나
04 가 05 ㉢
06

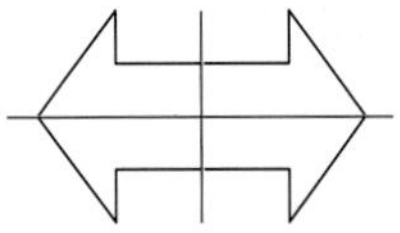

07 ㉢
08 10 cm
09 90° 10 풀이 참고, 140°
11 (왼쪽에서부터) 13, 115
12

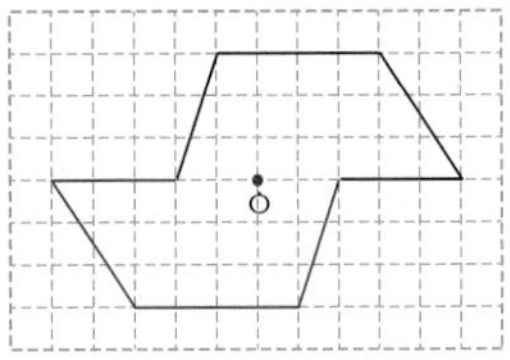

13 20°
14 ㉢
15 9 cm
16 풀이 참고, 12 cm 17 46 cm
18 60° 19 90 cm^2 20 375 cm^2

08 서로 합동인 두 도형에서 대응변의 길이가 서로 같습니다.
따라서 변 ㄹㅂ의 대응변은 변 ㄱㄴ이므로 변 ㄹㅂ의 길이는 10 cm입니다.

09 선대칭도형에서 대응점끼리 이은 선분은 대칭축과 수직으로 만납니다. 따라서 선분 ㄴㄹ과 직선 ㅇㅈ이 만나서 이루는 각의 크기는 90°입니다.

10 예 각 ㅁㅂㄱ의 대응각은 각 ㅁㄹㄷ입니다.」❶
따라서 각 ㅁㅂㄱ의 크기는 140°입니다.」❷

채점 기준

❶ 각 ㅁㅂㄱ의 대응각 찾기	3점
❷ 각 ㅁㅂㄱ의 크기 구하기	2점

11 점대칭도형에서 대응변의 길이와 대응각의 크기가 각각 서로 같습니다.

12 각 점의 대응점을 찾아 표시한 후 대응점을 차례로 이어 점대칭도형을 완성합니다.

13 (각 ㄱㄴㄷ의 크기)=(각 ㄹㅂㅁ의 크기)=55°
삼각형의 세 각의 크기의 합이 180°이므로
(각 ㄴㄱㄷ의 크기)=180°−55°−105°
=20°입니다.

14 ㉢ 마름모는 넓이가 같아도 다음과 같이 모양이 다를 수 있습니다.

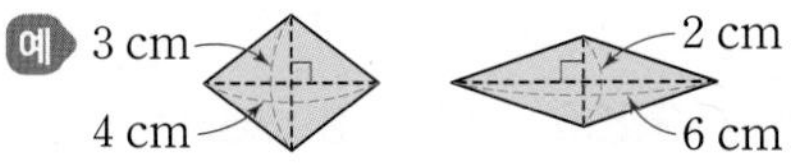

15 (변 ㄱㄴ의 길이)=(변 ㅁㅇ의 길이)=11 cm
(변 ㄷㄹ의 길이)=(변 ㅅㅂ의 길이)=5 cm
➔ (변 ㄴㄷ의 길이)=30−11−5−5=9(cm)

16 예 변 ㄱㄹ의 대응변은 변 ㄷㄹ이므로 변 ㄱㄹ의 길이는 16 cm입니다.」❶
따라서 변 ㄴㄹ의 길이는
16−4=12(cm)입니다.」❷

채점 기준

❶ 변 ㄱㄹ의 길이 구하기	3점
❷ 변 ㄴㄹ의 길이 구하기	2점

17 (변 ㄴㄷ의 길이)=(변 ㄹㄷ의 길이)=6 cm
(변 ㄹㅁ의 길이)=(변 ㄴㄱ의 길이)=10 cm
(변 ㅁㅂ의 길이)=(변 ㄱㅂ의 길이)=7 cm
➔ (선대칭도형의 둘레)
=7+10+6+6+10+7=46(cm)

18 (각 ㄱㄷㄹ의 크기)=(각 ㄱㄷㄴ의 크기)
=(각 ㄱㄴㄷ의 크기)
=160°÷2=80°
삼각형의 세 각의 크기의 합이 180°이므로
(각 ㄴㄱㄷ의 크기)=180°−80°−80°
=20°입니다.
➔ (각 ㄴㄱㅁ의 크기)=(각 ㄴㄱㄷ의 크기)×3
=20°×3=60°

19 선대칭도형에서 대칭축은 대응점끼리 이은 선분을 둘로 똑같이 나눕니다.
(선분 ㄱㅁ의 길이)=(선분 ㄷㅁ의 길이)
=10÷2=5(cm)
선대칭도형에서 대응점끼리 이은 선분은 대칭축과 수직으로 만나므로 (각 ㄱㅁㄹ의 크기)=90°입니다.
(삼각형 ㄱㄴㄹ의 넓이)=18×5÷2=45(cm^2)
➔ (선새칭도형의 넓이)
=(삼각형 ㄱㄴㄹ의 넓이)×2
=45×2=90(cm^2)

20 (변 ㄷㄹ의 길이)=(변 ㅁㄴ의 길이)=15 cm
(변 ㄷㅂ의 길이)=(변 ㅁㅂ의 길이)=8 cm
(변 ㄴㄷ의 길이)=17+8=25(cm)
➔ (직사각형 ㄱㄴㄷㄹ의 넓이)
=25×15=375(cm^2)

55~57쪽 AI가 추천한 단원 평가 4회

01 나, 라　02 3개　03 2개
04 라　05 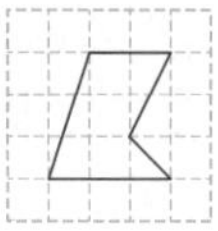　06 변 ㅇㅁ
07 110°
08 ×　09 풀이 참고, ㉡
10 (위에서부터) 13, 75　11 16 cm
12 ㄷ　13 ㉢　14 $84\ cm^2$
15 50°　16 풀이 참고, 50°
17 56 cm　18 10 cm　19 $48\ cm^2$
20 5개

07 서로 합동인 두 도형에서 대응각의 크기가 서로 같습니다.
따라서 각 ㅂㅅㅇ의 대응각은 각 ㄹㄱㄴ이므로 각 ㅂㅅㅇ의 크기는 110°입니다.

08 점대칭도형에서 대칭의 중심은 도형의 모양과 크기에 상관없이 항상 1개입니다.

09 예 선대칭도형의 대칭축의 개수를 각각 알아봅니다.
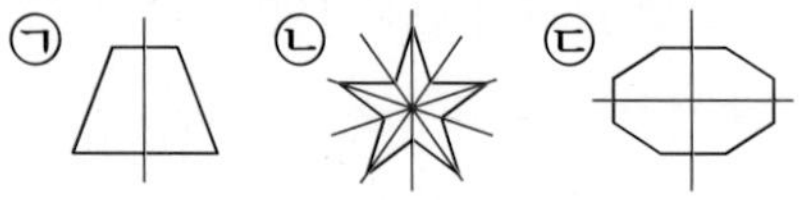

1개　5개　2개 」❶
따라서 대칭축의 개수가 가장 많은 것은 ㉡입니다.」❷

채점 기준

❶ 선대칭도형의 대칭축의 개수 각각 구하기	3점
❷ 대칭축의 개수가 가장 많은 것을 찾아 기호 쓰기	2점

10 선대칭도형에서 대응변의 길이와 대응각의 크기가 각각 서로 같습니다.

11 변 ㄷㄹ의 대응변은 변 ㅂㄱ이므로 변 ㄷㄹ의 길이는 16 cm입니다.

12 선대칭도형을 완성하면 다음과 같이 ㄷ이 됩니다.
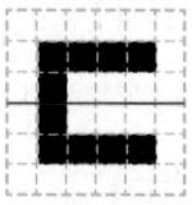

13 ㉢ 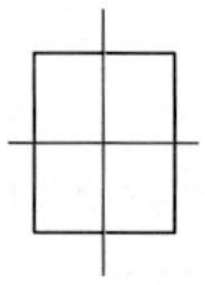 ➜ 대칭축: 2개

14 (변 ㄱㄷ의 길이)=(변 ㄹㅁ의 길이)=7 cm
➜ (삼각형 ㄱㄴㄷ의 넓이)$=24\times7\div2=84(cm^2)$

15 (각 ㄱㄹㄴ의 크기)=(각 ㄷㄴㄹ의 크기)$=75^\circ$
삼각형의 세 각의 크기의 합이 180°이므로
(각 ㄱㄴㄹ의 크기)$=180^\circ-55^\circ-75^\circ$
$=50^\circ$입니다.

16 예 종이를 접은 부분과 접기 전의 부분은 서로 합동이므로 (각 ㄱㅁㅂ의 크기)=(각 ㅇㅁㅂ의 크기)
$=65^\circ$입니다.」❶
한 직선이 이루는 각의 크기가 180°이므로
(각 ㅇㅁㄹ의 크기)$=180^\circ-65^\circ-65^\circ$
$=50^\circ$입니다.」❷

채점 기준

❶ 각 ㄱㅁㅂ의 크기 구하기	3점
❷ 각 ㅇㅁㄹ의 크기 구하기	2점

17 (변 ㄱㄴ의 길이)=(변 ㄹㅁ의 길이)=12 cm
(변 ㄷㄹ의 길이)=(변 ㅁㄱ의 길이)=8 cm
➜ (사각형 ㄱㄴㄷㄹ의 둘레)
$=12+16+8+12+8=56(cm)$

18 삼각형 ㄹㅇㄷ의 둘레가 16 cm이므로
(선분 ㄹㅇ의 길이)+(선분 ㄷㅇ의 길이)+6
=16(cm)에서
(선분 ㄹㅇ의 길이)+(선분 ㄷㅇ의 길이)
$=16-6=10(cm)$,
(선분 ㄷㅇ의 길이)$=10\div2=5(cm)$입니다.
점대칭도형에서 대칭의 중심은 대응점끼리 이은 선분을 둘로 똑같이 나누므로
(선분 ㄱㅇ의 길이)=(선분 ㄷㅇ의 길이)입니다.
➜ (선분 ㄱㄷ의 길이)$=5+5=10(cm)$

19 완성한 선대칭도형은 다음과 같습니다.
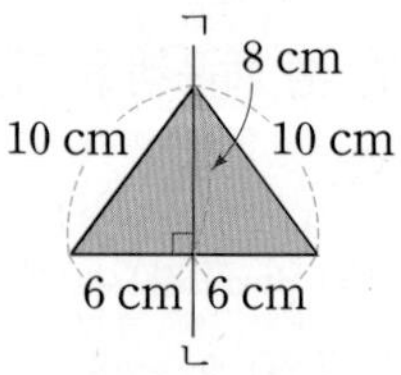

(선대칭도형의 넓이)
=(처음 도형의 넓이)×2
$=(6\times8\div2)\times2$
$=48(cm^2)$

20 **0**, **2**, **4**, **6**, **9** 중에서 180° 돌렸을 때 처음 수가 되는 수는 **0**이고, **6**과 **9**는 180° 돌리면 각각 **9**와 **6**이 됩니다.
따라서 **0**, **6**, **9**를 사용하여 **6009**보다 크고 점대칭도형이 되도록 네 자리 수를 만들면 **6699**, **6969**, **9006**, **9696**, **9966**으로 모두 5개입니다.

58~63쪽 틀린 유형 다시 보기

유형 1 ㉢	1-1 ㉡	
1-2 예 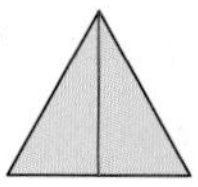		유형 2 5개
2-1 2개	2-2 ⑤	2-3 ㉠
유형 3 ㉡	3-1 ㉢	3-2 ㉠
3-3 2개	유형 4 70°	4-1 75°
4-2 55°	유형 5 7 cm	5-1 12 cm
5-2 11 cm	5-3 13 cm	유형 6 63 cm^2
6-1 30 cm^2	6-2 80 cm^2	6-3 77 cm^2
유형 7 75°	7-1 45°	7-2 110°
7-3 80°	유형 8 32 cm	8-1 66 cm
8-2 50 cm	8-3 78 cm	유형 9 60 cm^2
9-1 64 cm^2	9-2 48 cm^2	
9-3 308 cm^2	유형 10 32 cm^2	
10-1 128 cm^2	10-2 144 cm^2	
10-3 432 cm^2		

유형 1 잘라서 만들어지는 두 도형을 포개었을 때 완전히 겹치는 점선을 찾으면 ㉢입니다.

1-1 잘라서 만들어지는 두 도형을 포개었을 때 완전히 겹치지 않는 것을 찾으면 ㉡입니다.

1-2 잘라서 만들어지는 두 도형을 포개었을 때 완전히 겹치도록 선분을 긋습니다.

다른 풀이 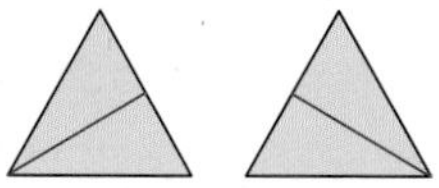

유형 2 한 직선을 따라 접었을 때 완전히 겹치는 직선을 모두 찾아봅니다.

 ➔ 대칭축: 5개

2-1 한 직선을 따라 접었을 때 완전히 겹치는 직선을 모두 찾아봅니다.

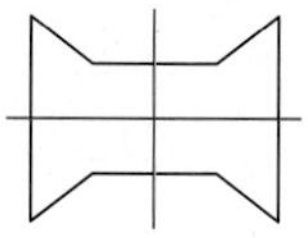 ➔ 대칭축: 2개

2-2 원의 대칭축은 무수히 많습니다.

2-3 선대칭도형의 대칭축의 개수를 각각 알아봅니다.

㉠ 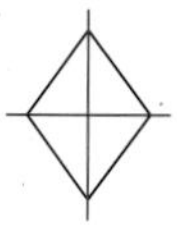 ➔ 2개 ㉡  ➔ 1개

따라서 대칭축의 개수가 더 많은 것은 ㉠입니다.

유형 3 ㉠ 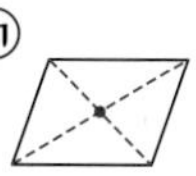 ㉡ 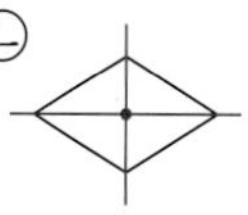 ㉢ 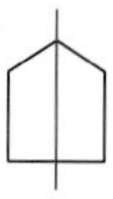

• 선대칭도형: ㉡, ㉢ • 점대칭도형: ㉠, ㉡
따라서 선대칭도형도 되고 점대칭도형도 되는 것은 ㉡입니다.

3-1 ㉠ 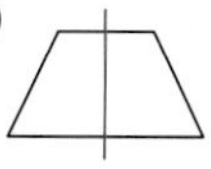 ㉡ 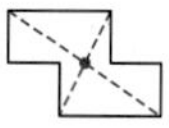 ㉢ 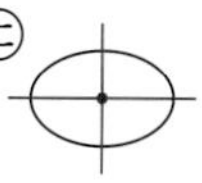

• 선대칭도형: ㉠, ㉢ • 점대칭도형: ㉡, ㉢
따라서 선대칭도형도 되고 점대칭도형도 되는 것은 ㉢입니다.

3-2 ㉠ 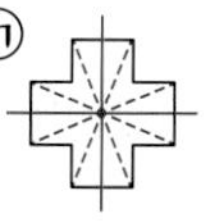 ㉡ 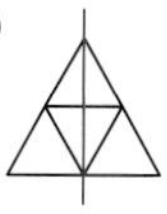 ㉢ 

• 선대칭도형: ㉠, ㉡ • 점대칭도형: ㉠, ㉢
따라서 선대칭도형도 되고 점대칭도형도 되는 것은 ㉠입니다.

3-3 선대칭도형은 ㅁ, ㄱ, ㅍ, 점대칭도형은 ㅁ, ㄹ, ㅍ이므로 선대칭도형이면서 점대칭도형인 것은 ㅁ, ㅍ으로 모두 2개입니다.

유형 4 서로 합동인 두 도형에서 대응각의 크기가 서로 같으므로
(각 ㄴㄷㄱ의 크기)=(각 ㅂㅁㄹ의 크기)
=70°입니다.
삼각형의 세 각의 크기의 합이 180°이므로
(각 ㄴㄱㄷ의 크기)=180°−40°−70°
=70°입니다.

4-1 (각 ㄴㄱㄹ의 크기)=(각 ㅇㅅㅂ의 크기)=105°
사각형의 네 각의 크기의 합이 360°이므로
(각 ㄱㄹㄷ의 크기)=360°−105°−90°−90°
=75°입니다.

4-2 (각 ㄴㄱㄷ의 크기)=(각 ㄹㅁㄷ의 크기)=35°
삼각형의 세 각의 크기의 합이 180°이므로
(각 ㄱㄴㄷ의 크기)=180°−35°−90°
=55°입니다.

유형 5 서로 합동인 두 도형에서 대응변의 길이가 서로 같으므로
(변 ㄱㄷ의 길이)=(변 ㅁㄹ의 길이)
=6 cm입니다.
→ (변 ㄱㄴ의 길이)=22−9−6=7(cm)

5-1 (변 ㄱㄹ의 길이)=(변 ㅇㅁ의 길이)=6 cm,
(변 ㄷㄹ의 길이)=(변 ㅂㅁ의 길이)=15 cm
→ (변 ㄴㄷ의 길이)=43−10−15−6
=12(cm)

5-2 (변 ㄱㄴ의 길이)=(변 ㅇㅅ의 길이)=8 cm
사각형 ㄱㄴㄷㄹ의 둘레는 사각형 ㅁㅂㅅㅇ의 둘레와 같으므로 38 cm입니다.
→ (변 ㄷㄹ의 길이)=38−8−6−13
=11(cm)

5-3 (변 ㄱㄴ의 길이)=(변 ㄹㄷ의 길이)=9 cm
→ (변 ㄴㄷ의 길이)=40−9−18=13(cm)

유형 6 서로 합동인 두 도형에서 대응변의 길이가 서로 같으므로
(변 ㄱㄴ의 길이)=(변 ㅁㅂ의 길이)
=7 cm입니다.
→ (직사각형 ㄱㄴㄷㄹ의 넓이)
=9×7=63(cm^2)

6-1 (변 ㅁㅂ의 길이)=(변 ㄷㄴ의 길이)=12 cm
→ (삼각형 ㄹㅁㅂ의 넓이)
=12×5÷2=30(cm^2)

6-2 (변 ㄱㄹ의 길이)=(변 ㅇㅁ의 길이)=6 cm,
(변 ㄷㄹ의 길이)=(변 ㅂㅁ의 길이)=8 cm
→ (사다리꼴 ㄱㄴㄷㄹ의 넓이)
=(6+14)×8÷2=80(cm^2)

6-3 (변 ㄷㅁ의 길이)=(변 ㄱㄴ의 길이)=11 cm,
(변 ㅁㅂ의 길이)=(변 ㄴㄷ의 길이)
=18−11=7(cm)
→ (사각형 ㅅㄷㅁㅂ의 넓이)
=11×7=77(cm^2)

유형 7 점대칭도형에서 대응각의 크기가 서로 같으므로
(각 ㄴㅁㄹ의 크기)=(각 ㅁㄴㄱ의 크기)
=75°입니다.
사각형의 네 각의 크기의 합이 360°이므로
(각 ㄷㄴㅁ의 크기)=360°−90°−120°−75°
=75°입니다.

7-1 선대칭도형에서 대응각의 크기가 서로 같으므로
(각 ㄴㄷㄱ의 크기)=(각 ㄹㄷㄱ의 크기)
=55°입니다.
삼각형의 세 각의 크기의 합이 180°이므로
(각 ㄷㄱㄴ의 크기)=180°−80°−55°
=45°입니다.

7-2 (각 ㄷㄹㅁ의 크기)=180°−110°=70°
사각형의 네 각의 크기의 합이 360°이므로
(각 ㅂㅁㄹ의 크기)=360°−90°−90°−70°
=110°입니다.
선대칭도형에서 대응각의 크기가 서로 같으므로
(각 ㅂㄱㄴ의 크기)=(각 ㅂㅁㄹ의 크기)
=110°입니다.

7-3 점대칭도형에서 대칭의 중심은 대응점끼리 이은 선분을 둘로 똑같이 나누므로
(변 ㄷㅇ의 길이)=(변 ㄱㅇ의 길이)이고,
변 ㄹㅇ과 변 ㄱㅇ의 길이가 같으므로
(변 ㄹㅇ의 길이)=(변 ㄷㅇ의 길이)입니다.
따라서 삼각형 ㄹㅇㄷ은 이등변삼각형이므로
(각 ㅇㄷㄹ의 크기)=(각 ㅇㄹㄷ의 크기)
=50°입니다.
삼각형의 세 각의 크기의 합이 180°이므로
(각 ㄹㅇㄷ의 크기)=180°−50°−50°
=80°입니다.

유형 8 선대칭도형에서 대응변의 길이가 서로 같으므로
(변 ㄱㄴ의 길이)=(변 ㄱㄷ의 길이)=10 cm,
(변 ㄹㄷ의 길이)=(변 ㄴㄷ의 길이)
=6 cm입니다.
→ (선대칭도형의 둘레)
=10+6+6+10=32(cm)

8-1 점대칭도형에서 대응변의 길이가 서로 같으므로
(변 ㄱㄴ의 길이)=(변 ㄹㅁ의 길이)=8 cm,
(변 ㄷㄹ의 길이)=(변 ㅂㄱ의 길이)=15 cm,
(변 ㅁㅂ의 길이)=(변 ㄴㄷ의 길이)
=10 cm입니다.
➜ (점대칭도형의 둘레)
=8+10+15+8+10+15=66(cm)

8-2 선대칭도형에서 대응변의 길이가 서로 같고, 평행사변형은 마주 보는 두 쌍의 변의 길이가 서로 같으므로
(변 ㄱㅂ의 길이)=(변 ㄴㄷ의 길이)
=(변 ㅁㅂ의 길이)
=(변 ㄹㄷ의 길이)=9 cm,
(변 ㄹㅁ의 길이)=(변 ㄴㄱ의 길이)
=7 cm입니다.
➜ (선대칭도형의 둘레)
=7+9+9+7+9+9=50(cm)

8-3 점대칭도형에서 대응변의 길이가 서로 같으므로
(변 ㄱㄴ의 길이)=(변 ㄹㅁ의 길이)=15 cm,
(변 ㅁㅂ의 길이)=(변 ㄴㄷ의 길이)
=14 cm입니다.
점대칭도형에서 대칭의 중심은 대응점끼리 이은 선분을 둘로 똑같이 나누므로
(변 ㅇㄷ의 길이)=(변 ㅇㅂ의 길이)=5 cm이고,
(변 ㄱㅂ의 길이)=(변 ㄹㄷ의 길이)
=20−5−5=10(cm)입니다.
➜ (점대칭도형의 둘레)
=15+14+10+15+14+10=78(cm)

유형 9 완성한 선대칭도형은 다음과 같습니다.

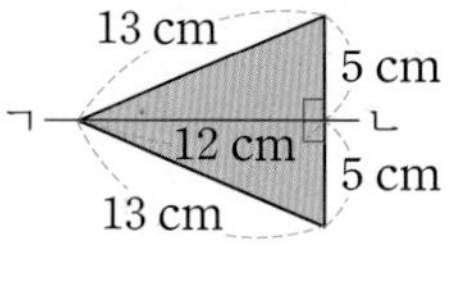

(선대칭도형의 넓이)
=(처음 도형의 넓이)×2
=(12×5÷2)×2
=60(cm²)

9-1 완성한 선대칭도형은 다음과 같습니다.

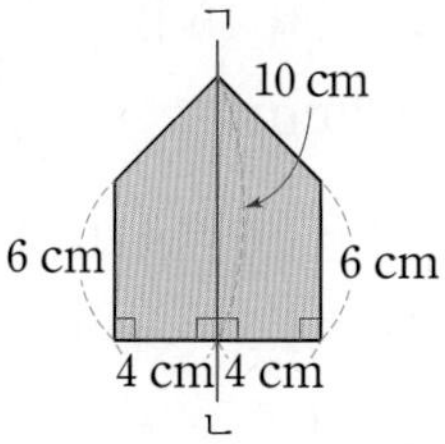

(선대칭도형의 넓이)
=(처음 도형의 넓이)×2
=((6+10)×4÷2)×2
=64(cm²)

9-2 완성한 점대칭도형은 다음과 같습니다.

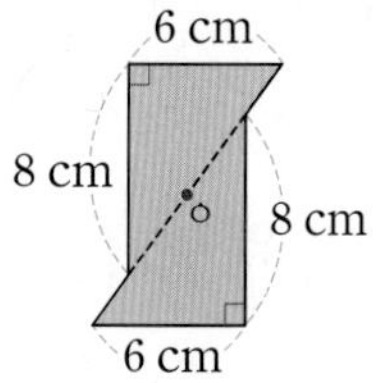

(점대칭도형의 넓이)
=(처음 도형의 넓이)×2
=(6×8÷2)×2
=48(cm²)

9-3 완성한 점대칭도형은 다음과 같습니다.

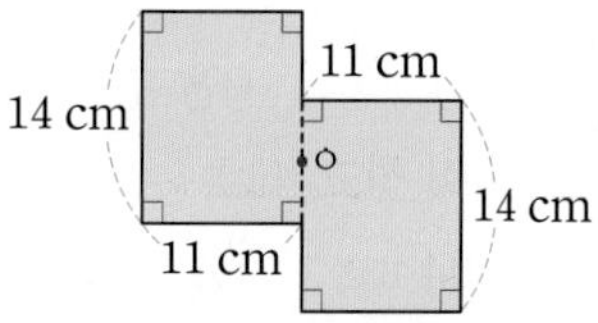

(점대칭도형의 넓이)
=(처음 도형의 넓이)×2
=(11×14)×2=308(cm²)

유형 10 서로 합동인 두 도형에서 대응변의 길이가 서로 같으므로
(변 ㄱㄴ의 길이)=(변 ㄷㅂ의 길이)=4 cm,
(변 ㄴㅁ의 길이)=(변 ㅂㅁ의 길이)=3 cm,
(변 ㄴㄷ의 길이)=3+5=8(cm)입니다.
➜ (직사각형 ㄱㄴㄷㄹ의 넓이)
=8×4=32(cm²)

10-1 (변 ㄱㄴ의 길이)=(변 ㅁㄹ의 길이)=8 cm,
(변 ㄱㅂ의 길이)=(변 ㅁㅂ의 길이)=6 cm,
(변 ㄱㄹ의 길이)=6+10=16(cm)
➜ (직사각형 ㄱㄴㄷㄹ의 넓이)
=16×8=128(cm²)

10-2 (변 ㄹㄷ의 길이)=(변 ㅂㄱ의 길이)=12 cm,
(변 ㅁㄹ의 길이)=(변 ㅁㅂ의 길이)=9 cm,
(변 ㄱㄹ의 길이)=15+9=24(cm)
➜ (삼각형 ㄱㄷㄹ의 넓이)
=24×12÷2=144(cm²)

10-3 (변 ㄱㄴ의 길이)=(변 ㄷㅂ의 길이)=24 cm,
(변 ㄷㅁ의 길이)=(변 ㄱㅁ의 길이)=26 cm,
(변 ㄴㄷ의 길이)=10+26=36(cm)
➜ (삼각형 ㄱㄴㄷ의 넓이)
=36×24÷2=432(cm²)

4단원 소수의 곱셈

66~68쪽 AI가 추천한 단원 평가 1회

01 1.6　02 17, 17, 85, 8.5
03 0.27　04 8.4　05 5.304
06 61.5, 615, 6150
07 (○)(　)　08 33.6
09 ㉡　10 풀이 참고, 세호
11 25.08 cm　12 3.04 kg　13 ㉢
14 100배　15 19.5 L　16 0.18
17 풀이 참고, 13.279
18 (위에서부터) 2, 8　19 138.3 cm
20 43.74 m^2

03 곱해지는 수와 곱하는 수가 각각 $\frac{1}{10}$배가 되면 계산 결과가 $\frac{1}{100}$배가 됩니다.

04 $14\times0.6=14\times\frac{6}{10}=\frac{14\times6}{10}=\frac{84}{10}=8.4$

05 $34\times156=5304$ ➜ $3.4\times1.56=5.304$

06 곱하는 수의 0의 개수만큼 곱의 소수점이 오른쪽으로 옮겨집니다.
$6.15\times10=61.5$
$6.15\times100=615$
$6.15\times1000=6150$

07 • 1.38×5는 1.4와 5의 곱인 7보다 작습니다.
• 4.12×2는 4와 2의 곱인 8보다 큽니다.

08 곱하는 수가 $\frac{1}{10}$배가 되면 계산 결과도 $\frac{1}{10}$배가 됩니다.

09 ㉠ $0.5\times0.7=0.35$　㉡ $0.6\times0.5=0.3$
따라서 계산 결과가 소수 한 자리 수인 것은 ㉡입니다.

10 예 $0.29\times7=2.03$, $15\times0.6=9$입니다.」❶
따라서 계산을 잘못한 사람은 세호입니다.」❷

채점 기준

❶ 각각 계산하기	4점
❷ 계산을 잘못한 사람의 이름 쓰기	1점

11 (정사각형의 둘레)$=6.27\times4=25.08$(cm)

12 (빵 8개를 만드는 데 필요한 밀가루의 양)
$=0.38\times8=3.04$(kg)

13 $22\times613=13486$
㉠ $22\times6.13=134.86$
㉡ $2.2\times61.3=134.86$
㉢ $22\times61.3=1348.6$
㉣ $2.2\times6.13=13.486$
따라서 계산 결과가 가장 큰 것은 ㉢입니다.

14 ㉠과 ㉡은 24×51과 비교하여 소수점의 위치만 다르므로 곱의 소수점 아래 자리 수를 비교합니다.
따라서 ㉠은 소수 두 자리 수이고 ㉡은 소수 네 자리 수이므로 ㉠은 ㉡의 100배입니다.

15 2분 36초$=2\frac{36}{60}$분$=2\frac{6}{10}$분$=2.6$분
➜ (2분 36초 동안 나오는 물의 양)
$=7.5\times2.6=19.5$(L)

16 어떤 수를 □라고 하면 □$+0.6=0.9$,
□$=0.9-0.6=0.3$입니다.
따라서 바르게 계산하면 $0.3\times0.6=0.18$입니다.

17 예 $5>4>2$이므로 만들 수 있는 가장 큰 소수 두 자리 수는 5.42이고, 가장 작은 소수 두 자리 수는 2.45입니다.」❶
따라서 만든 두 수의 곱은 $5.42\times2.45=13.279$입니다.」❷

채점 기준

❶ 만들 수 있는 가장 큰 소수 두 자리 수와 가장 작은 소수 두 자리 수 각각 구하기	2점
❷ 만든 두 수의 곱 구하기	3점

18 $6\times7=42$이므로 □$\times7$의 일의 자리 숫자가 $8-4=4$인 경우를 찾으면 $2\times7=14$입니다.
➜ 1[2]6$\times0.7=$[8]8.2

19 (색 테이프 16장의 길이)$=9.3\times16=148.8$(cm)
(겹쳐진 부분의 길이의 합)$=0.7\times15=10.5$(cm)
➜ (이어 붙인 색 테이프의 전체 길이)
$=148.8-10.5=138.3$(cm)

20 (새로운 텃밭의 가로)$=5.4\times1.5=8.1$(m)
(새로운 텃밭의 세로)$=3.6\times1.5=5.4$(m)
➜ (새로운 텃밭의 넓이)$=8.1\times5.4=43.74$(m^2)

69~71쪽 AI가 추천한 단원 평가 2회

01 13, 52, 52, 5.2 02 5.4
03 0.238 04 14.75
05 20.6, 2.06, 0.206 06 5.16
07 6.4, 21.12 08 <
09 예 $0.9\times0.5=\frac{9}{10}\times\frac{5}{10}=\frac{45}{100}=0.45$
10 1000 11 풀이 참고, 30.48
12 41.4 kg 13 54.78 cm^2 14 13.68 L
15 5.58 km 16 2.6, 0.6 (또는 0.26, 6)
17 풀이 참고, 10봉지 18 3개
19 126 m 20 10.08 L

02 곱하는 수가 $\frac{1}{10}$배가 되면 계산 결과도 $\frac{1}{10}$배가 됩니다.

03 $0.34\times0.7=\frac{34}{100}\times\frac{7}{10}=\frac{34\times7}{100\times10}$
$=\frac{238}{1000}=0.238$

04 $2.5\times5.9=\frac{25}{10}\times\frac{59}{10}=\frac{25\times29}{10\times10}$
$=\frac{1475}{100}=14.75$

05 곱하는 소수의 소수점 아래 자리 수만큼 곱의 소수점이 왼쪽으로 옮겨집니다.
$206\times0.\underline{1}=20.6$
$206\times0.\underline{01}=2.06$
$206\times0.\underline{001}=0.206$

06 0.43의 12배 → $0.43\times12=5.16$

07 $4\times1.6=6.4$, $6.4\times3.3=21.12$

08 $0.7\times23=16.1$, $19\times0.9=17.1$
→ $16.1<17.1$

09 분수의 곱셈에서 분자는 분자끼리, 분모는 분모끼리 곱해야 합니다.

10 8.546의 소수점이 오른쪽으로 세 자리 옮겨져서 8546이 되었으므로 1000을 곱한 것입니다.
→ $8.546\times1000=8546$

11 예 $7.62>6>5.18>4$이므로 가장 큰 수는 7.62이고, 가장 작은 수는 4입니다.」 ❶
따라서 가장 큰 수와 가장 작은 수의 곱은 $7.62\times4=30.48$입니다.」 ❷

채점 기준

❶ 가장 큰 수와 가장 작은 수 각각 찾기	2점
❷ 가장 큰 수와 가장 작은 수의 곱 구하기	3점

12 (형의 몸무게)$=36\times1.15=41.4$(kg)

13 (평행사변형의 넓이)$=9.13\times6=54.78(cm^2)$

14 (더 마신 물의 양)$=12\times0.14=1.68$(L)
→ (이번 주에 마신 물의 양)
$=12+1.68=13.68$(L)

15 (서준이네 집에서 병원까지의 거리)
$=3.72\times0.5=1.86$(km)
따라서 소방서에서 서준이네 집을 거쳐 병원까지 가는 거리는 $3.72+1.86=5.58$(km)입니다.

16 $0.26\times0.6=0.156$인데 잘못 눌러서 1.56이 나왔으므로 0.26을 잘못 눌러서 2.6을 눌렀거나 0.6을 잘못 눌러서 6을 누른 것입니다.

17 예 1년은 12개월이므로 보리쌀은 $0.8\times12=9.6$(kg)을 준비해야 합니다.」 ❶
따라서 1 kg짜리 보리쌀을 적어도 10봉지 사야 합니다.」 ❷

채점 기준

❶ 준비해야 하는 보리쌀의 양 구하기	3점
❷ 보리쌀을 적어도 몇 봉지 사야 하는지 구하기	2점

18 $6\times2.7=16.2$, $3.39\times5.7=19.323$이므로 식을 간단하게 만들면 $16.2<\square<19.323$입니다.
따라서 □ 안에 들어갈 수 있는 자연수는 17, 18, 19로 모두 3개입니다.

19 도로의 처음과 끝에 모두 심었으므로 가로수 사이의 간격은 $25-1=24$(군데)입니다.
→ (가로수를 심은 도로의 길이)
$=5.25\times24=126$(m)

20 1시간 24분$=1\frac{24}{60}$시간$=1\frac{4}{10}$시간$=1.4$시간
(자동차로 간 거리)$=80\times1.4=112$(km)
→ (사용한 휘발유의 양)$=0.09\times112=10.08$(L)

72~74쪽 AI가 추천한 단원 평가 3회

01 4.5 02 18, 18, 54, 5.4
03 ㉡ 04 38.5 05 0.162
06 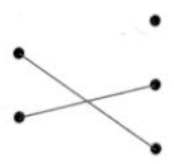 07 3.888 08 ㉠
09 ③ 10 ㉣ 11 3.72 cm
12 $25.68\ m^2$ 13 풀이 참고, 2.52
14 0.1배 15 20.9
16 풀이 참고, 1.86 m 17 0.286
18 1.6 m 19 $22\ cm^2$ 20 21.1 cm

03 ㉠ $0.6+0.6+0.6=0.6\times3=1.8$
㉡ $0.6\times2=1.2$ ㉢ 1.8
따라서 나타내는 수가 나머지와 다른 하나는 ㉡입니다.

04 $11\times3.5=11\times\frac{35}{10}=\frac{11\times35}{10}=\frac{385}{10}=38.5$

05 $6\times27=162$ ➜ $0.6\times0.27=0.162$

06 곱하는 소수의 소수점 아래 자리 수만큼 곱의 소수점이 왼쪽으로 옮겨집니다.
$129\times0.1=12.9$
$129\times0.01=1.29$

07 $1.8\times0.9\times2.4=1.62\times2.4=3.888$

08 ㉠ 0.8×8.1은 0.8과 8의 곱인 6.4보다 큽니다.
㉡ 4.9×0.6은 5와 0.6의 곱인 3보다 작습니다.
㉢ 3.8×1.5는 4와 1.5의 곱인 6보다 작습니다.
㉣ 2.5×1.9는 2.5와 2의 곱인 5보다 작습니다.
따라서 어림하여 계산 결과가 6보다 큰 것은 ㉠입니다.

09 $98\times25=2450$
③ $0.98\times2.5=2.450$

10 ㉠ $8\times1.3=10.4$ ㉡ $2.2\times2.5=5.5$
㉢ $0.5\times0.8=0.4$ ㉣ $4\times1.25=5$
따라서 계산 결과가 자연수인 것은 ㉣입니다.

11 (마름모의 둘레)$=0.93\times4=3.72$(cm)

12 (페인트 6 L로 칠할 수 있는 벽의 넓이)
$=4.28\times6=25.68(m^2)$

13 예 ㉠은 $16\times0.84=13.44$이고,
㉡은 $3.9\times2.8=10.92$입니다.」❶
따라서 ㉠과 ㉡의 계산 결과의 차는
$13.44-10.92=2.52$입니다.」❷

채점 기준

❶ ㉠, ㉡의 계산 결과 각각 구하기	4점
❷ ㉠과 ㉡의 계산 결과의 차 구하기	1점

14 ㉠과 ㉡은 84×52와 비교하여 소수점의 위치만 다르므로 곱의 소수점 아래 자리 수를 비교합니다.
따라서 ㉠은 소수 네 자리 수이고 ㉡은 소수 세 자리 수이므로 ㉠은 ㉡의 0.1배입니다.

15 $1.7★3.8=(1.7+3.8)\times3.8$
$=5.5\times3.8=20.9$

16 예 세훈이가 가지고 있는 철사의 길이는
$0.75\times2=1.5$(m)입니다.」❶
따라서 은서가 가지고 있는 철사의 길이는
$1.5\times1.24=1.86$(m)입니다.」❷

채점 기준

❶ 세훈이가 가지고 있는 철사의 길이 구하기	2점
❷ 은서가 가지고 있는 철사의 길이 구하기	3점

17 어떤 수를 □라고 하면 □$-0.44=0.21$,
□$=0.21+0.44=0.65$입니다.
따라서 바르게 계산하면 $0.65\times0.44=0.286$입니다.

18 (공이 첫 번째로 튀어 오른 높이)
$=2.5\times0.8=2$(m)
➜ (공이 두 번째로 튀어 오른 높이)
$=2\times0.8=1.6$(m)

19 (직사각형의 넓이)$=8\times5.5=44(cm^2)$
(사다리꼴의 넓이)$=(3.1+4.9)\times5.5\div2$
$=22(cm^2)$
➜ (색칠한 부분의 넓이)$=44-22=22(cm^2)$

20 1시간 30분$=1\frac{30}{60}$시간$=1\frac{5}{10}$시간$=1.5$시간
(1시간 30분 동안 탄 양초의 길이)
$=4.2\times1.5=6.3$(cm)
➜ (처음 양초의 길이)$=14.8+6.3=21.1$(cm)

75~77쪽 AI가 추천한 단원 평가 4회

01 2.6, 2.6, 2.6, 2.6, 10.4 02 6.97
03 ㉡ 04 0.476
05 15.84, 158.4, 1584
06 예 $0.5\times7=\frac{5}{10}\times7=\frac{5\times7}{10}=\frac{35}{10}=3.5$
07 (위에서부터) 10.8, 1.08, 0.36, 32.4
08 > 09 (○) (×) 10 ㉣
11 0.51 km
12 풀이 참고, 0.7 L 13 ㉢, ㉣
14 ㉡ 15 풀이 참고, 12
16 660 cm^2 17 14.58
18 8, 2, 7, 5(또는 7, 5, 8, 2) / 61.5
19 0.44 kg 20 107.6 km

05 곱하는 수의 0의 개수만큼 곱의 소수점이 오른쪽으로 옮겨집니다.
$1.584\times10=15.84$
$1.584\times100=158.4$
$1.584\times1000=1584$

07 $0.4\times27=10.8$, $0.9\times1.2=1.08$,
$0.4\times0.9=0.36$, $27\times1.2=32.4$

08 $1.82\times13=23.66$, $5\times4.59=22.95$
→ $23.66>22.95$

09 • $0.55\times8=4.4$ • $0.92\times15=13.8$

10 ㉠ $0.569\times100=56.9$ → 소수 한 자리 수
㉡ $5.69\times10=56.9$ → 소수 한 자리 수
㉢ $56.9\times0.01=0.569$ → 소수 세 자리 수
㉣ $5.69\times0.01=0.0569$ → 소수 네 자리 수
따라서 계산 결과의 소수점 아래 자리 수가 가장 많은 것은 ㉣입니다.

11 (경찰서에서 시장까지의 거리)
$=0.85\times0.6=0.51$(km)

12 예 전체 주스의 양에 성우가 마신 만큼을 곱하면 되므로 2×0.35를 계산하면 됩니다.」❶
따라서 성우가 마신 주스는 $2\times0.35=0.7$(L)입니다.」❷

채점 기준

❶ 문제에 알맞은 식 만들기	2점
❷ 성우가 마신 주스의 양 구하기	3점

13 어떤 수에 1보다 큰 수를 곱하면 계산 결과는 어떤 수보다 커지고, 1보다 작은 수를 곱하면 계산 결과는 어떤 수보다 작아집니다.
따라서 계산 결과가 ㉮보다 큰 것은 ㉢, ㉣입니다.

14 ㉠ $570\times\boxed{0.01}=5.7$ ㉡ $\boxed{0.1}\times1.4=0.14$
㉢ $636\times\boxed{0.01}=6.36$
따라서 □ 안에 알맞은 수가 다른 하나는 ㉡입니다.

15 예 $16\times0.73=11.68$이므로 식을 간단하게 만들면 $11.68<\square$입니다.」❶
따라서 □ 안에 들어갈 수 있는 가장 작은 자연수는 12입니다.」❷

채점 기준

❶ 식을 간단하게 만들기	3점
❷ □ 안에 들어갈 수 있는 가장 작은 자연수 구하기	2점

16 (타일 한 장의 넓이)$=6\times4.4=26.4(cm^2)$
→ (타일을 붙인 벽의 넓이)$=26.4\times25$
$=660(cm^2)$

17 4.86은 486의 $\frac{1}{100}$입니다.
따라서 곱해지는 수가 $\frac{1}{100}$배가 되면 계산 결과도 $\frac{1}{100}$배가 되므로 4.86에 어떤 수를 곱한 값은 1458의 $\frac{1}{100}$배인 14.58입니다.

18 곱을 가장 크게 만들려면 곱하는 두 소수의 자연수 부분에 가장 큰 수와 두 번째로 큰 수를 놓아야 합니다.
$8.2\times7.5=61.5$, $8.5\times7.2=61.2$이므로 곱이 가장 큰 곱셈식은
$8.2\times7.5=61.5$ 또는 $7.5\times8.2=61.5$입니다.

19 (페인트 500 mL의 무게)$=3.5-2.65=0.85$(kg)
(페인트 1 L의 무게)$=0.85\times2=1.7$(kg)
(페인트 1.8 L의 무게)$=1.7\times1.8=3.06$(kg)
→ (빈 통의 무게)$=3.5-3.06=0.44$(kg)

20 48분$=\frac{48}{60}$시간$=\frac{8}{10}$시간$=0.8$시간
(버스가 달린 거리)$=61.6\times0.8=49.28$(km)
(자동차가 달린 거리)$=72.9\times0.8=58.32$(km)
→ (48분 후에 버스와 자동차 사이의 거리)
$=49.28+58.32=107.6$(km)

78~83쪽 틀린 유형 다시 보기

유형 1 < 1-1 > 1-2 ㉠
1-3 ㉡, ㉠, ㉢, ㉣
유형 2 ( )(○) 2-1 (○)( )
2-2 ㉡ 2-3 ㉠, ㉡ 유형 3 2.22 cm
3-1 7.92 cm 3-2 11.4 cm 3-3 41.9 cm
유형 4 0.001 4-1 100 4-2 0.14
4-3 ㉠ 유형 5 4.35 kg 5-1 76 cm
5-2 1.92 kg 5-3 2.95 m 유형 6 100배
6-1 1000배 6-2 0.1배 6-3 10배
유형 7 1, 2, 3, 4, 5 7-1 1, 2, 3, 4
7-2 25 7-3 7개 유형 8 3.44
8-1 18.09 8-2 0.324 8-3 0.182
유형 9 6, 1, 4, 3(또는 4, 3, 6, 1) / 26.23
9-1 1, 8, 5, 9(또는 5, 9, 1, 8) / 10.62
9-2 2, 6, 3, 8(또는 3, 8, 2, 6) / 0.0988
유형 10 23.04 cm^2 10-1 19 cm^2
10-2 11.8 cm^2 유형 11 145.6 cm
11-1 93.88 cm 11-2 4.3 cm
유형 12 15.4 L 12-1 74.88 L
12-2 564.48 L 12-3 56.7 L

유형 1 0.5×9=4.5, 7×0.8=5.6 ➔ 4.5<5.6

1-1 5×2.92=14.6, 4.6×3=13.8 ➔ 14.6>13.8

1-2 ㉠ 0.91×4=3.64 ㉡ 6×0.58=3.48
㉢ 1.58×2=3.16
따라서 3.64>3.48>3.16이므로 계산 결과가 가장 큰 것은 ㉠입니다.

1-3 ㉠ 0.7×0.98=0.686
㉡ 0.87×0.4=0.348
㉢ 1.1×1.8=1.98
㉣ 1.32×1.6=2.112
따라서 0.348<0.686<1.98<2.112이므로 계산 결과가 작은 것부터 차례로 쓰면 ㉡, ㉠, ㉢, ㉣입니다.

유형 2 • 0.29×3은 0.3과 3의 곱인 0.9보다 작습니다.
• 0.32×4는 0.3과 4의 곱인 1.2보다 큽니다.
따라서 어림하여 계산 결과가 1보다 큰 것은 0.32×4입니다.

2-1 • 4.9×1.8은 5와 2의 곱인 10보다 작습니다.
• 6.1×2.1은 6과 2의 곱인 12보다 큽니다.
따라서 어림하여 계산 결과가 10보다 작은 것은 4.9×1.8입니다.

2-2 ㉠ 2.13×2는 2.1과 2의 곱인 4.2보다 큽니다.
㉡ 1.08×3은 1.1과 3의 곱인 3.3보다 작습니다.
㉢ 1.54×3은 1.5와 3의 곱인 4.5보다 큽니다.
따라서 어림하여 계산 결과가 4보다 작은 것은 ㉡입니다.

2-3 ㉠ 4.1×5.4는 4와 5의 곱인 20보다 큽니다.
㉡ 6.2×4.3은 6과 4의 곱인 24보다 큽니다.
㉢ 3.8×4.7은 4와 5의 곱인 20보다 작습니다.
㉣ 7.8×1.6은 8과 2의 곱인 16보다 작습니다.
따라서 어림하여 계산 결과가 20보다 큰 것은 ㉠, ㉡입니다.

유형 3 (정삼각형의 둘레)=0.74×3=2.22(cm)

3-1 (정육각형의 둘레)=1.32×6=7.92(cm)

3-2 (평행사변형의 둘레)=(3.5+2.2)×2
=5.7×2=11.4(cm)

3-3 (정사각형의 둘레)=5.6×4=22.4(cm)
(정오각형의 둘레)=3.9×5=19.5(cm)
➔ (두 도형의 둘레의 합)
=22.4+19.5=41.9(cm)

유형 4 408의 소수점이 왼쪽으로 세 자리 옮겨져서 0.408이 되었으므로 0.001을 곱한 것입니다.
➔ 408×0.001=0.408

4-1 1.529의 소수점이 오른쪽으로 두 자리 옮겨져서 152.9가 되었으므로 100을 곱한 것입니다.
➔ 1.529×100=152.9

4-2 소수 한 자리 수와 곱해서 계산 결과가 소수 세 자리 수가 되었으므로 □ 안에 알맞은 수는 소수 두 자리 수입니다.
➔ 3.8×0.14=0.532

4-3 ㉠ 210×[0.1]=21
㉡ [10]×0.029=0.29
㉢ 1.823×[10]=18.23
따라서 □ 안에 알맞은 수가 다른 하나는 ㉠입니다.

유형 5 (더 늘어난 몸무게)$=3\times0.45=1.35$(kg)
➡ (5월에 잰 강아지의 몸무게)
$=3+1.35=4.35$(kg)

5-1 (더 사용한 길이)$=60.8\times0.25=15.2$(cm)
➡ (재희가 사용한 철사의 길이)
$=60.8+15.2=76$(cm)

5-2 (더 먹은 쌀의 양)$=1.6\times0.2=0.32$(kg)
➡ (이번 주에 먹은 쌀의 양)
$=1.6+0.32=1.92$(kg)

5-3 (더 커진 키)$=2.5\times0.18=0.45$(m)
➡ (올해 나무의 키)$=2.5+0.45=2.95$(m)

유형 6 ㉠과 ㉡은 74×19와 비교하여 소수점의 위치만 다르므로 곱의 소수점 아래 자리 수를 비교합니다.
따라서 ㉠은 소수 두 자리 수이고 ㉡은 소수 네 자리 수이므로 ㉠은 ㉡의 100배입니다.
다른 풀이 ㉠ $7.4\times1.9=14.06$
㉡ $0.74\times0.19=0.1406$
따라서 14.06은 0.1406의 100배입니다.

6-1 ㉠과 ㉡은 28×43과 비교하여 소수점의 위치만 다르므로 곱의 소수점 아래 자리 수를 비교합니다.
따라서 ㉠은 소수 한 자리 수이고 ㉡은 소수 네 자리 수이므로 ㉠은 ㉡의 1000배입니다.
다른 풀이 ㉠ $2.8\times43=120.4$
㉡ $0.28\times0.43=0.1204$
따라서 120.4는 0.1204의 1000배입니다.

6-2 ㉠과 ㉡은 61×17과 비교하여 소수점의 위치만 다르므로 곱의 소수점 아래 자리 수를 비교합니다.
따라서 ㉠은 소수 네 자리 수이고 ㉡은 소수 세 자리 수이므로 ㉠은 ㉡의 0.1배입니다.
다른 풀이 ㉠ $0.061\times1.7=0.1037$
㉡ $6.1\times0.17=1.037$
따라서 0.1037은 1.037의 0.1배입니다.

6-3 ㉠과 ㉡은 $53\times1\times24$와 비교하여 소수점의 위치만 다르므로 곱의 소수점 아래 자리 수를 비교합니다.
따라서 ㉠은 소수 두 자리 수이고 ㉡은 소수 세 자리 수이므로 ㉠은 ㉡의 10배입니다.
다른 풀이 ㉠ $53\times0.1\times2.4=12.72$
㉡ $0.53\times100\times0.024=1.272$
따라서 12.72는 1.272의 10배입니다.

유형 7 $12\times0.46=5.52$이므로 식을 간단하게 만들면 $\square<5.52$입니다. 따라서 □ 안에 들어갈 수 있는 자연수는 1, 2, 3, 4, 5입니다.

7-1 $7.2\times0.65=4.68$이므로 식을 간단하게 만들면 $4.68>\square$입니다. 따라서 □ 안에 들어갈 수 있는 자연수는 1, 2, 3, 4입니다.

7-2 $1.9\times13=24.7$이므로 식을 간단하게 만들면 $24.7<\square$입니다. 따라서 □ 안에 들어갈 수 있는 가장 작은 자연수는 25입니다.

7-3 $4.58\times3.6=16.488$, $11\times2.1=23.1$이므로 식을 간단하게 만들면 $16.488<\square<23.1$입니다.
따라서 □ 안에 들어갈 수 있는 자연수는 17, 18, 19, 20, 21, 22, 23으로 모두 7개입니다.

유형 8 어떤 수를 □라고 하면 $\square+0.8=5.1$, $\square=5.1-0.8=4.3$입니다.
따라서 바르게 계산하면
$4.3\times0.8=3.44$입니다.

8-1 어떤 수를 □라고 하면 $\square+2.7=9.4$, $\square=9.4-2.7=6.7$입니다.
따라서 바르게 계산하면
$6.7\times2.7=18.09$입니다.

8-2 어떤 수를 □라고 하면 $0.9-\square=0.54$, $\square=0.9-0.54=0.36$입니다.
따라서 바르게 계산하면
$0.9\times0.36=0.324$입니다.

8-3 어떤 수를 □라고 하면 $\square-0.35=0.17$, $\square=0.17+0.35=0.52$입니다.
따라서 바르게 계산하면
$0.52\times0.35=0.182$입니다.

유형 9 곱을 가장 크게 만들려면 곱하는 두 소수의 자연수 부분에 가장 큰 수와 두 번째로 큰 수를 놓아야 합니다.
$6.1\times4.3=26.23$, $6.3\times4.1=25.83$이므로 곱이 가장 큰 곱셈식은 $6.1\times4.3=26.23$ 또는 $4.3\times6.1=26.23$입니다.

9-1 곱을 가장 작게 만들려면 곱하는 두 소수의 자연수 부분에 가장 작은 수와 두 번째로 작은 수를 놓아야 합니다.
$1.8\times5.9=10.62$, $1.9\times5.8=11.02$이므로 곱이 가장 작은 곱셈식은 $1.8\times5.9=10.62$ 또는 $5.9\times1.8=10.62$입니다.

9-2 곱을 가장 작게 만들려면 곱하는 두 소수의 소수 첫째 자리에 가장 작은 수와 두 번째로 작은 수를 놓아야 합니다.
$0.26\times0.38=0.0988$, $0.28\times0.36=0.1008$이므로 곱이 가장 작은 곱셈식은
$0.26\times0.38=0.0988$ 또는
$0.38\times0.26=0.0988$입니다.

유형 10 (직사각형의 넓이)$=6\times4.8=28.8(cm^2)$
(정사각형의 넓이)$=2.4\times2.4=5.76(cm^2)$
➔ (색칠한 부분의 넓이)$=28.8-5.76$
$=23.04(cm^2)$

10-1 (직사각형의 넓이)$=7.6\times5=38(cm^2)$
(삼각형의 넓이)$=7.6\times5\div2=19(cm^2)$
➔ (색칠한 부분의 넓이)$=38-19=19(cm^2)$

10-2 (직사각형의 넓이)$=6.7\times4=26.8(cm^2)$
(사다리꼴의 넓이)$=(3+4.5)\times4\div2$
$=15(cm^2)$
➔ (색칠한 부분의 넓이)$=26.8-15$
$=11.8(cm^2)$

유형 11 (색 테이프 15장의 길이)$=12.6\times15$
$=189(cm)$
(겹쳐진 부분의 길이의 합)$=3.1\times14$
$=43.4(cm)$
➔ (이어 붙인 색 테이프의 전체 길이)
$=189-43.4=145.6(cm)$

11-1 (색 테이프 12장의 길이)$=9.4\times12$
$=112.8(cm)$
(겹쳐진 부분의 길이의 합)$=1.72\times11$
$=18.92(cm)$
➔ (이어 붙인 색 테이프의 전체 길이)
$=112.8-18.92=93.88(cm)$

11-2 (겹쳐진 부분의 길이의 합)$=0.6\times9$
$=5.4(cm)$
(색 테이프 10장의 길이)$=37.6+5.4$
$=43(cm)$
색 테이프 한 장의 길이를 $\square$ cm라고 하면
$\square\times10=43$이므로 $\square=4.3$입니다.
따라서 색 테이프 한 장의 길이는 4.3 cm입니다.

유형 12 2시간 45분$=2\frac{45}{60}$시간$=2\frac{3}{4}$시간$=2\frac{75}{100}$시간
$=2.75$시간
(자동차가 간 거리)$=70\times2.75=192.5(km)$
➔ (사용한 휘발유의 양)$=0.08\times192.5$
$=15.4(L)$

12-1 1시간 48분$=1\frac{48}{60}$시간$=1\frac{8}{10}$시간$=1.8$시간
(트럭이 간 거리)$=64\times1.8=115.2(km)$
➔ (사용한 휘발유의 양)$=0.65\times115.2$
$=74.88(L)$

12-2 3시간 30분$=3\frac{30}{60}$시간$=3\frac{5}{10}$시간$=3.5$시간
(배가 간 거리)$=50.4\times3.5=176.4(km)$
➔ (사용한 연료의 양)$=3.2\times176.4$
$=564.48(L)$

12-3 4시간 12분$=4\frac{12}{60}$시간$=4\frac{2}{10}$시간$=4.2$시간
(난로를 사용한 시간)$=4.2\times6=25.2$(시간)
➔ (필요한 기름의 양)$=2.25\times25.2$
$=56.7(L)$

5단원 직육면체

86~88쪽 AI가 추천한 단원 평가 1회

01 나, 다, 라　　02 다
03 (위에서부터) 면, 모서리, 꼭짓점
04 6, 12, 8　　05

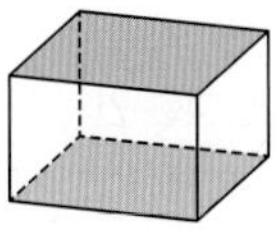

06 4개　　07 (○)(　　)
08 (×)　　09 풀이 참고
　(○)　　10 점 ㄹ, 점 ㅌ
11 선분 ㅈㅇ　　12 (위에서부터) 6, 3
13 예

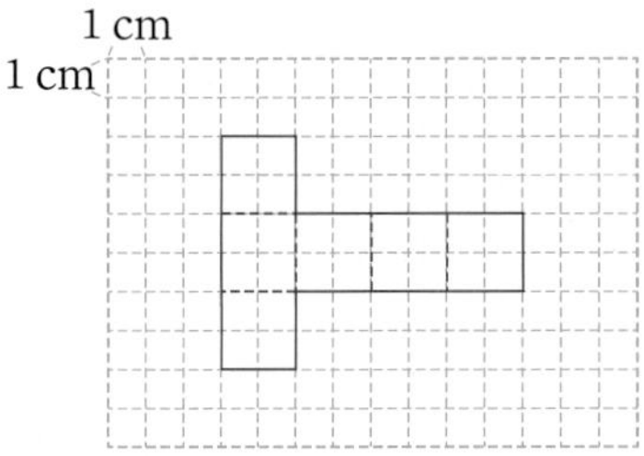

14 45 cm　　15 풀이 참고, 40 cm
16 23 cm　　17 5　　18 나
19 24 cm　　20

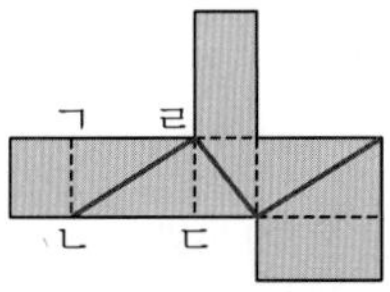

07 오른쪽 전개도는 점선을 따라 접으면 겹치는 면이 생기므로 정육면체의 전개도가 아닙니다.

09 예 보이지 않는 모서리는 점선으로 그려야 하는데 실선으로 그렸습니다.」❶

채점 기준

❶ 직육면체의 겨냥도를 잘못 그린 이유 쓰기	5점

10 전개도를 접었을 때 점 ㅎ과 만나는 점은 점 ㄹ, 점 ㅌ입니다.

11 전개도를 접었을 때 점 ㅁ과 점 ㅈ, 점 ㅂ과 점 ㅇ이 만나므로 선분 ㅁㅂ과 겹치는 선분은 선분 ㅈㅇ입니다.

13 잘린 모서리는 실선으로, 잘리지 않은 모서리는 점선으로 그리고, 접었을 때 서로 겹치는 면이 없도록 그립니다.

14 보이지 않는 모서리는 3개이고 각각 15 cm입니다.
➜ (보이지 않는 모서리의 길이의 합)
$=15\times3=45$(cm)

15 예 직육면체에서 색칠한 면과 평행한 면의 모서리의 길이의 합은 색칠한 면의 모서리의 길이의 합과 같습니다.」❶
따라서 색칠한 면과 평행한 면의 모서리의 길이의 합은 $12+8+12+8=40$(cm)입니다.」❷

채점 기준

❶ 직육면체에서 평행한 면의 특징 알기	2점
❷ 색칠한 면과 평행한 면의 모서리의 길이의 합 구하기	3점

16 (선분 ㄱㄴ의 길이)=(선분 ㅈㅇ의 길이)=10 cm
(선분 ㄴㄷ의 길이)=(선분 ㅁㄹ의 길이)
=(선분 ㅁㅂ의 길이)=13 cm
➜ (선분 ㄱㄷ의 길이)
=(선분 ㄱㄴ의 길이)+(선분 ㄴㄷ의 길이)
$=10+13=23$(cm)

17 직육면체에는 길이가 7 cm인 모서리가 4개, 길이가 11 cm인 모서리가 4개, 길이가 □ cm인 모서리가 4개 있습니다.
$7\times4+11\times4+\square\times4=92$, $72+\square\times4=92$,
$\square\times4=20$, $\square=5$

18 ●와 ◇, ○와 ▲, △와 ◆가 있는 면이 각각 서로 평행하므로 전개도를 접었을 때, 정육면체에서 동시에 보일 수 없습니다.
가는 △와 ◆, 다는 ○와 ▲가 동시에 보입니다.
따라서 전개도를 접어서 만든 정육면체는 나입니다.

19 직육면체를 쌓아서 만든 가장 작은 정육면체의 한 모서리의 길이는 직육면체의 세 모서리의 길이의 최소공배수와 같습니다.
따라서 8, 6, 4의 최소공배수는 24이므로 만든 가장 작은 정육면체의 한 모서리의 길이는 24 cm입니다.

20 전개도에 먼저 각 꼭짓점의 위치를 표시하고, 선분 ㄹㅅ과 선분 ㅅㅁ을 긋습니다.

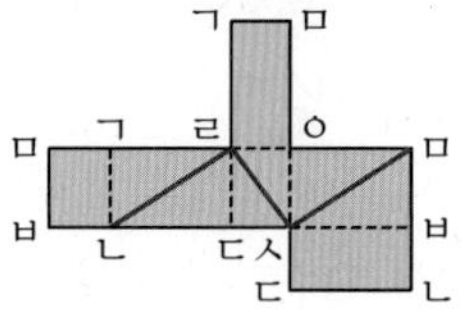

89~91쪽 AI가 추천한 단원 평가 2회

01 직육면체　02 (　　)(○)(　　)
03 ㉠, ㉣　04 8개　05 면 ㄱㅁㅇㄹ
06 ④　07 가　08 8, 8
09 면 마　10 면 나, 면 다, 면 마, 면 바
11 풀이 참고, 2개　12 나
13 4개
14 예

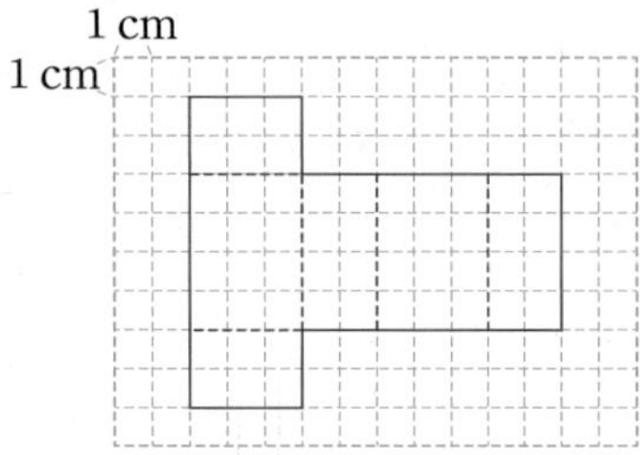

15 84 cm　16 풀이 참고, 40 cm^2
17

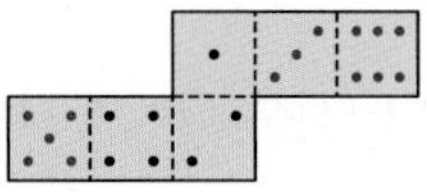

18 2 cm
19 205 cm　20 116 cm

08 정육면체는 모든 모서리의 길이가 같습니다.

09 전개도를 접었을 때 면 나와 마주 보는 면은 면 마입니다.

10 전개도를 접었을 때 면 가와 수직인 면은 면 가와 평행한 면 라를 제외한 나머지 4개의 면입니다.

11 예 직육면체의 겨냥도에서 보이지 않는 모서리는 3개이고, 보이지 않는 꼭짓점은 1개입니다.」❶
따라서 보이지 않는 모서리의 수와 보이지 않는 꼭짓점의 수의 차는 3－1＝2(개)입니다.」❷

채점 기준

❶ 직육면체의 겨냥도에서 보이지 않는 모서리의 수와 보이지 않는 꼭짓점의 수 각각 구하기	4점
❷ 직육면체의 겨냥도에서 보이지 않는 모서리의 수와 보이지 않는 꼭짓점의 수의 차 구하기	1점

12 가는 정육면체로 모양과 크기가 같은 면이 6개입니다.
따라서 연주가 가진 직육면체는 나입니다.

14 잘린 모서리는 실선으로, 잘리지 않은 모서리는 점선으로 그리고, 접었을 때 겹치는 면이 없도록 그립니다.

15 정육면체에는 길이가 같은 모서리가 12개 있습니다.
➔ (모든 모서리의 길이의 합)＝7×12＝84(cm)

16 예 전개도를 접어서 만든 직육면체에서 면 ㅂㅅㅇㅈ과 평행한 면의 넓이는 면 ㅂㅅㅇㅈ의 넓이와 같습니다.」❶
(선분 ㅅㅇ의 길이)＝(선분 ㅁㄹ의 길이)
＝10 cm이므로
면 ㅂㅅㅇㅈ의 넓이는 10×4＝40(cm^2)입니다.
따라서 평행한 면의 넓이도 40 cm^2입니다.」❷

채점 기준

❶ 직육면체에서 평행한 면의 특징 알기	2점
❷ 면 ㅂㅅㅇㅈ과 평행한 면의 넓이 구하기	3점

17 서로 평행한 두 면을 찾아 두 면의 눈의 수의 합이 7이 되도록 주사위의 눈을 그립니다.

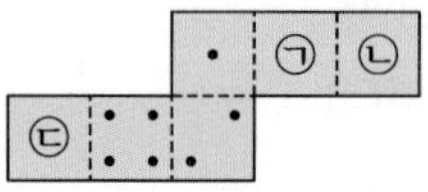

• ㉠과 평행한 면의 눈의 수: 4
➔ ㉠의 눈의 수: 7－4＝3
• ㉡과 평행한 면의 눈의 수: 1
➔ ㉡의 눈의 수: 7－1＝6
• ㉢과 평행한 면의 눈의 수: 2
➔ ㉢의 눈의 수: 7－2＝5

18 (면 ㉠의 모서리의 길이의 합)
＝15＋10＋15＋10＝50(cm)
(면 ㉡의 모서리의 길이의 합)＝12×4＝48(cm)
➔ (모서리의 길이의 합의 차)＝50－48＝2(cm)

19 상자를 묶는 데 사용한 끈의 길이는 30 cm씩 2번, 25 cm씩 2번, 15 cm씩 4번이고, 매듭으로 사용한 끈의 길이는 35 cm입니다.
➔ (사용한 끈의 길이)
＝30×2＋25×2＋15×4＋35＝205(cm)

20 접었을 때 만나는 선분의 길이가 같으므로 각 선분의 길이를 표시해 봅니다.

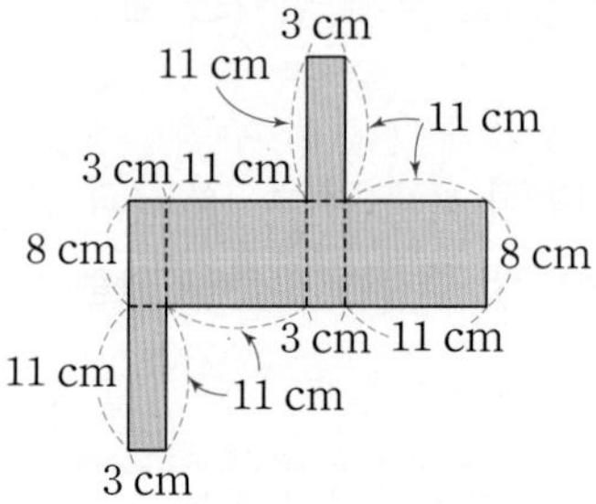

➔ (전개도의 둘레)
＝11×8＋3×4＋8×2＝116(cm)

92~94쪽 AI가 추천한 단원 평가 3회

01 4개　02 2개　03 ㉢, ㉡, ㉠
04 3개　05 ㉡
06
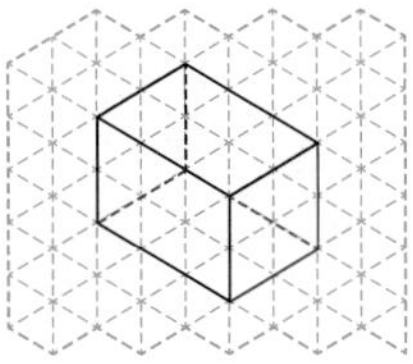
07 (위에서부터) 9, 7, 4　08 풀이 참고
09 면 ㅌㅅㄹㅍ　10 선분 ㄷㄴ　11 ㉢
12 10개　13 24 cm　14 2, 3, 4, 5
15 12 cm　16 풀이 참고, 100 cm
17 5　18 40 cm
19
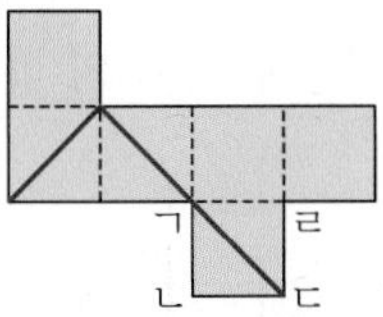

20 6 cm, 8 cm, 10 cm

08 예 접었을 때 서로 겹치는 면이 있으므로 정육면체의 전개도가 아닙니다.」❶

채점 기준

❶ 정육면체의 전개도가 아닌 이유 쓰기	5점

10 전개도를 접었을 때 점 ㅁ과 점 ㄷ, 점 ㅂ과 점 ㄴ이 만나므로 선분 ㅁㅂ과 겹치는 선분은 선분 ㄷㄴ입니다.

11 ㉢ 직육면체에서 한 면과 수직으로 만나는 면은 모두 4개입니다.

12 • 보이지 않는 면의 수: 3개
• 보이는 꼭짓점의 수: 7개
➜ 3+7=10(개)

13 정육면체는 모든 모서리의 길이가 같습니다.
➜ (색칠한 면의 둘레)=6×4=24(cm)

14 주사위에서 눈의 수가 6인 면과 수직인 면은 평행한 면인 1을 제외한 나머지 4개의 면으로 2, 3, 4, 5입니다.

15 직육면체 모양의 나무토막을 잘라서 만들 수 있는 가장 큰 정육면체의 한 모서리의 길이는 직육면체의 가장 짧은 모서리의 길이와 같으므로 12 cm입니다.

16 예 직육면체에는 길이가 같은 모서리가 4개씩 3쌍 있습니다.」❶
따라서 직육면체의 모든 모서리의 길이의 합은 (14+7+4)×4=100(cm)입니다.」❷

채점 기준

❶ 직육면체의 모서리의 특징 알기	2점
❷ 직육면체의 모든 모서리의 길이의 합 구하기	3점

17 전개도를 접었을 때 서로 겹치는 선분과 평행한 선분은 길이가 같습니다.
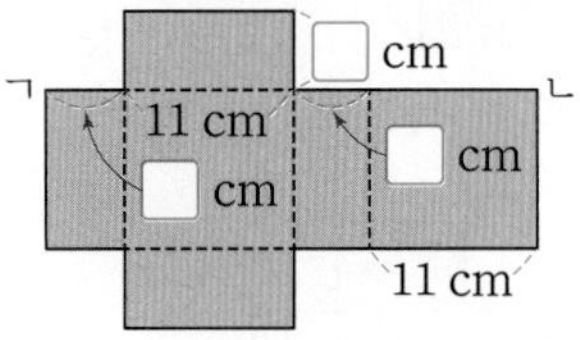

□+11+□+11=32, □+□=10
➜ □=5

18 앞과 옆에서 본 모양을 보면 위에서 본 모양은 오른쪽과 같습니다.
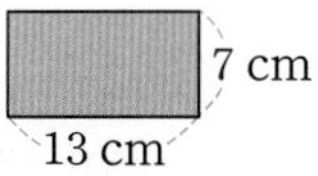

➜ (위에서 본 모양의 둘레)
=(13+7)×2=40(cm)

19 전개도에 먼저 각 꼭짓점의 위치를 표시하고, 선분 ㄱㅂ과 선분 ㅂㄷ을 긋습니다.
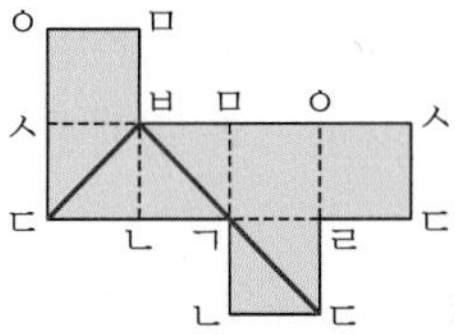

20
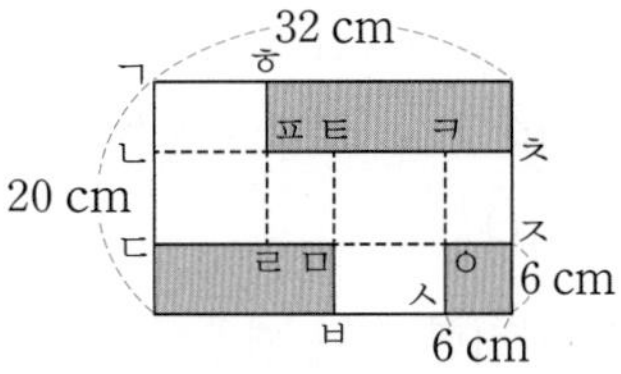

• (선분 ㄱㄴ의 길이)=(선분 ㅇㅅ의 길이)
=6 cm이므로
(선분 ㅊㅈ의 길이)=20−6−6
=8(cm)입니다.
• (선분 ㅍㅌ의 길이)=(선분 ㅋㅊ의 길이)
=6 cm이므로
(선분 ㄱㅎ의 길이)=(선분 ㅌㅋ의 길이)
=(32−6−6)÷2
=10(cm)입니다.
따라서 전개도를 접어서 만든 직육면체의 세 모서리의 길이는 각각 6 cm, 8 cm, 10 cm입니다.

95~97쪽 AI가 추천한 단원 평가 4회

01 정육면체 02 ②, ⑤ 03 3, 9, 7

04 면 ㄴㅂㅁㄱ 05 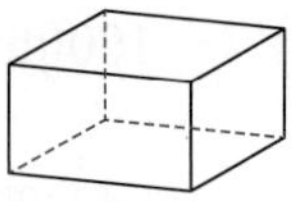

06 3쌍 07 면 바

08 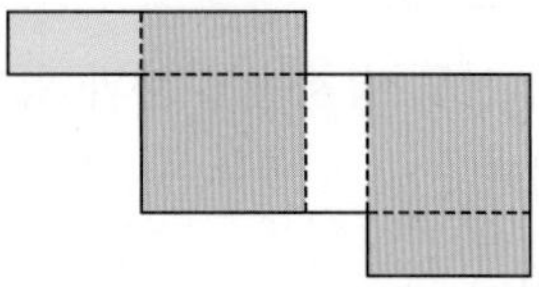

09 풀이 참고

10 모서리 ㄹㄷ, 모서리 ㅁㅂ, 모서리 ㅇㅅ

11 26개 12 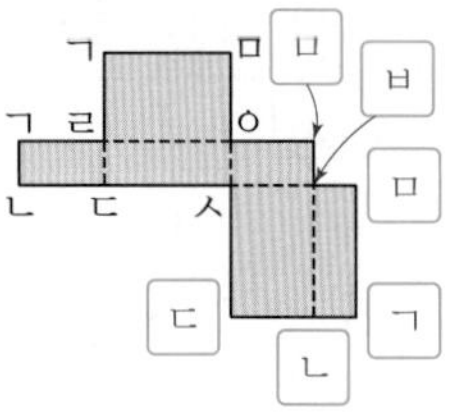

13 22 cm 14 면 ㄴㅂㅅㄷ, 면 ㄱㅁㅇㄹ

15 풀이 참고, 7 16 14 17 154 cm

18 100 cm 19 60 cm 20 1

02 직사각형 6개로 둘러싸인 도형을 찾으면 ②, ⑤입니다.

04 직육면체에서 서로 평행한 두 면이 밑면입니다. 따라서 면 ㄷㅅㅇㄹ과 평행한 면 ㄴㅂㅁㄱ이 다른 밑면입니다.

06 직육면체에서 서로 마주 보는 면은 모두 3쌍이므로 서로 평행한 면은 모두 3쌍입니다.

07 전개도를 접었을 때 면 가와 만나지 않는 면은 면 가와 평행한 면 바입니다.

08 전개도를 접었을 때 색칠한 면과 평행한 면을 제외한 나머지 면 4개에 모두 색칠합니다.

09 예 • 같은 점: 면, 모서리, 꼭짓점의 수가 각각 같습니다.」 ❶

• 다른 점: 면의 모양이 직육면체는 직사각형이고, 정육면체는 정사각형입니다.」 ❷

채점 기준

❶ 같은 점 쓰기	2점
❷ 다른 점 쓰기	3점

10 직육면체에서 평행한 모서리는 길이가 같으므로 모서리 ㄱㄴ과 길이가 같은 모서리는 모서리 ㄹㄷ, 모서리 ㅁㅂ, 모서리 ㅇㅅ입니다.

11 직육면체에서 면은 6개, 모서리는 12개, 꼭짓점은 8개입니다.
➜ $6+12+8=26$(개)

12 전개도를 접었을 때 만나는 점끼리 같은 기호를 써 넣습니다.

13 보이지 않는 모서리는 3개이고, 그 길이는 각각 4 cm, 12 cm, 6 cm입니다.
➜ $4+12+6=22$(cm)

14 직육면체에서 색칠한 두 면에 공통으로 수직인 면은 색칠한 두 면과 각각 평행한 면을 제외한 나머지 면이므로 면 ㄴㅂㅅㄷ, 면 ㄱㅁㅇㄹ입니다.

15 예 주사위의 보이지 않는 면에 있는 눈의 수는 각각 $7-6=1$, $7-5=2$, $7-3=4$입니다.」 ❶
따라서 보이지 않는 면에 있는 눈의 수의 합은 $1+2+4=7$입니다.」 ❷

채점 기준

❶ 보이지 않는 면에 있는 눈의 수 각각 구하기	3점
❷ 보이지 않는 면에 있는 눈의 수의 합 구하기	2점

16 직육면체에는 길이가 □ cm인 모서리가 4개, 길이가 9 cm인 모서리가 4개, 길이가 10 cm인 모서리가 4개 있습니다.
$\square\times4+9\times4+10\times4=132$,
$\square\times4+76=132$, $\square\times4=56$, $\square=14$

17 정육면체의 전개도의 둘레에는 길이가 11 cm인 선분이 14개 있습니다.
➜ (전개도의 둘레)$=11\times14=154$(cm)

18 직육면체의 세 모서리의 길이는 각각 5 cm, $13-5=8$(cm), $17-5=12$(cm)이고, 길이가 같은 모서리가 4개씩 3쌍 있습니다.
➜ (모든 모서리의 길이의 합)
$=(5+8+12)\times4=100$(cm)

19 상자를 묶는 데 사용한 끈의 길이는 35 cm씩 2번, 25 cm씩 2번, 22 cm씩 4번이므로 $35\times2+25\times2+22\times4=208$(cm)입니다.
➜ (매듭으로 사용한 끈의 길이)
$=268-208=60$(cm)

20 4와 수직인 면에는 1, 3, 5, 6이 쓰여 있으므로 4와 평행한 면에 쓰인 수는 2입니다. 5와 수직인 면에는 3, 4, 6이 쓰여 있으므로 남은 1과 2 중에서 5와 평행한 면에 쓰인 수는 1입니다.

98~103쪽 틀린 유형 다시 보기

유형 1 (   ) (○)　1-1 (×) (   )　1-2 ㉢

유형 2 선분 ㅋㅌ　2-1 선분 ㅅㅂ

2-2 선분 ㄱㅎ, 선분 ㅁㄹ　유형 3 6개

3-1 6개　3-2 6개　3-3 7개

유형 4 1, 2, 5, 6　4-1 2, 3, 4, 5　4-2 1, 3, 4, 6

4-3 5　유형 5 15 cm　5-1 20 cm

5-2 63 cm　5-3 100 cm　유형 6 60 cm

6-1 132 cm　6-2 56 cm　6-3 나

유형 7

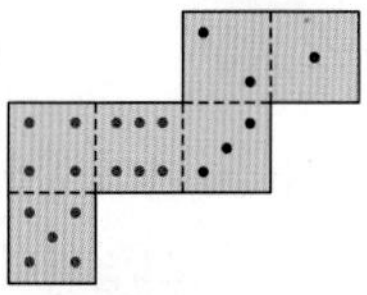

7-1

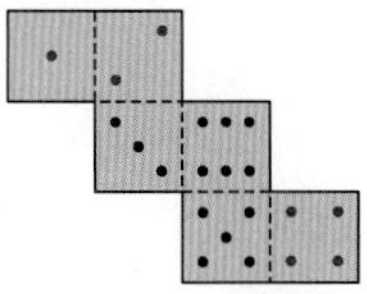

7-2 6, 9

유형 8 9 cm　8-1 4　8-2 7

8-3 10 cm　유형 9 30 cm　9-1 40 cm

9-2 120 cm　유형 10 166 cm　10-1 147 cm

10-2 37 cm　유형 11

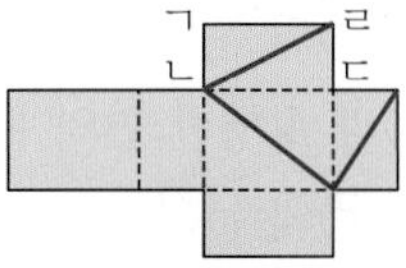

11-1

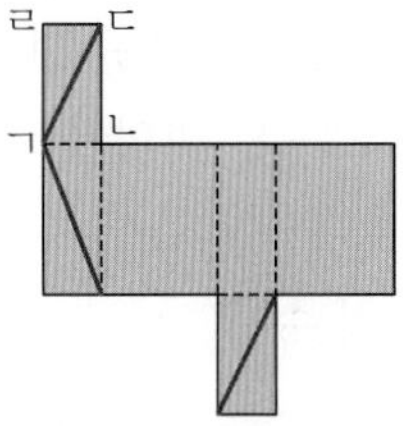

11-2

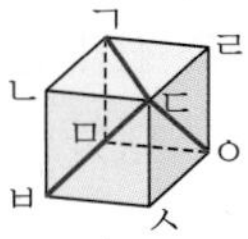

유형 12 112 cm　12-1 72 cm　12-2 182 cm

유형 1 직육면체의 면의 모양은 모두 직사각형으로 모양과 크기가 모두 같다고 할 수 없습니다.

1-1 직사각형은 정사각형이라고 할 수 없으므로 직육면체는 정육면체라고 할 수 없습니다.

1-2 ㉠ 면이 모두 합동인 것은 정육면체입니다.
㉡ 모서리의 길이가 모두 같은 것은 정육면체입니다.
㉢ 직육면체와 정육면체의 꼭짓점은 8개로 같습니다.

유형 2 전개도를 접었을 때 점 ㄱ과 점 ㅋ, 점 ㅎ과 점 ㅌ이 만나므로 선분 ㄱㅎ과 겹치는 선분은 선분 ㅋㅌ입니다.

2-1 전개도를 접었을 때 점 ㄱ과 점 ㅅ, 점 ㄴ과 점 ㅂ이 만나므로 선분 ㄱㄴ과 겹치는 선분은 선분 ㅅㅂ입니다.

2-2 • 전개도를 접었을 때 점 ㄷ과 점 ㄱ, 점 ㄹ과 점 ㅎ이 만나므로 선분 ㄷㄹ과 겹치는 선분은 선분 ㄱㅎ입니다.
• 전개도를 접었을 때 점 ㅍ과 점 ㅁ, 점 ㅎ과 점 ㄹ이 만나므로 선분 ㅍㅎ과 겹치는 선분은 선분 ㅁㄹ입니다.

유형 3 • 보이는 모서리의 수: 9개
• 보이지 않는 모서리의 수: 3개
➜ 9−3=6(개)

3-1 • 보이는 꼭짓점의 수: 7개
• 보이지 않는 꼭짓점의 수: 1개
➜ 7−1=6(개)

3-2 • 보이는 면의 수: 3개
• 보이지 않는 모서리의 수: 3개
➜ 3+3=6(개)

3-3 • 보이지 않는 면의 수: 3개
• 보이지 않는 모서리의 수: 3개
• 보이지 않는 꼭짓점의 수: 1개
➜ 3+3+1=7(개)

유형 4 주사위에서 눈의 수가 4인 면과 수직인 면은 평행한 면인 3을 제외한 나머지 4개의 면으로 1, 2, 5, 6입니다.

4-1 주사위에서 눈의 수가 1인 면과 수직인 면은 평행한 면인 6을 제외한 나머지 4개의 면으로 2, 3, 4, 5입니다.

4-2 주사위에서 눈의 수가 2인 면과 수직인 면은 평행한 면인 5를 제외한 나머지 4개의 면으로 1, 3, 4, 6입니다.

4-3 주사위에서 눈의 수가 3인 면과 수직인 면은 평행한 면인 4를 제외한 나머지 4개의 면으로 1, 2, 5, 6입니다.
➜ 6−1=5

유형 5 보이지 않는 모서리는 3개이고 그 길이는 각각 8 cm, 4 cm, 3 cm입니다.

→ (보이지 않는 모서리의 길이의 합)
$=8+4+3=15$(cm)

5-1 보이지 않는 모서리는 3개이고 그 길이는 각각 5 cm, 10 cm, 5 cm입니다.

→ (보이지 않는 모서리의 길이의 합)
$=5+10+5=20$(cm)

5-2 보이는 모서리는 9개이고 각각 7 cm입니다.

→ (보이는 모서리의 길이의 합)
$=7\times9=63$(cm)

5-3 직육면체에서 길이가 같은 모서리는 4개씩 3쌍이므로 모든 모서리의 길이의 합은 보이지 않는 모서리의 길이의 합의 4배입니다.

→ (모든 모서리의 길이의 합)
$=25\times4=100$(cm)

유형 6 정육면체에는 길이가 같은 모서리가 12개 있습니다.

→ (모든 모서리의 길이의 합)
$=5\times12=60$(cm)

6-1 정육면체에는 길이가 같은 모서리가 12개 있습니다.

→ (모든 모서리의 길이의 합)
$=11\times12=132$(cm)

6-2 직육면체에는 길이가 같은 모서리가 4개씩 3쌍 있습니다.

→ (모든 모서리의 길이의 합)
$=(6+3+5)\times4=56$(cm)

6-3 직육면체에는 길이가 같은 모서리가 4개씩 3쌍 있습니다.

→ (직육면체 가의 모든 모서리의 길이의 합)
$=(7+7+9)\times4=92$(cm)

정육면체에는 길이가 같은 모서리가 12개 있습니다.

→ (정육면체 나의 모든 모서리의 길이의 합)
$=8\times12=96$(cm)

따라서 모든 모서리의 길이의 합이 더 긴 것은 정육면체 나입니다.

유형 7 서로 평행한 두 면을 찾아 두 면의 눈의 수의 합이 7이 되도록 주사위의 눈을 그립니다.

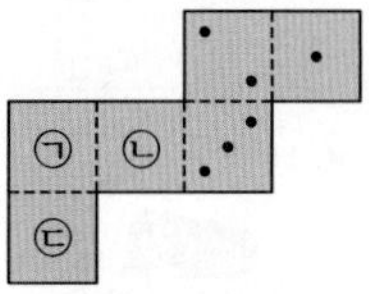

• ㉠과 평행한 면의 눈의 수: 3
→ ㉠의 눈의 수: $7-3=4$

• ㉡과 평행한 면의 눈의 수: 1
→ ㉡의 눈의 수: $7-1=6$

• ㉢과 평행한 면의 눈의 수: 2
→ ㉢의 눈의 수: $7-2=5$

7-1 서로 평행한 두 면을 찾아 두 면의 눈의 수의 합이 7이 되도록 주사위의 눈을 그립니다.

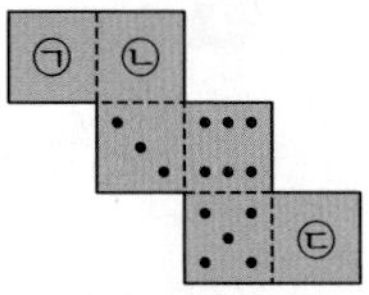

• ㉠과 평행한 면의 눈의 수: 6
→ ㉠의 눈의 수: $7-6=1$

• ㉡과 평행한 면의 눈의 수: 5
→ ㉡의 눈의 수: $7-5=2$

• ㉢과 평행한 면의 눈의 수: 3
→ ㉢의 눈의 수: $7-3=4$

7-2 전개도를 접었을 때 8과 2가 쓰인 면이 서로 평행하므로 서로 마주 보는 두 면의 수의 합은 $8+2=10$입니다.

• ㉠과 평행한 면에 적힌 수: 4
→ ㉠$=10-4=6$

• ㉡과 평행한 면에 적힌 수: 1
→ ㉡$=10-1=9$

유형 8 정육면체에는 길이가 같은 모서리가 12개 있습니다.

→ (한 모서리의 길이)$=108\div12=9$(cm)

8-1 직육면체에는 길이가 9 cm인 모서리가 4개, 길이가 4 cm인 모서리가 4개, 길이가 $\square$ cm인 모서리가 4개 있습니다.

$9\times4+4\times4+\square\times4=68$,
$52+\square\times4=68$, $\square\times4=16$, $\square=4$

8-2 직육면체에는 길이가 14 cm인 모서리가 4개, 길이가 □ cm인 모서리가 4개, 길이가 8 cm인 모서리가 4개 있습니다.

$14\times4+\square\times4+8\times4=116$,

$88+\square\times4=116$, $\square\times4=28$, $\square=7$

8-3 (직육면체의 모든 모서리의 길이의 합)

$=(16+5+9)\times4=120$(cm)

따라서 정육면체의 모든 모서리의 길이의 합은 120 cm이고, 정육면체에는 길이가 같은 모서리가 12개 있으므로 정육면체의 한 모서리의 길이는 $120\div12=10$(cm)입니다.

유형 9 앞과 옆에서 본 모양을 보면 위에서 본 모양은 오른쪽과 같습니다.

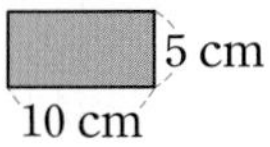

➜ (위에서 본 모양의 둘레)

$=(10+5)\times2=30$(cm)

9-1 앞과 옆에서 본 모양을 보면 위에서 본 모양은 오른쪽과 같습니다.

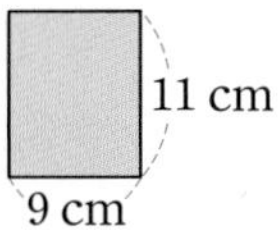

➜ (위에서 본 모양의 둘레)

$=(9+11)\times2=40$(cm)

9-2 앞과 옆에서 본 모양을 보면 직육면체는 오른쪽과 같습니다.

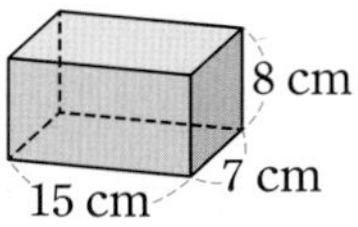

➜ (모든 모서리의 길이의 합)

$=(15+7+8)\times4=120$(cm)

유형 10 상자를 묶는 데 사용한 끈의 길이는 18 cm씩 2번, 20 cm씩 2번, 15 cm씩 4번이고, 매듭으로 사용한 끈의 길이는 30 cm입니다.

➜ (사용한 끈의 길이)

$=18\times2+20\times2+15\times4+30$

$=166$(cm)

10-1 상자를 묶는 데 사용한 끈의 길이는 25 cm씩 2번, 16 cm씩 2번, 10 cm씩 4번이고, 매듭으로 사용한 끈의 길이는 25 cm입니다.

➜ (사용한 끈의 길이)

$=25\times2+16\times2+10\times4+25$

$=147$(cm)

10-2 상자를 묶는 데 사용한 끈의 길이는 24 cm씩 2번, 19 cm씩 2번, 12 cm씩 4번이므로 $24\times2+19\times2+12\times4=134$(cm)입니다.

➜ (매듭으로 사용한 끈의 길이)

$=171-134=37$(cm)

유형 11 전개도에 먼저 각 꼭짓점의 위치를 표시하고, 선분 ㄴㅅ과 선분 ㅅㄹ을 긋습니다.

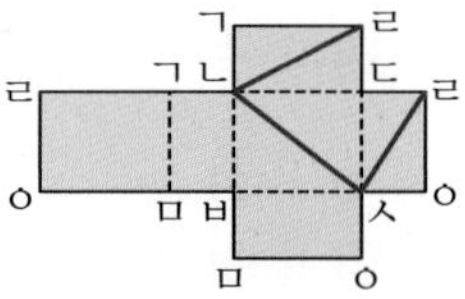

11-1 전개도에 먼저 각 꼭짓점의 위치를 표시하고, 선분 ㄱㅂ과 선분 ㅂㅇ을 긋습니다.

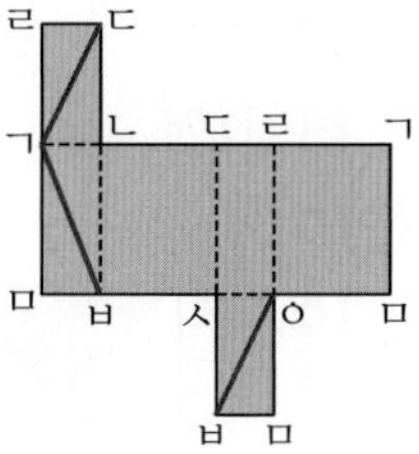

11-2 전개도에 각 꼭짓점의 위치를 표시해 보면 모두 점 ㄷ에서 시작하므로 겨냥도에서 꼭짓점 ㄷ에서 시작하는 대각선을 3개 긋습니다.

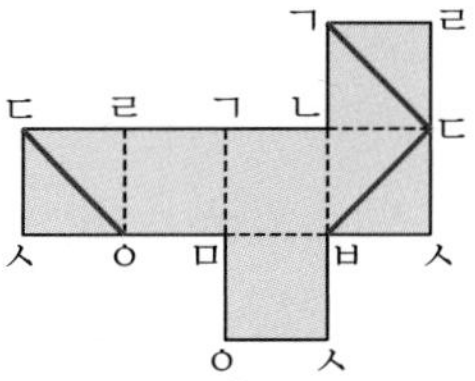

유형 12 전개도의 둘레에는 길이가 8 cm인 선분이 14개 있습니다.

➜ (전개도의 둘레)$=8\times14=112$(cm)

12-1 접었을 때 만나는 선분의 길이가 같으므로 각 선분의 길이를 표시해 봅니다.

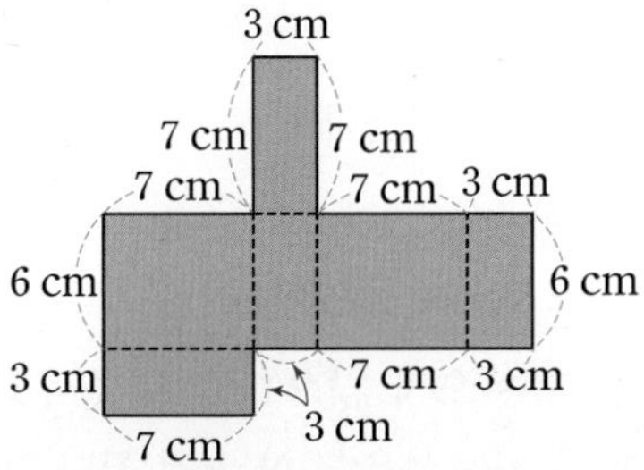

➜ (전개도의 둘레)

$=7\times6+3\times6+6\times2=72$(cm)

12-2 (정육면체의 한 모서리의 길이)

$=52\div4=13$(cm)

➜ (전개도의 둘레)$=13\times14=182$(cm)

6단원 평균과 가능성

106~108쪽 AI가 추천한 단원 평가 1회

01 평균　02 120번　03 30번

04 0, $\frac{1}{2}$　05 (　　)(○)

06 17점　07 1　08 0

09 많습니다　10 79 km　11 풀이 참고

12 반반이다, $\frac{1}{2}$　13 ㉡

14 13개　15 풀이 참고, 2권

16 ㉡　17 410 kg

18 예 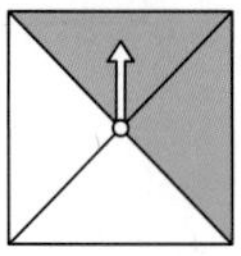　19 15초

20 14, 6, 26

07 꺼낸 공이 흰색일 가능성은 '확실하다'이므로 수로 표현하면 1입니다.

08 꺼낸 공이 검은색일 가능성은 '불가능하다'이므로 수로 표현하면 0입니다.

09 (칭찬 도장 수의 평균)$=(8+3+4+9)\div4$
$=24\div4=6$(개)
따라서 9월에 모은 칭찬 도장의 수는 8개이므로 평균보다 많습니다.

10 (1시간 동안 간 평균 거리)$=316\div4=79$(km)

11 예 내일 아침에 서쪽에서 해가 뜰 것입니다.」❶

채점 기준

❶ 일이 일어날 가능성이 '불가능하다'인 상황을 주변에서 찾아 쓰기	5점

12 ○× 문제의 정답이 ○일 가능성은 '반반이다'이므로 수로 표현하면 $\frac{1}{2}$입니다.

13 ㉠ 1년은 365일 또는 366일이므로 내년이 370일일 가능성은 '불가능하다'입니다.
㉡ 전학생은 자주 오지 않으므로 오늘 우리 반에 전학생이 올 가능성은 '~아닐 것 같다'입니다.
㉢ $1+1=2$이므로 1과 1을 더하면 2일 가능성은 '확실하다'입니다.

14 (5일 동안 식빵 판매량의 합)$=19\times5=95$(개)
➜ (화요일의 식빵 판매량)
$=95-(20+23+15+24)=95-82=13$(개)

15 예 독서량의 평균은
$(5+10+12+9)\div4=36\div4=9$(권)입니다.」❶
6월에 독서량이 8권 더 많았다면 독서량의 평균은 $(36+8)\div4=44\div4=11$(권)이 되므로 평균은 $11-9=2$(권) 더 많아집니다.」❷

채점 기준

❶ 독서량의 평균 구하기	2점
❷ 6월에 독서량이 8권 더 많아지면 평균은 몇 권 더 많아지는지 구하기	3점

16 동전 한 개를 던져서 그림면이 나올 가능성은 '반반이다'입니다.
㉠ 검은색 구슬만 5개 들어 있는 주머니에서 꺼낸 구슬이 검은색일 가능성은 '확실하다'입니다.
㉡ 은행에서 뽑은 대기 번호표의 번호가 짝수일 가능성은 '반반이다'입니다.

17 (가 지역 버섯 생산량의 합)$=415\times3=1245$(kg)
(나 지역 버섯 생산량의 합)$=407\times5=2035$(kg)
➜ (두 지역 전체의 버섯 생산량의 평균)
$=(1245+2035)\div(3+5)$
$=3280\div8=410$(kg)

18 빨간색 젤리 3개와 파란색 젤리 3개가 들어 있는 봉지에서 젤리를 1개 꺼낼 때 파란색 젤리를 꺼낼 가능성은 '반반이다'입니다.
따라서 화살이 초록색에 멈출 가능성이 '반반이다'가 되게 하려면 회전판 4칸 중에서 2칸을 초록색으로 색칠합니다.

19 (5회까지 기록의 평균이 16초일 때 기록의 합)
$=16\times5=80$(초)
따라서 준결승에 올라가려면 5회에 적어도
$80-(17+15+16+17)=80-65=15$(초)를 기록해야 합니다.

20 ㉠+㉡$=10\times2=20$
㉡+㉢$=16\times2=32$
㉢+㉠$=20\times2=40$
(㉠+㉡)+(㉡+㉢)+(㉢+㉠)
$=20+32+40=92$
(㉠+㉡+㉢)$\times2=92$
➜ ㉠+㉡+㉢$=92\div2=46$
• ㉠+㉡$=20$ ➜ ㉢$=46-20=26$
• ㉡+㉢$=32$ ➜ ㉠$=46-32=14$
• ㉢+㉠$=40$ ➜ ㉡$=46-40=6$

109~111쪽 AI가 추천한 단원 평가 2회

01

○	○	○	○
○	○	○	○
○	○	○	○
1회	2회	3회	4회

02 3개

03 110, 102, 416, 104

04 불가능하다, 확실하다　05 불가능하다

06 확실하다　07 22

08

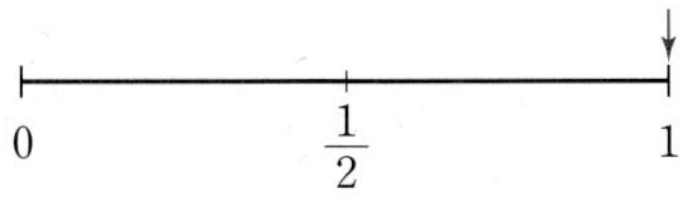

09 21회　10 22회　11 180000원

12 풀이 참고　13 0　14 근호네 모둠

15 ㉡　16 2회　17 ㉡, ㉢, ㉠

18 풀이 참고, 2 m　19 60개

20 16개

05 공룡은 멸종 동물이므로 내일 공룡이 우리 집에 놀러 올 가능성은 '불가능하다'입니다.

07 $(15+24+37+12)\div4=88\div4=22$

08 딸기 맛 사탕만 들어 있으므로 사탕 봉지에서 사탕 1개를 꺼낼 때 딸기 맛 사탕이 나올 가능성은 '확실하다'입니다.
따라서 수로 표현하면 1입니다.

09 (4명의 기록의 평균)$=(28+13+18+25)\div4$
$=84\div4=21$(회)

10 (5명의 기록의 평균)$=(84+26)\div5$
$=110\div5=22$(회)

11 (1년 동안 받는 용돈의 합)$=15000\times12$
$=180000$(원)

12 ㉠」❶
예 주사위 1개를 굴릴 때 눈의 수가 6 이하인 수가 나올 것입니다.」❷

채점 기준

❶ 가능성이 '불가능하다'인 경우의 기호 쓰기	2점
❷ 가능성이 '확실하다'가 되도록 바꾸기	3점

13 바둑돌은 모두 검은색이므로 꺼낸 바둑돌이 검은색이 아닐 가능성은 '불가능하다'입니다.
따라서 수로 표현하면 0입니다.

14 (채희네 모둠의 컴퓨터 사용 시간의 평균)
$=180\div4=45$(분)
(근호네 모둠의 컴퓨터 사용 시간의 평균)
$=147\div3=49$(분)
따라서 사용 시간의 평균이 더 긴 근호네 모둠이 컴퓨터를 더 오래 사용했다고 할 수 있습니다.

15 보라색에 가장 많이 멈췄고, 주황색과 연두색에 멈춘 횟수는 같습니다.
따라서 표와 일이 일어날 가능성이 가장 비슷한 회전판은 보라색이 가장 넓고, 주황색과 연두색의 넓이가 같은 ㉡입니다.

16 (수학 점수의 합)$=85\times4=340$(점)
(2회의 점수)$=340-(75+80+90)=95$(점)
따라서 수학 점수가 가장 높은 때는 2회입니다.

17 가능성을 수로 표현해 봅니다.
㉠ 불가능하다 → 0　㉡ 확실하다 → 1
㉢ 반반이다 → $\frac{1}{2}$
따라서 일이 일어날 가능성이 높은 것부터 차례대로 기호를 쓰면 ㉡, ㉢, ㉠입니다.

18 예 전체 리본 길이의 합은
$1\times10+2\times5+4\times5=40$(m)입니다.」❶
전체 학생 수는 $10+5+5=20$(명)입니다.」❷
따라서 학생들이 만든 리본 길이의 평균은
$40\div20=2$(m)입니다.」❸

채점 기준

❶ 전체 리본의 길이의 합 구하기	2점
❷ 전체 학생 수 구하기	1점
❸ 학생들이 만든 리본 길이의 평균 구하기	2점

19 (4일 동안 음료수 판매량의 평균)
$=(36+46+38+40)\div4=160\div4=40$(개)
(5일 동안 음료수 판매량의 합)
$=(40+4)\times5=44\times5=220$(개)
➡ (금요일의 음료수 판매량)$=220-160=60$(개)

20 공을 1개 꺼낼 때 갈색 공이 나올 가능성이 $\frac{1}{2}$이면 전체 공의 반이 갈색 공입니다.
따라서 갈색 공은 노란색 공과 분홍색 공의 수의 합과 같은 $4+4=8$(개)입니다.
➡ (전체 공의 수)$=4+4+8=16$(개)

112~114쪽 AI가 추천한 단원 평가 3회

01 고르게 한 수 02 40개 03 40개
04 반반이다 05 ㉢ 06 ㉠
07 20 ℃ 08 불가능하다 09 서희
10 풀이 참고, $\frac{1}{2}$ 11 1월, 2월
12 $\frac{1}{2}$ 13 예 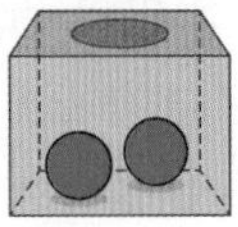
14 85 L 15 가, 다, 나
16 풀이 참고, 7권 17 파란색
18 44회 19 224 kg 20 25개

07 (교실의 실내 온도의 평균)
=(17+21+19+20+23)÷5
=100÷5=20(℃)

08 100원짜리 동전만 들어 있으므로 저금통에서 동전을 1개 꺼낼 때 꺼낸 동전이 500원짜리일 가능성은 '불가능하다'입니다.

09 고양이는 새끼를 낳으므로 고양이가 알을 낳을 가능성은 '불가능하다'입니다.

10 예 아이는 여자 또는 남자이므로 아이가 한 명 태어날 때 여자일 가능성은 '반반이다'입니다.」❶
따라서 수로 표현하면 $\frac{1}{2}$입니다.」❷

채점 기준

❶ 일이 일어날 가능성을 말로 표현하기	3점
❷ 일이 일어날 가능성을 수로 표현하기	2점

11 (불량품 수의 평균)=(36+44+31+25)÷4
=136÷4=34(개)
따라서 평균보다 불량품이 더 많이 나온 달은 1월(36개), 2월(44개)입니다.

12 6장의 카드 중 ♣ 카드는 3장이므로 ♣ 카드가 나올 가능성은 '반반이다'입니다.
따라서 수로 표현하면 $\frac{1}{2}$입니다.

13 꺼낸 구슬이 빨간색일 가능성이 0이어야 하므로 구슬 2개는 모두 빨간색이 아닌 다른 색으로 칠해야 합니다.

14 (민하가 사용한 물의 양)=96−14=82(L)
➜ (하루 동안 사용한 물의 양의 평균)
=(85+82+96+77)÷4
=340÷4=85(L)

15 회전판을 돌릴 때 회전판에서 파란색으로 색칠된 부분이 넓을수록 화살이 파란색에 멈출 가능성이 높습니다.
따라서 화살이 파란색에 멈출 가능성이 높은 회전판부터 차례대로 기호를 쓰면 가, 다, 나입니다.

16 예 정우, 시현, 민환 세 사람이 읽은 책 수의 합은 11×3=33(권)이고, 도희를 포함한 네 사람이 읽은 책 수의 합은 10×4=40(권)입니다.」❶
따라서 도희가 지난달에 읽은 책은
40−33=7(권)입니다.」❷

채점 기준

❶ 세 사람이 읽은 책 수의 합과 네 사람이 읽은 책 수의 합 각각 구하기	4점
❷ 도희가 지난달에 읽은 책 수 구하기	1점

17 화살이 노란색에 멈출 가능성이 가장 높고, 파란색에 멈출 가능성이 가장 낮습니다. 따라서 가장 좁은 부분인 ㉢에 알맞은 색깔은 파란색입니다.

18 (4회까지 기록의 평균)
=(35+20+29+32)÷4=116÷4=29(회)
(5회까지 기록의 합)
=(29+3)×5=32×5=160(회)
➜ (5회의 기록)=160−116=44(회)

19 (소 15마리의 몸무게의 합)=212×15
=3180(kg)
(암컷 9마리의 몸무게의 합)=204×9
=1836(kg)
수컷은 15−9=6(마리)이므로
(수컷 6마리의 몸무게의 합)=3180−1836
=1344(kg)입니다.
➜ (수컷 6마리의 몸무게의 평균)
=1344÷6=224(kg)

20 남은 공 중 1개를 꺼낼 때 연두색 공이 나올 가능성과 분홍색 공이 나올 가능성이 같으므로 남은 분홍색 공의 수는 연두색 공의 수와 같은 20개입니다.
따라서 처음 상자에 들어 있던 분홍색 공은
20+5=25(개)입니다.

115~117쪽 AI가 추천한 단원 평가 4회

01 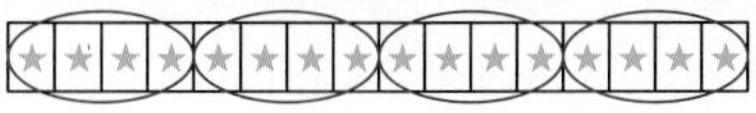

02 4회　　03 불가능하다

04 24, 33, 124, 31　　05 불가능하다

06 반반이다　　07 다　　08 32분

09 33분

10 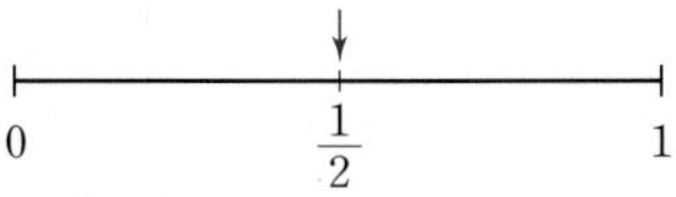

11 2100 mL　　12 풀이 참고　　13 590 kg

14 820 kg　　15 풀이 참고, 영우네 모둠

16 ㉠, ㉢, ㉡　　17 0　　18 115타

19 162 cm　　20 215 kg

09 휴대 전화 사용 시간이 가장 많은 루아와 가장 적은 민지의 사용 시간을 빼고 평균을 구합니다.
➜ $(36+29+34)\div3=99\div3=33$(분)

10 주사위의 눈 6개 중에서 짝수는 3개이므로 짝수가 나올 가능성은 '반반이다'입니다.
따라서 수로 표현하면 $\frac{1}{2}$입니다.

11 (일주일 동안 마신 우유 양의 합)
$=300\times7=2100$(mL)

12 태우」 ❶
예 우리나라는 겨울에 눈이 내리므로 5월에 우리나라에 눈이 내릴 가능성은 '아닐 것 같다'입니다.」 ❷

채점 기준

❶ 일이 일어날 가능성을 잘못 말한 사람의 이름 쓰기	2점
❷ 이유 쓰기	3점

13 (2022년 오이 수확량의 평균)
$=(620+660+490)\div3=1770\div3=590$(kg)

14 (나 농장의 4년 동안 오이 수확량의 평균)
$=(530+840+660+710)\div4$
$=2740\div4=685$(kg)
(다 농장의 4년 동안 오이 수확량의 평균)
$=685+15=700$(kg)
(다 농장의 4년 동안 오이 수확량의 합)
$=700\times4=2800$(kg)
➜ (다 농장의 2023년 오이 수확량)
$=2800-(910+580+490)$
$=2800-1980=820$(kg)

15 예 영우네 모둠의 수학 점수의 평균은 $360\div4=90$(점)이고, 라희네 모둠의 수학 점수의 평균은 $425\div5=85$(점)입니다.」 ❶
따라서 수학 점수의 평균이 더 높은 영우네 모둠이 수학 점수가 더 높다고 할 수 있습니다.」 ❷

채점 기준

❶ 영우네 모둠과 라희네 모둠의 수학 점수의 평균 각각 구하기	4점
❷ 어느 모둠이 수학 점수가 더 높다고 할 수 있는지 구하기	1점

16 가능성을 수로 표현해 봅니다.
㉠ 확실하다 → 1　　㉡ 불가능하다 → 0
㉢ 반반이다 → $\frac{1}{2}$
따라서 일이 일어날 가능성이 높은 것부터 차례대로 기호를 쓰면 ㉠, ㉢, ㉡입니다.

17 짝수가 되려면 일의 자리 숫자가 0, 2, 4, 6, 8이어야 하는데 3장의 수 카드 중 짝수가 없으므로 만든 수가 짝수일 가능성은 '불가능하다'입니다.
따라서 수로 표현하면 0입니다.

18 (윤아네 모둠의 타자 기록의 평균)
$=(130+115+150+120+110)\div5$
$=625\div5=125$(타)
윤아네 모둠에서 타자 기록이 평균보다 낮은 학생은 예준(115타), 훈재(120타), 미주(110타)입니다.
➜ (예준, 훈재, 미주의 타자 기록의 평균)
$=(115+120+110)\div3=345\div3=115$(타)

19 (정희와 태주의 키의 합)$=151\times2=302$(cm)
(태주와 성미의 키의 합)$=158\times2=316$(cm)
(성미와 정희의 키의 합)$=147\times2=294$(cm)
(세 사람의 키의 합)$=(302+316+294)\div2$
$=912\div2=456$(cm)
➜ (태주의 키)$=456-294=162$(cm)

20 (마을별 보리 생산량의 합)$=205\times4=820$(kg)
(나와 다 마을의 보리 생산량의 합)
$=820-(230+190)=400$(kg)
나 마을의 보리 생산량을 □ kg이라 하면 라 마을의 보리 생산량은 (□−30)kg이므로
□+(□−30)=400, □+□=430,
□=215입니다.
따라서 나 마을의 보리 생산량은 215 kg입니다.

118~123쪽 **틀린 유형 다시 보기**

유형 1 낮습니다 1-1 많습니다
1-2 승우, 지유
유형 2
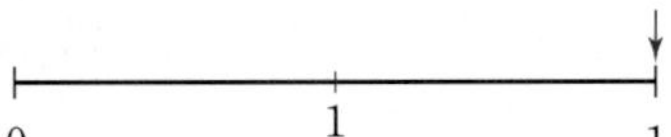

2-1

2-2
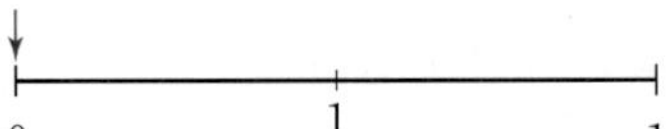

유형 3 1250개 3-1 546명 3-2 1050분
3-3 180상자 유형 4 $\frac{1}{2}$ 4-1 0
4-2 $\frac{1}{2}$ 4-3 1
유형 5 현주네 모둠 5-1 선아네 밭
5-2 준서 유형 6 15 m 6-1 23쪽
6-2 9개 유형 7 89점 7-1 734상자
7-2 35 kg 7-3 25 kg
유형 8 다, 나, 가 8-1 라, 나, 다, 가
8-2 ㉠ 8-3 ㉡
유형 9
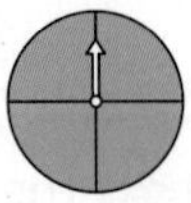
9-1 예
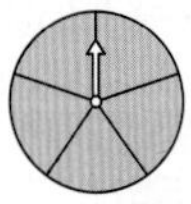
9-2 예
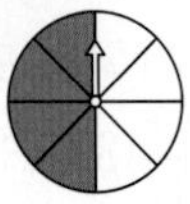
유형 10 12점
10-1 33회
10-2 55분 유형 11 16, 22, 10
11-1 9, 31, 27 11-2 88점, 92점, 84점
유형 12 10개 12-1 6개 12-2 11개

유형 1 (제기차기 기록의 평균)
$=(9+11+12+8)\div4=40\div4=10$(개)
따라서 서준이의 기록은 평균보다 낮습니다.

1-1 (나이의 평균)
$=(13+9+14+16)\div4=52\div4=13$(살)
따라서 희진이의 나이는 평균보다 많습니다.

1-2 (키의 평균)$=(148+155+160+153)\div4$
$=616\div4=154$(cm)
따라서 평균보다 키가 큰 학생은
승우(155 cm), 지유(160 cm)입니다.

유형 2 검은색 바둑돌만 들어 있으므로 주머니에서 검은색 바둑돌이 나올 가능성은 '확실하다'입니다.
따라서 수로 표현하면 1입니다.

2-1 구슬 2개 중 빨간색 구슬이 1개이므로 빨간색 구슬이 나올 가능성은 '반반이다'입니다.
따라서 수로 표현하면 $\frac{1}{2}$입니다.

2-2 당첨 제비만 6개 들어 있으므로 상자에서 당첨 제비가 아닌 제비가 나올 가능성은 '불가능하다'입니다. 따라서 수로 표현하면 0입니다.

유형 3 (5일 동안 만든 인형 수)$=250\times5=1250$(개)

3-1 (7일 동안 입장한 사람 수)$=78\times7=546$(명)

3-2 (11월 한 달 동안 운동한 시간)
$=35\times30=1050$(분)

3-3 (열린 배의 수)$=60\times54=3240$(개)
➜ (포장한 상자 수)$=3240\div18=180$(상자)

유형 4 4장의 카드 중 ♥ 카드는 2장이므로 ♥ 카드가 나올 가능성은 '반반이다'입니다.
따라서 수로 표현하면 $\frac{1}{2}$입니다.

4-1 6장의 카드 중 ◆ 카드는 없으므로 ◆ 카드가 나올 가능성은 '불가능하다'입니다.
따라서 수로 표현하면 0입니다.

4-2 4장의 수 카드에 적힌 수 중 2의 배수는 4와 6으로 2장이므로 2의 배수가 적힌 카드가 나올 가능성은 '반반이다'입니다.
따라서 수로 표현하면 $\frac{1}{2}$입니다.

4-3 5장의 수 카드에 적힌 수는 1 이상인 수이므로 1 이상인 수가 적힌 카드가 나올 가능성은 '확실하다'입니다. 따라서 수로 표현하면 1입니다.

유형 5 (현주네 모둠의 건 고리 수의 평균)
$=35\div5=7$(개)
(지훈이네 모둠의 건 고리 수의 평균)
$=36\div6=6$(개)
따라서 건 고리 수의 평균이 더 많은 현주네 모둠이 더 잘했다고 할 수 있습니다.

5-1 (민우네 밭의 1 m^2당 감자 수확량의 평균)
$=180\div90=2$(kg)
(선아네 밭의 1 m^2당 감자 수확량의 평균)
$=150\div50=3$(kg)
따라서 1 m^2당 감자 수확량의 평균이 더 많은 선아네 밭에서 감자를 더 잘 수확했다고 할 수 있습니다.

5-2 (세희의 농구공 넣기 기록의 평균)
$=(7+4+6+3)\div4=20\div4=5$(개)
(준서의 농구공 넣기 기록의 평균)
$=(9+4+5+5+7)\div5=30\div5=6$(개)
따라서 농구공 넣기 기록의 평균이 더 높은 준서가 농구공을 더 잘 넣었다고 할 수 있습니다.

유형 6 (서희네 모둠의 공 던지기 기록의 합)
$=16\times5=80$(m)
➜ (은수의 기록)
$=80-(17+11+23+14)$
$=80-65=15$(m)

6-1 (5일 동안 읽은 과학책 쪽수의 합)
$=26\times5=130$(쪽)
➜ (목요일에 읽은 쪽수)
$=130-(21+32+29+25)$
$=130-107=23$(쪽)

6-2 (형주의 팔 굽혀 펴기 기록의 평균)
$=(10+7+8+11)\div4=36\div4=9$(개)
형주와 윤아의 팔 굽혀 펴기 기록의 평균이 같으므로 윤아의 기록의 합은 $9\times5=45$(개)입니다.
➜ (윤아의 1회의 기록)
$=45-(8+13+6+9)=45-36=9$(개)

유형 7 (국어, 수학, 과학 점수의 합)
$=88\times3=264$(점)
➜ (국어, 수학, 과학, 사회의 점수의 평균)
$=(264+92)\div4=356\div4=89$(점)

7-1 (㉮, ㉯, ㉰, ㉱ 과수원의 귤 수확량의 합)
$=745\times4=2980$(상자)
➜ (㉮, ㉯, ㉰, ㉱, ㉲ 과수원의 귤 수확량의 평균)
$=(2980+690)\div5=3670\div5=734$(상자)

7-2 (남학생의 몸무게의 합)$=37\times12=444$(kg)
(여학생의 몸무게의 합)$=32\times8=256$(kg)
➜ (수진이네 반 전체 학생의 몸무게의 평균)
$=(444+256)\div(12+8)$
$=700\div20=35$(kg)

7-3 (남학생이 모은 헌 종이의 무게의 합)
$=20\times4=80$(kg)
(여학생이 모은 헌 종이의 무게의 합)
$=29\times5=145$(kg)
➜ (모둠 전체 학생이 모은 헌 종이 무게의 평균)
$=(80+145)\div(4+5)$
$=225\div9=25$(kg)

유형 8 회전판을 돌릴 때 회전판에서 노란색으로 색칠된 부분이 넓을수록 화살이 노란색에 멈출 가능성이 높습니다.
따라서 화살이 노란색에 멈출 가능성이 높은 회전판부터 차례대로 쓰면 다, 나, 가입니다.

8-1 회전판을 돌릴 때 회전판에서 빨간색으로 색칠된 부분이 넓을수록 화살이 빨간색에 멈출 가능성이 높습니다.
따라서 화살이 빨간색에 멈출 가능성이 높은 회전판부터 차례대로 쓰면 라, 나, 다, 가입니다.

8-2 가능성을 수로 표현해 봅니다.
㉠ 반반이다 → $\frac{1}{2}$　㉡ 불가능하다 → 0
따라서 일이 일어날 가능성이 더 높은 것은 ㉠입니다.

8-3 가능성을 수로 표현해 봅니다.
㉠ 반반이다 → $\frac{1}{2}$　㉡ 확실하다 → 1
따라서 일이 일어날 가능성이 더 높은 것은 ㉡입니다.

유형 9 수요일 다음이 목요일일 가능성은 '확실하다'입니다.
따라서 화살이 초록색에 멈출 가능성이 '확실하다'가 되게 하려면 회전판 전체를 초록색으로 색칠합니다.

9-1 1번부터 10번까지의 번호표 10장이 들어 있는 상자에서 번호표 1장을 뽑을 때 20번을 뽑을 가능성은 '불가능하다'입니다.
따라서 화살이 노란색에 멈출 가능성이 '불가능하다'가 되게 하려면 회전판 전체를 노란색이 아닌 다른 색으로 색칠합니다.

9-2 동전을 한 개 던질 때 숫자면이 나올 가능성은 '반반이다'입니다.
따라서 화살이 파란색에 멈출 가능성이 '반반이다'가 되게 하려면 회전판 6칸 중에서 3칸을 파란색으로 색칠합니다.

유형 10 (네 경기 동안 얻은 점수의 평균)
$=(4+8+10+6)\div4=28\div4=7$(점)
(다섯 경기 동안 얻은 점수의 합)
$=(7+1)\times5=8\times5=40$(점)
➡ (다섯 번째 경기의 점수)
$=40-28=12$(점)

10-1 (4회까지 기록의 평균)
$=(26+21+16+29)\div4=92\div4=23$(회)
(5회까지 기록의 합)
$=(23+2)\times5=25\times5=125$(회)
➡ (5회의 기록)$=125-92=33$(회)

10-2 (4일 동안 독서 시간의 평균)
$=(20+35+25+40)\div4=120\div4=30$(분)
(5일 동안 독서 시간의 합)
$=(30+5)\times5=35\times5=175$(분)
➡ (금요일의 독서 시간)
$=175-120=55$(분)

유형 11 ㉠$+$㉡$=19\times2=38$
㉡$+$㉢$=16\times2=32$
㉢$+$㉠$=13\times2=26$
(㉠$+$㉡)$+$(㉡$+$㉢)$+$(㉢$+$㉠)
$=38+32+26=96$
(㉠$+$㉡$+$㉢)$\times2=96$
➡ ㉠$+$㉡$+$㉢$=96\div2=48$
• ㉠$+$㉡$=38$ ➡ ㉢$=48-38=10$
• ㉡$+$㉢$=32$ ➡ ㉠$=48-32=16$
• ㉢$+$㉠$=26$ ➡ ㉡$=48-26=22$

11-1 ㉠$+$㉡$=20\times2=40$
㉡$+$㉢$=29\times2=58$
㉢$+$㉠$=18\times2=36$
(㉠$+$㉡)$+$(㉡$+$㉢)$+$(㉢$+$㉠)
$=40+58+36=134$
(㉠$+$㉡$+$㉢)$\times2=134$
➡ ㉠$+$㉡$+$㉢$=134\div2=67$
• ㉠$+$㉡$=40$ ➡ ㉢$=67-40=27$
• ㉡$+$㉢$=58$ ➡ ㉠$=67-58=9$
• ㉢$+$㉠$=36$ ➡ ㉡$=67-36=31$

11-2 (연아와 성우의 수학 점수의 합)
$=90\times2=180$(점)
(성우와 유주의 수학 점수의 합)
$=88\times2=176$(점)
(유주와 연아의 수학 점수의 합)
$=86\times2=172$(점)
(세 사람의 수학 점수의 합)
$=(180+176+172)\div2$
$=528\div2=264$(점)
• (유주의 수학 점수)$=264-180=84$(점)
• (연아의 수학 점수)$=264-176=88$(점)
• (성우의 수학 점수)$=264-172=92$(점)

유형 12 공깃돌을 1개 꺼낼 때 파란색 공깃돌이 나올 가능성이 $\frac{1}{2}$이면 전체 공깃돌의 반이 파란색 공깃돌입니다.
따라서 파란색 공깃돌은 빨간색 공깃돌과 노란색 공깃돌의 수의 합과 같은 $5+5=10$(개)입니다.

12-1 구슬을 1개 꺼낼 때 분홍색 구슬이 나올 가능성이 $\frac{1}{2}$이면 전체 구슬의 반이 분홍색 구슬입니다.
따라서 분홍색 구슬은 보라색 구슬과 초록색 구슬 수의 합과 같은 $4+2=6$(개)입니다.

12-2 남은 바둑돌 중 1개를 꺼낼 때 검은색 바둑돌이 나올 가능성과 흰색 바둑돌이 나올 가능성이 같으므로 남은 흰색 바둑돌의 수는 검은색 바둑돌의 수와 같은 10개입니다.
따라서 처음 주머니에 들어 있던 흰색 바둑돌은 $10+1=11$(개)입니다.

MEMO

MEMO